SDG - Forschung, Konzepte, Lösungsansätze zur Nachhaltigkeit

SDG - Forschung, Konzepte, Lösungsansätze zur Nachhaltigkeit

Die nachhaltige Entwicklung unserer Welt ist eine der wichtigsten Herausforderungen in Gegenwart und Zukunft und zugleich eine Aufgabe, an der alle Wissenschaften beteiligt sind. Um einen sichtbaren Beitrag auf diesem Weg zu leisten, gibt SPRINGERNATURE die Buchreihe SDG - Forschung, Konzepte, Lösungsansätze zur Nachhaltigkeit heraus, in der Arbeiten aus allen Disziplinen publiziert werden können, die die wissenschaftliche Analyse oder die praktische Förderung von Nachhaltigkeit zum Ziel haben, wie sie insbesondere in den Nachhaltigkeitszielen der Vereinten Nationen definiert sind.

Joachim Dohmann

Hrsg.

Umweltimpulse – 19 Wege in eine lebenswerte Zukunft

Vernetztes Wissen – konkrete Lösungen – Handlungsoptionen

Hrsg.
Joachim Dohmann (iD)
Dörentrup, Deutschland

ISSN 2731-8826   ISSN 2731-8834 (electronic)
SDG - Forschung, Konzepte, Lösungsansätze zur Nachhaltigkeit
ISBN 978-3-662-72197-1   ISBN 978-3-662-72198-8 (eBook)
https://doi.org/10.1007/978-3-662-72198-8

Die Deutsche Nationalbibliothek verzeichnet diese Publikation in der Deutschen Nationalbibliografie; detaillierte bibliografische Daten sind im Internet über https://portal.dnb.de abrufbar.

Springer Vieweg ist ein Imprint der eingetragenen Gesellschaft Springer-Verlag GmbH, DE und ist ein Teil von Springer Nature.
Die Anschrift der Gesellschaft ist: Heidelberger Platz 3, 14197 Berlin, Germany

Unser Verhältnis zur Umwelt ist ambivalent. Einerseits übersehen wir oft ihre Existenz. In dem wir trotz unserer Einsicht manchmal Dinge tun, die der Umwelt nichts Gutes bringen. Andererseits wünschen wir ihr das Beste. Unsere Umwelt soll gesund sein, ohne Schäden, ohne Verschmutzung, ohne Beeinträchtigung.

Wir sind von unserer Umwelt entfremdet. Sie ist zu etwas Abstraktem geworden, zu etwas, das sich irgendwo in der Ferne befindet, an einem unbestimmten Ort. Nur selten vermuten wir sie dort, wo wir uns gerade selbst befinden. Wir haben den Kontakt zur Umwelt verloren, weil wir glauben, dass wir diese nicht beeinflussen können. Und wenn wir ein wenig ahnen, dass die Umwelt in Schwierigkeiten steckt, vermeiden wir zu intensive Gedanken daran. Sie könnten uns in unserem Wohlbefinden stören und die Situation uns bedrohlich vorkommen.

Das ist sehr ähnlich mit unserem Verständnis von dem Begriff Zukunft. Wir wissen, dass es sie gibt. Vermuten sie aber in einem eher größeren Zeitabstand. Wir glauben die Zukunft nicht beeinflussen zu können. Sie ist zu groß und zu weit weg. Wir sind uns auch nicht sicher, ob uns die Zukunft eine heile Welt beschert, was uns ebenfalls bedrohlich erscheint. So wird auch die Zukunft zu etwas Abstraktem. Wir glauben, der Blick in die Zukunft sei uns verwehrt.

Dabei sind wir sehr wohl in der Lage, die Zukunft zu verändern. Sie liegt auch nicht in der Ferne, sondern beginnt direkt in der nächsten Sekunde. Wir können uns auf die Zukunft freuen, uns darauf ausrichten, wie sie sein soll. Und mit etwas „Glück" und Aktivität wird diese positive Erwartung eintreten. Optimismus sei erlaubt.

Mit der Umwelt verhält es sich genau so. Sie beginnt direkt vor unserer Haustür. Wir haben es in der Hand, ihr Gutes zu tun. Das Geheimnis liegt in der Natur selbst. In der Vergangenheit haben wir unsere Umwelt so verändert, dass sie von ihrem eigenen „natürlichen Grundzustand" abweicht. Und in der Folge haben wir uns Nachteile eingehandelt, mit denen wir meist nicht einmal gerechnet haben. Unsere Städte heizen sich zu stark auf, weil die Bebauung den Zutritt frischer Luft verhindert. Wir haben die Oberflächen versiegelt, sodass kein Wasser verdunsten kann. Wir haben zu viel vom Grün verbannt, sodass uns nicht genügend Bäume Schatten spenden. Und genau so verhält es sich mit anderen Dingen. Mit unseren Flüssen, Wäldern, Acker- und Weideflächen. Überall haben wir Maßnahmen ergriffen, ohne die Komplexität der Zusammenhänge zu beachten. Aus Unverständnis, aus Bequemlichkeit, aus Gier und aus anderen Gründen.

Wir können uns selbst überlegen, wie einzelne Dinge besser sein könnten. Jeder von uns kann einen eigenen Beitrag leisten, unserer Umwelt zu helfen. Direkt in Deiner Umgebung, also vor der Haustür, und direkt jetzt, nicht in der fernen Zukunft. Hierzu braucht es nur einen kleinen – nennen wir ihn – Umweltimpuls.

Wir können Themen angehen, ohne von irgendeinem zu großen Problem überwältigt zu werden, sondern Freude daran haben, uns selbst auf dem richtigen Weg zu sehen.

Im vorliegenden Buch kommen Autoren zu Wort, in deren Umfeld es gelungen ist, Verbesserungen herbeizuführen. Autoren, die losgegangen sind, die Umwelt ein kleines Stück besser zu machen. Oder eine Erkenntnis gewonnen haben, wie solches gelingen kann. In den meisten Fällen bedeutet es, einen Weg zu finden, bei der die Umwelt wieder ein Stück natürlicher werden kann. Unsere Umwelt ist auch die vieler anderer Lebensformen. Sie alle benötigen ein Habitat, das Nahrung, Schutz und einiges mehr bietet. Wir sind in der Lage, solche Habitate zu schaffen oder zumindtest unterstützend daran mitzuwirken.

In einem ersten Schritt könnten wir eine Erkenntnis gewinnen, wie sich eine Verbesserung herbeiführen lässt. In einem zweiten Schritt können wir eine Umsetzung versuchen, vielleicht auch indem wir uns mit Gleichgesinnten verbinden. Sich mit solchen Verbesserungen zu befassen führt nicht nur zu einer Veränderung in der Umwelt, sondern auch zu einer Veränderung in uns selbst.

Die eingangs erwähnte Entfremdung wird hierdurch abgebaut. In dem wir selbst Nistkästen aufhängen, Totholzhecken anlegen und später sehen, wie das Leben dort Einzug hält. Wenn wir ein Gemüsebeet anlegen und später knackfrisches Gemüse ernten, vielleicht auch erleben, wie Fressfeinde uns dieses Gemüse wieder streitig machen wollen, dann macht all dieses Tun auch mit uns selbst etwas. Wir gewinnen damit die Verbindung zu unserer eigenen, unmittelbaren Umwelt zurück.

Wenn wir einem solchen Gedanken folgen, genau dann sind wir auf einem Weg in eine lebenswerte Zukunft.

Höxter, Deutschland   Joachim Dohmann
Juli 2025

Inhaltsverzeichnis

Autorenverzeichnis

Regina Charlotte Cremer
Mag. theol., www.baumland-kampagne.de, Kap. 3

Joachim Dohmann
Prof. Dr.-Ing., vormals Technische Hochschule Ostwestfalen Lippe, Abt. Höxter, Kap. 5

Dominik Duchale
Biologie MSc, www.halver.de, Kap. 2

Andreas Frahm
Landwirt und Unternehmer, www.blutbaer.de, Kap. 1

Maendy Fritz
Dr. agr., Technologie und Förderzentrum im Kompetenzzentrum für Nachwachsende Rohstoffe. www.tfz.bayern.de, Kap. 15

Bernd Gerken
Prof. Dr. rer. nat. Dipl. Chem., Aueninstitut für Lebendige Flüsse, Leipzig, profdrberndgerken@gmail.com, Kap. 7

Werner Hartmann
Dipl. Forstingenieur (FH), Kap. 9

Jochen Hauff
Dipl.-Volksw. MSc. Environmental Science and Policy, jochen@thinkresiliency.net, Kap. 16

Teja Kattenborn
Prof. Dr. rer. nat, Fakultät für Umwelt und Natürliche Ressourcen, Albert-Ludwigs-Universität Freiburg., Kap. 11

Robert Lutze
Dr.-Ing., EnviroChemie GmbH., Kap. 12

Thomas Marzi
Dr. rer. nat, www.umsicht.fraunhofer.de, Kap. 8

Sonja Meiwes
B. Eng. Umweltingenieurwesen, enviplan Ingenieurgesellschaft mbH, Lichtenau, Kap. 13

Sven Meyer
Prof. Dr. rer. nat. Dr.-Ing., www.th-bingen.de, Kap. 17

Judith Möller
Dr.-Ing., www.stiebel-eltron.de, Kap. 18

Peter Niemann
Dr.-Ing. Tiede- & Niemann Ingenieurgesellschft mbH, Hamburg, Kap. 19

Bernd Schackers
Dipl.-Ing. (FH), UIH Planungsbüro Landschaftsarchitekten Figura – Schackers PartGmbH, Höxter, Kap. 14

Stephan Schindele
Dr. rer. soc., www.baywa-re.de, Kap. 16

Floarian Schnabel
Dr. rer. nat., Fakultät für Umwelt und Natürliche Ressourcen, Albert-Ludwigs-Universität Freiburg., Kap. 11

Gebhard Schüler
Apl. Prof. Dr. rer. nat. habil., gebhardschueler@yahoo.com, Kap. 10

Katrin Siegmund
Dipl.-Ing. Architektur, www.halver.de, Kap. 2

Astrid Sindermann
Dipl. Kauffrau, www.blutbaer.de; Kap. 1

Konstantin Sprenger
Agrarwissenschaftler B. Sc., Regenerative und Soziale Landwirtschaft e.V., Eschwege, Kap. 6

Kerstin Stahl
Prof. Dr. rer. nat., Fakultät für Umwelt und Natürliche Ressourcen, Albert-Ludwigs-Universität Freiburg., Kap. 11

Andreas Stein
Dipl.-Ing., enviplan Ingenieurgesellschaft mbH, Lichtenau, Kap. 13

Kathrin Szillat
Hydrologin MSc, Fakultät für Umwelt und Natürliche Ressourcen, Albert-Ludwigs-Universität Freiburg., Kap. 11

Malin Tiebel
Dr. rer. agr., www.baumland-kampagne.de, Kap. 3

Jörg Tiedemann
Dipl.-Ing., Tiede- & Niemann Ingenieurgesellschft mbH, Hamburg, Kap. 19

Wilderich von Weichs
Dipl.-Soz. Arb. (FH), www.hellebauer.de, Kap. 4

Markus Weiler
Prof. Dr. sc. techn., Fakultät für Umwelt und Natürliche Ressourcen, Albert-Ludwigs-Universität Freiburg., Kap. 11

Carolin Winter
Dr. rer. nat., Fakultät für Umwelt und Natürliche Ressourcen, Albert-Ludwigs-Universität Freiburg., Kap. 11

Jakobskreuzkraut in der Weidewirtschaft

Astrid Sindermann und Andreas Frahm

Wenn die letzte Rapsblüte fällt, steht das Jakobskreuzkraut mit seiner Blüte bereits in den Startlöchern. Strahlend gelb und in seinem vollen Ausmaß zeigt es sich während seiner Vollblüte zumeist im Juli (vgl. Abb. 1.1). Zusammen mit dem Jakobskreuzkraut teilen sich in diesen Zeiten neben weiteren Kreuzkräutern das ebenfalls gelb blühende Johanniskraut, der Wiesenpippau, der Rainfarn, das Barbarakraut und manch andere gelb blühende Pflanze die Wiesen und Weiden. Das Jakobskreuzkraut hat dabei durchaus das Potenzial eine komplette Weide zu vereinnahmen und als Monokultur dazustehen.

Jakobskreuzkraut ist eine seit Jahrhunderten bekannte Pflanze, die in früheren Zeiten sogar als Heilmittel verwendet wurde und bei Entzündungen und Gelenkschmerzen ihren Einsatz fand.

Das Jakobskreuzkraut ist eine zumeist zweijährige Pflanze, die im ersten Jahr lediglich eine Blattrosette und erst im zweiten Jahr ihre Blüten ausbildet (vgl. Tab. 1.1). Ihr Lebensziel ist es, bevor sie abstirbt, ausreichend Samen auszubilden. Eine einzige Pflanze kann dabei mehrere 100.000 Samen produzieren, die im Boden rund 30 Jahre haltbar sind.

Zwischenzeitlich sehen viele Personen das Jakobskreuzkraut eher kritisch. Grund hierfür sind die in der Pflanze enthaltenen Pyrrolizidinalkaloide, die bei vermehrter körperli-

A. Sindermann (✉) · A. Frahm
Neuengörs, Deutschland
E-Mail: info@blutbaer.de; info@blutbaer.de

J. Dohmann (Hrsg.), *Umweltimpulse – 19 Wege in eine lebenswerte Zukunft*, SDG - Forschung, Konzepte, Lösungsansätze zur Nachhaltigkeit, https://doi.org/10.1007/978-3-662-72198-8_1

Abb. 1.1 Jakobskreuzkraut. links: blühende Pflanze. rechts Blütenstand. (© Andreas Frahm. Copyright 2025. All rights) reserved.

Tab. 1.1 Steckbrief des Jakobskreuzkrauts [Kos10]

Name	Jakobs-Greiskraut, Jakobs-Kreuzkraut
Botanischer Name	Senecio jacobaea
Familie	Korbblütengewächse
Höhe	30–100 cm
Blütezeit	Juli–September
Typisch	Blätter fiederspaltig. Lappen zum Ende hin verbreitert
Merkmale	Zweijährig. Viele 1,2–1,5 cm breite goldgelbe Blütenkörbchen, im Körbchen 12–15 Zungenblüten und zahlreiche Röhrenblüten
Vorkommen	Weiden, Wiesen, Halbtrockenrasen, Böschungen, Waldränder. Zerstreut
Wissenswertes	Der Name „Greiskraut" bezieht sich ebenso wie der wissenschaftliche Name „Senecio" auf die fruchtenden Körbchen. Diese erinnern durch die feinen, weißen Haarkränze, die auf den Früchten sitzen, an ein Greishaupt (lat. senex = Greis). Der Artname „Jakobs-" bzw. „jacobaea" weist auf den Blühbeginn um den St. Jakobstag (25. Juli) hin. Oft blüht die Pflanze jedoch bereits Anfang Juli
Quelle	[Kos10], S. 328

cher Aufnahme bei Mensch und Tier Leberschäden verursachen und zum Tod führen können.

Gerade auf Flächen, die von Pferden, Rindern oder Schafen beweidet oder zur Futtergewinnung genutzt werden, ist das Jakobskreuzkraut oftmals ein Dorn im Auge. Bei ausreichendem Angebot alternativer Futterpflanzen meiden die Tiere das frische Jakobskreuzkraut aufgrund der vorhandenen Bitterstoffe und lassen das Kraut stehen.

Die weitaus größere Gefahr besteht, wenn sich das Jakobskreuzkraut im Heu oder der Grassilage befindet. Die Bitterstoffe gehen in der geernteten Pflanze verloren; die giftigen Pyrrolizidinalkaloide werden jedoch nicht abgebaut. Die Tiere können das schädliche Kraut nicht aussortieren und fressen es unweigerlich mit.

Während die Bitterstoffe das Jakobskreuzkraut für Weidetiere ungenießbar macht, erfreut sich die Raupe des Blutbär-Schmetterlings genau dieser Bitterstoffe. Der Blutbär (Tyria jacobaeae) (siehe Abb. 1.2) ist ein nachtaktiver Schmetterling, der seine Eier auf der zweijährigen Jakobskreuzkraut-Pflanze ablegt und seinem Raupennachwuchs somit eine wunderbare Futtergrundlage anbietet. Wer Raupen schon mal hat fressen sehen, weiß,

Abb 1.2 Blutbär Nachtfalter. (© Andreas Frahm, Copyright 2025. All rights reserved)

Abb. 1.3 Blutbär- Raupe auf einer Blüte des Jakobskreuzkrauts. (© Andreas Frahm, Copyright 2025. All rights reserved)

welche Mengen diese vertilgen und – je nach Sichtweise – Schaden anrichten oder Nutzen bringen können.

Die Raupen (vgl. Abb. 1.3) fressen das Jakobskreuzkraut von den Blüten beginnend herunter, bis oftmals nur noch ein Gerippe der Pflanze vorhanden ist. Die Pflanze stirbt ab und hat ihr Ziel Samen zu produzieren nicht erreicht.

Die mitverzehrten Bitterstoffe machen die Raupe dabei für ihre eigenen Fraßfeinde (Vögel etc.) ungenießbar. Der hohe Wiedererkennungswert der gelb-schwarz geringelten Raupe sorgt dafür, dass die Fraßfeinde diese künftig als Futterquelle meiden.

Während sich die Raupe durch den Verzehr der Bitterstoffe vor ihren Fraßfeinden schützt, hat auch das Jakobskreuzkraut einen Abwehrmechanismus gegen den Blutbären entwickelt – es hört schlichtweg auf zu wachsen bzw. aus seinem Samen neue Keimlinge zu entwickeln. Ist kein oder kaum Jakobskreuzkraut vorhanden, reduziert sich der Bestand des Blutbären automatisch. So gibt es Flächen die in manchen Jahren ein massives Vorkommen an Jakobskreuzkraut aufzeigen (gelbe Phase) und ein paar Jahre später wieder nahezu frei von Jakobskreuzkraut sind (grüne Phase).

Die Natur schafft mit solchen Mechanismen die Möglichkeit ein wundervolles Gleichgewicht herzustellen, das der Mensch – oft aus Unwissenheit – zunichte macht. Dies geschieht seit Jahrzehnten auch beim Zusammenwirken zwischen Jakobskreuzkraut und dem Blutbär.

Werden Wiesen, Weiden oder Straßenränder in Zeiten, in denen der Blutbär-Schmetterling seine Eier legt oder die Raupen aktiv sind, gemäht oder gemulcht, überleben dies die Tiere in der Mehrzahl leider nicht. Das Jakobskreuzkraut hingegen ist robust und treibt nach einem Schnitt wieder neu aus. Erfolgt der Schnitt des Jakobskreuzkrautes in der Vollblüte, gehen die mit der Blüte abgeschnittenen Samen in die sogenannte Notreife und warten darauf, ihren Zeitpunkt für ein Keimen zu finden. Gleichzeitig bildet die abgeschnittene Pflanze erneut Blüten mit weiteren Samen aus. Durch das Mähen und Mulchen werden somit deutlich mehr Samen produziert, als es die Natur ursprünglich vorhatte.

An dieser Stelle beginnt die Geschichte von Andreas Frahm, dem gepachteten Jakobskreuzkraut, seinen Bekämpfungsversuchen und Erkenntnissen, den kleinen gefräßigen gelb-schwarzen Helfern und der Weg zu seiner Passion.

Andreas Frahm ist Landwirt aus Schleswig-Holstein und bewirtschaftet mit seinen Welsh-Black Rindern, den schwarzen waliser Robustrindern, einen Grünlandbetrieb in Mutterkuhhaltung. Dass neben seinen Rindern, den Eseln, neben Hund und Katzen irgendwann auch Raupen zu seinem Leben gehören würden, war ihm zur Betriebsübernahme 2003 nicht bewusst.

Nachdem er 2008 eine neue Fläche von rund 25 Hektar gepachtet hatte, zeigt sich diese im folgenden Sommer, mit einer ihm bisher unbekannten Pflanze, flächendeckend gelb. Recherchen im Internet ergaben, dass es sich um das Jakobskreuzkraut handelt. Abgebildet war lediglich das Foto einer einjährigen und das einer zweijährigen Jakobskreuzkraut-Pflanze – sonst nichts!

Bekämpfungsmethoden, wie das Mulchen oder Spritzen, die er gerne angewendet hätte, wollte der Verpächter der Flächen nicht und den Vorschlag des Verpächters, das Jakobskreuzkraut auszurupfen, wollte Andreas nicht umsetzen. Schließlich einigten sich beide Parteien darauf, dass er alles ausprobieren dürfe, es aber bitte einen ökologischen Touch haben möge.

So folgten diverse Mähversuche zu verschiedensten Zeitpunkten und mit unterschiedlich hoch eingestellten Mähwerken. Er baute ein mit Autogas betriebenes Gerät um die Pflanzen zu erhitzen. Dies alles kostete Geld und noch mehr Zeit, reduzierte die Pflanzen jedoch lediglich um rund 60 %. Ein neuer Ansatz musste her …

Mit den Gedanken immer wieder bei seinen Eseln, die seine Koppeln durch das Abfressen der Blütenköpfe zunehmend frei von Disteln bekam, entwickelte sich die Idee, sich auf die Suche nach einem Fraßfeind zu machen. In früherer Zeit war ihm bereits der Glanzkäfer aufgefallen, der sich über Ampferblätter hermachte und die Pflanze reduzierte.

Die aktive Suche nach einem Fraßfeind führte ihn irgendwann zu einer Stelle mitten im Jakobskreuzkraut, die frei von der Pflanze und dafür voller gelb-schwarz geringelten Raupen, war. Diese Raupen hatten das Jakobskreuzkraut bis auf das Gerippe der Pflanze heruntergefressen und die Blüten und Blätter vernichtet.

Mit der Erkenntnis, was diese Raupen geschafft hatten, war klar, „Ich brauche mehr von diesen Raupen!“

Über acht Jahre befasste sich Andreas mit dem Beobachten und dem Handling der Raupen, bevor er seine Erkenntnisse öffentlich machte. Das im Raum Bad Segeberg herausgegebene Basses Blatt (Wochenblatt), berichtete 2018 als erstes von seinem Ansatz, das Giftkraut mit den Raupen zu bekämpfen. Ein Sommer mit rund 3000 Anrufen weiterer Betroffener, die ihn teilweise Mitternachts erreichten, folgte.

Andreas wies in den Telefonaten immer wieder darauf hin, dass sich die Betroffenen in der Region zusammenfinden, Behörden und die Gemeinde einschalten sollen, um die Aufgabe, das Jakobskreuzkraut zurückzudrängen, gemeinschaftlich anzugehen.

In den ersten Jahren bot er Informationsveranstaltungen zu diesem Thema in seiner Maschinenhalle an; er entwickelte nach den Aussagen der Anwesenden Konzepte zur Verdrängung des Jakobskreuzkrautes für deren Flächen.

Im Laufe der Zeit und nach einigen Rückfragen von einstigen Teilnehmern dieser Informationsveranstaltungen gewann er die Erkenntnis, dass jeder unterschiedliche Maßstäbe hat und dass sein „viel an Jakobskreuzkraut" nicht dem manch anderer Personen entsprach und es letztlich zu Fehlern in der Umsetzung seines Konzeptes kam.

Inzwischen hat Andreas seine Herangehensweise komplett umgestellt. Er reist durch Deutschland, war bereits in Dänemark, Österreich und der Schweiz und schult Betroffene direkt vor Ort. Er begeht die von Jakobskreuzkraut betroffenen Flächen und erarbeitet individuelle Konzepte, passt Mähzeitpunkte an, damit der Blutbär geschützt wird und seiner Arbeit nachkommen kann.

Andreas bringt in diesen Terminen mit Landwirten, Behörden, Gemeindevertretern, Naturschutzverbänden und Umweltämtern Parteien an einen Tisch, die sonst nicht unbedingt miteinander reden würden. Er „dolmetscht" für diese und im Gespräch und im Miteinander erkennen die Parteien, dass sie nicht gegeneinander arbeiten sondern das gleiche Ziel verfolgen.

Die Geschichte von Andreas, dem Jakobskreuzkraut und den Raupen hat sein Leben geschrieben, in Worte gefasst habe ich sie. Ich bin Astrid und mein Leben brachte mich irgendwann nach Stubben, in das Dorf in Schleswig-Holstein unweit von Bad Segeberg, in dem auch Andreas wohnt. Hier habe ich – als einstige Großstädterin – nicht nur gelernt, dass es auf dem Land andere Sichtweisen zu manchen Themengebieten gibt als in der Stadt, sondern auch, dass die Gemeinschaft ein hohes Gut ist, das Projekte und Vorhaben umsetzen und vorantreiben kann. Dass ein Austausch sinnvoll, erhellend und kreativ sein kann.

So unterstütze ich Andreas nunmehr seit 2019 bei diesem Projekt vornehmlich aus dem Büro heraus. Ich beantworte eingehende Mails im Erstkontakt mit Betroffenen, erstelle Angebote und Rechnungen, führe Telefonate, bin die Koordinatorin im Hintergrund. Ich plane seine Termine, gestalte Präsentationen, Flyer und Banner und kann zwischenzeitlich sogar die Gelb- und Grüntöne der Jakobskreuzkraut-Pflanze von denen des Johanniskrauts und des Rainfarns während der Autofahrt unterscheiden.

Ich bin immer wieder beeindruckt, was aus Andreas' einstigem Ansatz, seine Fläche wieder nutzbar zu machen und frei von Jakobskreuzkraut zu bekommen, geworden ist. Wie erkenntnisreich das Beobachten der Natur und dem Zusammenspiel von Organismen sein und wie letztlich eine kleine Raupe das Leben verändern kann. Wie aus 25 Hektar Jakobskreuzkraut ein kleines Unternehmen entstanden ist, das im Begriff ist mit neuen Beratern weiter zu wachsen.

Beenden möchten Andreas und ich diesen Beitrag mit einem Gedicht von Josephine Kermode, in dem so viel Wahrheit steckt. Das Jakobskreuzkraut darf existieren und bestimmte Bereiche für sich einnehmen – aber bitte nicht Überhand nehmen.

> Now, the Cushag, we know,
> Must never grow,
> Where the farmer's work is done.
> But along the rills,
> In the heart of the hills,

> The Cushag may shine like the sun.
> Where the golden flowers,
> Have fairy powers,
> To gladden our hearts with their grace.
> And in Vannin Veg Veen,
> In the valleys green,
> The Cushags have still a place.

Josephine Kermode (1852–1937) ist eine Dichterin, die auf der Isle of Man geboren wurde und dort lebte. Sie widmete sich in einigen Gedichten dem Cushag, dem Manx-Gälischen Namen für das Jakobskreuzkraut. Das Cushag ist gleichzeitig die National-blume der Isle of Man und das im Gedicht benannte Vannin Veg Veen betitelt eben diese liebe kleine Isle ob Man.

Hrsg.: Das Wechselspiel zwischen dem Jakobskreuzkraut und seinem Fraßfeind, dem Nachtfalter Blutbär, zu erforschen ist eine ungeahnt schwierige Aufgabe. Wenn der Startpunkt der Beobachtung beispielsweise in einer Situation erfolgt, in der das Jakobskreuzkraut dominiert, dann ist es wahrscheinlich, dass der Fraßfeind nicht aufzufinden ist. In der Biologie treten durchgängig Räuber-Beute-Konstellationen auf. Wenn im Ackerland alle Füchse geschossen werden, dann nehmen im Folgejahr die Mäuse Oberhand. Es braucht dann etwas Zeit, bis sich der Fuchsbestand wieder erholt hat. Sollten aber aus anderen Gründen auch die Mäuse verschwunden sein, dann steht es auch mit dem Fuchsbestand schlecht. Wenn alle Blutbär-Falter lokal ausgerottet sein sollten – aus welchem Grund auch immer – dann kann sich das Jakobskreuzkraut zunächst ungehindert ausbreiten. Wenn aber alle Jakobskreuz-krautpflanzen verschwunden sein sollten, dann kann sich der Bestand an Blutbären nicht erholen, weil die Larven kein Futter finden können. Das Geschehen unterliegt praktisch einer komplizierten Dynamik, der sogenannten Populationsdynamik. Das dynamische Gleichgewicht, was sich zwischen Räubern und ihrer Beute einstellt, hängt in der Regel von weiteren Faktoren ab, z. B. ob die Habitate der beteiligten Lebewesen auskömmliche Bedingungen bieten. Gibt es Versteckmöglichkeiten, haben die Fraßfeinde selbst Fraßfeinde, gibt es Konkurenz um die Ressourcen usw. Es gibt viel zu entdecken und vor allem viel zu bestaunen.

Literatur

[Kos10]   Kosmos Naturführer. Was blüht denn da? Franckh-Kosmos Verlags-GmbH & Co. KG 2010

Schaffung städtischer Biotope

Katrin Siegmund und Dominik Duchale

In diesem Kapitel geht es um einen Park und eine Hecke, die darauf steht. Das ist nicht irgendeine Hecke, aber dazu kommen wir später. Der Park im Herzen unserer Kleinstadt, am Rande des Sauerlandes, ist ein ehemaliger Friedhof, der in den 70er-Jahren zum Park umgewandelt und nach den Hohenzollern benannt wurde. Über die Jahrzehnte sind im Park Bäume gewachsen, die den Menschen Schatten und Insekten und Vögeln ein Habitat bieten. Der Park dient als barrierefreier Begegnungsort für alle Altersgruppen, die sich besonders im Sommer in den Schatten der Bäume zurückziehen. Allerdings wurde er über Jahre vernachlässigt und eher zweckmäßig betrachtet, mit möglichst wenig Pflegeaufwand. So wichen ursprünglich gepflanzte Sträucher und Hecken den Rasenflächen, die schnell mit einem Aufsitzmäher in Schach gehalten werden konnten. An eine Sanierung war aufgrund der Kosten ohne ein Förderprogramm nicht zu denken, und so fristete er viele Jahre ein Dasein am kommunalen Katzentisch.

Dann kam endlich eine Förderung! So wurde er optisch und ökologisch erheblich aufgewertet, mit Fokus auf Entsiegelung von Flächen, Schaffung von neuen Lebensräumen

K. Siegmund (✉)
Halver, Deutschland
E-Mail: k.siegmund@halver.de

D. Duchale
Stadt Halver, Halver, Deutschland
E-Mail: d.duchale@halver.de

© Der/die Autor(en), exklusiv lizenziert an Springer-Verlag GmbH, DE, ein Teil von Springer Nature 2026
J. Dohmann (Hrsg.), *Umweltimpulse – 19 Wege in eine lebenswerte Zukunft*, SDG - Forschung, Konzepte, Lösungsansätze zur Nachhaltigkeit, https://doi.org/10.1007/978-3-662-72198-8_2

für die Natur und Aufenthaltsqualität der Nutzer. Mit der Maßnahme wurden über 600 m^2 entsiegelt. Somit kann mehr Wasser in den Boden versickern und gespeichert werden, sodass die Böden eine höhere Feldkapazität bekommen und im Sommer höhere Transpirationswerte möglich sind. Im unteren Bereich wurde das vorhandene Wegenetz durch eine neue wassergebundene Decke ersetzt. Im oberen Bereich wurden Eco-Rasterwaben mit Grauwackesplitt verlegt, um nicht den Wurzelbereich der vorhanden Bäume zu beeinträchtigen. Daher wurden die Wege ohne Unterbau und in Handschachtung erstellt. Der Vorteil dieses Wegebelages ist eine optimale Durchlässigkeit des Oberwassers und eine minimale Gefährdung des Wurzelbereiches der Bäume. Auch hier wurde das bereits vorhandene Wegenetz aufgenommen und zusätzlich ein über die Jahre entstandener Trampelpfad „ausgebaut", außerhalb der Baumkronen und damit des Wurzelbereiches.

Auf den unversiegelten Flächen wuchs vorwiegend Rasen, der in Blühstreifen und Gehölzpflanzungen mit Verzicht auf invasive Arten umgewandelt wurde. Der vorwiegend alte Baumbestand wurde mit 3 Neupflanzungen aufgewertet. Die zwei Ahorne und eine Goldulme konnten aus einem externen Projekt gerettet werden und fanden im Park ein neues Zuhause. Ein bereits abgestorbener Baum wurde als Biotopbaum im Park belassen und als solcher gekennzeichnet. Angrenzend an die Blühstreifen wurden Insektenhotels aufgestellt und ein Totholzhaufen errichtet, um die biologische Vielfalt zu fördern. Zur Schaffung eines kollektiven ökologischen Bewusstseins wurden zusätzlich Informationstafeln angebracht. Um den Park zwischen Erholungs- und Straßenraum zu trennen, wurde zum einen die vorhandene Natursteinmauer ausgebessert und zum anderen eine Hecke gepflanzt, die wildes Parken auf Grünflächen verhindern soll.

Eine weitere Maßnahme in sozialer Hinsicht war der Austausch und Ergänzung des Parkmobiliars mit Sitzgelegenheiten und Verbesserung der Wege, damit gehbeeinträchtigte Besucher*innen nicht am genießen des Parks gehindert werden. Dies beinhaltete den Rückbau von Treppenstufen und die Erstellung von sanften Anrampungen für Menschen mit eingeschränkter Mobilität. Der Hauptzugang neben der Natursteinmauer erhielt eine neue Treppen-/Rampenanlage. Die Sitzelemente benötigen kein Fundament. Auch dies schützt den Wurzelraum der Bäume. Lediglich eine Unterlage mit den im Wegebau verwendeten Rasterwaben optimiert deren Standfestigkeit.

Insektenfreundliche Mastleuchten tragen dazu bei, dass der Park auch am Abend begehbar ist. Bei der Ausführung wurden die Kabel in die Tragschicht der Wege verlegt, um so wenig wie nötig im Wurzelbereich der Bäume arbeiten zu müssen. Bereits vorhandene Leuchtenstandorte wurden weiter genutzt. Ziel dieses städtischen Projektes war und ist es Mensch und Natur nebeneinander existieren zu lassen und das Lokalklima zu regulieren. Die Artenvielfalt soll genauso gefördert werden wie der Austausch zwischen Menschen.

So war nach Abschluss des Förderprojektes noch lange nicht Schluss.

Über die Wintermonate wurden von einer Pfadfindergruppe zahlreiche bunte Vogelhäuser zusammengebaut und gestaltet. Die Kinder im Alter zwischen 6–10 Jahren konnten sich kreativ austoben und ihr handwerkliches Geschick unter Beweis stellen. Nach Fertigstellung durften die „Künstler" ihre Werke selbstständig an Ort und Stelle anbringen. Die

Motivation war dabei so groß, dass sie auf der hohen Leiter noch nicht einmal Höhenangst verspürten. Die Stadt belohnte so viel Tatendrang mit finanzieller Unterstützung. Und tatsächlich haben die Vögel die neuen Domizile bezogen. Unser „Verein zur Förderung der Bäume", der bereits neben vielen anderen Institutionen während der Ausführung mit Rat und Tat zur Seite stand, organisiert in regelmäßigen Abständen einen ökologischen Stadtspaziergang, in Kooperation mit der Stadtverwaltung und allen Interessierten, um festzustellen, wie es um die Begrünung der Innenstadt bestellt ist. Daraus entwickelten sich Baumpatenschaften, in deren Rahmen sich um die Befüllung von Eimern oder Säcken gekümmert wird, die an den jeweiligen Patenbäumen angebracht sind.

Schließlich errichtete diese Gemeinschaft im Nachgang in Eigeninitiative eine Totholzhecke (Abb. 2.1) um einen bereits bestehenden Holzhaufen. Hier wurde das ein und andere Mal nachgebessert, bis man mit dem Ergebnis zufrieden war. Inspiriert von der Umsetzung im Park, ließen sich auch unsere Schulen anstecken. Eine Klasse errichtete ebenfalls eine Totholzhecke an einer ursprünglich kahlen Zufahrt zum Schulhof (Abb. 2.2 und 2.3) und dank des grünen Daumens eines Hausmeisters, ist mit Unterstützung seiner Garten-AG ein artenreicher Schulgarten mit Hecken, Blüh- aber auch Nutzpflanzen entstanden (Abb. 2.4)

Abb. 2.1 Totholzhecke, gebaut in Rundform um einen Totholzhaufen

Abb. 2.2 Totholzhecke an der Schulhofzufahrt. Die langstieligen Blütenpflanzen vor der Hecke ist Jakobskreuzkraut

Abb. 2.3 Totholz- oder Benjeshecke. Vertikal eingerammte Stämme dienen der Stabilität

Abb. 2.4 Schulgarten mit Insektenhotels, Informationstafeln über den Blühstreifen (buphthalum saliciforum, gypsophila repens, salvia sclarea, teucrium chamaedrys) und einigen Nutzpflanzen

Neben diesen Projekten werden Jahr für Jahr weitere Maßnahmen zur Schaffung und Erhaltung von mehr „Grün" in unserer Kommune umgesetzt, auch wegen des tatkräftigen Einsatzes von vielen Bürgern, Vereinen und anderen Institutionen, denen es eine Herzensangelegenheit ist. Nicht umsonst trägt unsere Kommune den Titel „Stadt im Grünen" und das nicht nur wegen ihrer über 85 % Wald- und landwirtschaftlichen Flächen, auf denen ebenfalls die oder anderen Totholzhecken zu finden sind. Aber was genau ist denn jetzt das Besondere an dieser Hecke?

Totholzhecken, Benjeshecken oder Trockenhecken sind künstliche geschaffene Grenzen, die aus geschnittenem oder gesammeltem verholztem Material bestehen, wie etwa Ästen, Zweigen oder Jungbäumen. Als Quelle für das Material kommen etwa Heckenschnitte, Pflegeschnitte von Kopfbäumen oder Rodungen in Frage. Es wird linienhaft aufgeschichtet und kann zur erhöhten Stabilisierung verflochten werden. Optionale, in regelmäßigen Abständen in den Boden geschlagene Pfosten sichern das Material und geben der Hecke Form und Stabilität. Der Unterschied zu den früher weit verbreiteten Reisigzäunen liegt hier vor allem in der Breite (von bis zu 4 Metern) und geringeren Höhe der Hecken von etwa einem bis 1,5 Metern. Wenn Wind oder Tiere Samen in die Hecke einbringen, dann können diese im Schutz des toten Holzes heranwachsen. Auf diese Weise siedeln sich beständig mehr Pflanzen in der Hecke an.

Die Idee des mehr oder weniger sorgfältigen Einflechtens von Holz zu einer Ammenhecke wurde in den 1980er-Jahren von dem deutschen Landschaftsgärtner Hermann Benjes popularisiert, weswegen diese Art von Holzaufschichtung im deutschen Sprachraum auch als „Benjeshecke" bezeichnet wird [Ben97]. Benjes und sein Bruder Heinrich betrachteten den Bau solcher Hecken als Umweltmaßnahme und förderten die Anwendung dieser Methode aktiv. Ein weiterer Vorteil der Hecke war aus Benjes' Sicht, dass sie sehr einfach herzustellen sei. Eine Gruppe von vier Personen sei in der Lage, an einem Tag etwa 100 m Feldrand mit einer solchen Hecke zu versehen.

Diese Form der Aufschichtung von Totholz ist jedoch keine Erfindung der Neuzeit. Spuren von bronzezeitlichen Totholzhecken finden sich beispielsweise in Cornwall [Rac86]. Im Römischen Reich dienten sie der Eingrenzung von Feldern, wenn die Errichtung einer Steinmauer nicht möglich oder nötig war. Im Europa des Mittelalters wurden verpachtete Gebiete im Besitz der Krone mit Trockenhecken markiert, ebenso wie privates Jagdgebiet [Myn99]. Bis heute finden sie findet ebenso Anwendung in Regionen der Sahelzone bis in die Savannen südlich der Sahara, wo Bewohner vor allem Zweige der Indischen Jujube (Ziziphus mauritiana), eines in der Region wichtigen Nutzbaumes, zu Hecken aufschichten [Dan04]. Die Hecken dienen hier vor allem der Einfriedung von stadtnahen Gärten, weshalb auch gern Gehölze eingebracht werden, die Dornen besitzen [Tho10]. Im Unterschied zu den in diesem Abschnitt beschriebenen Hecken stehen hier allerdings Schutz der Gärten und weniger die Förderung der Biodiversität im Vordergrund, was sich auch in den Ausmaßen der Hecken wiederspiegelt. So finden sich beispielsweise im Sudan Hecken, die bis zu 2 m hoch und ebenso breit sein können. Nichtsdestotrotz sind auch diese Hecken wichtige Bruthabitate und Schutzräume für Tiere.

Auch im Europa der Neuzeit wurden und werden Totholzhecken zum Schutz verwendet. Mit der Ausbreitung von bewässertem Gartenbau im französischen Rhônetal Mitte des 18. Jahrhunderts dienten Totholzhecken dazu, die wichtigen Obst- und Gemüsegärten der Region vor den starken Böen des Mistral zu schützen. Verwendet wurden hier vor allem Zweige von Mittelmeerzypressen und Silberpappeln [Gad78]. Diese Hecken prägen die Region in Teilen noch heute, werden aber zum Leidwesen von Umweltschützenden nach und nach durch synthetisches, oft halb-winddurchlässiges Material ersetzt.

Dabei besitzen Hecken im Allgemeinen wichtige Funktionen, die Landwirten zugutekommen kann. Durch ihre windbrechende Wirkung reduzieren sie die Evaporation (also den Verdunstungsverlust) des Oberbodens, sodass weniger Wasser verloren geht. Außerdem schützen sie die Krume und auch das aufgebrachte Saatgut davor, vom Wind verbracht zu werden.

Luftfeuchtigkeit kondensiert an den Ästen der Hecke und schlägt sich als Tau im Inneren der Hecke nieder. Auf diese Weise kann die Hecke für die Pflanzen, die in ihr wachsen, auch in trockenen Monaten eine zusätzliche Wasserquelle erschließen. Gleichzeitig herrscht im Inneren der Hecke eine geringere Verdunstung, sodass sie auch im Sommer ein Rückzugsort für feuchtigkeitsbedürftige Tiere bieten und das Wachstum von Pflanzen erhalten können. Das wirkt sich positiv auf die Sukzessionsfolge aus, bedeutet also, dass die Hecke ein guter Kindergarten für all jene Büsche und Bäume ist, die später ihre Funktion übernehmen werden. Denn die Benjeshecke ist vor allem nur eine Hecke auf Zeit. Wenn das Holz verrottet ist und als Dünger gedient hat, dann ist aus ihrer Mitte eine neue, lebendige und „echte" Hecke gewachsen. Bis dahin dient sie als Schutz vor Austrocknung und Verbiss durch diverse Pflanzenfresser und ist als Kohlenstoffspeicher ähnlich effizient wie Weißdornhecken [Axe17]. Dies macht sie zu einer kohlenstoffeffizienten Möglichkeit, Biomasse zu recyceln, ohne dass Transport oder Verbrennung erforderlich sind.

Totholzhecken dienen als Lebensraum für holz- und totstoffverwertende Lebewesen (Xylophage bzw. Destruenten). Diese verwerten Cellulose und Lignin der Äste, aus denen sich die Hecken zusammensetzen, und wandeln sie in feiner zersetze organische Bestandteile um, die dann für andere Lebewesen und damit auch Pflanzen zur Verfügung stehen. Dadurch werden sie zu einer Humussanierungszone und sorgen auf diese Weise bei regelmäßiger Pflege für eine Bodenerneuerung in die umliegenden Gebiete hinein, wenn diese durch den Regen ausgewaschen oder durch Makrofauna wie Regenwürmer im Boden verteilt werden. Im Boden verbleibende und sich nicht zersetzende Faserstoffe im Boden verbessern durch Kapillarwirkung die Fähigkeit zur Wasserrückhaltung des Bodens [Ler91]. Durch die Sitzmöglichkeiten, die sie Vögeln bieten, sorgen sie zusätzlich für Kotansammlungen in der Umgebung. Vogelkot, welches durch Verwitterung zu Guano wird, ist reich an Stickstoff, Phosphaten und Kalium und reichert so den umliegenden Boden mit wertvollen Pflanzennährstoffen an [Tak08].

Neben ihrer Funktion als Barriere oder Abgrenzung besitzen Totholzhecken wichtige ökologische Funktionen. Sie wirken als biologischer Schutzraum für viele Tiere, wie etwa Vögel, Wirbellose (vor allem Insekten und Schnecken), Reptilien, Kleinsäuger und sogar Amphibien. Tiere finden hier ein Refugium, in dem sie etwa den Tag verbringen und von dem aus sie in der Nacht auf Nahrungssuche gehen können. Insbesondere kleine Tiere mit vielen Fressfeinden meiden offene Flächen ohne Schutz, sodass Totholzhecken mit ihrer die Landschaft fragmentierenden Wirkung sichere Inseln zwischen Feldern, Wiesen und anderen kultivierten Landschaftsformen bieten können [Har05]. Gleichzeitig können sie für ihre Bewohner als Bewegungskorridor entlang von Nutzflächen dienen. Bewegungen durch oder parallel zur Hecke ermöglichen es, die umliegenden offenen Flächen zu vermeiden und so Beutegreifern oder auch Landmaschinen zu entgehen. Dies ist besonders wichtig für Wildtierarten, die in intensiv bewirtschafteten Kulturregionen nicht vorkommen. Beispielsweise Rebhühner, die zwar als erwachsene Tiere Körnerfresser sind, sich aber als Jungtiere vor allem von Insekten ernähren. Ein weiteres Beispiel sind Würger, die Offenlandschaften für die Jagd benötigen, aber ihren Anflug von einer Hecke beginnen.

Durch ihren Aufbau aus Zweigen und Ästen besitzen Totholzhecken viele Hohlräume, die von Tieren wie Fröschen, Kröten und Reptilien gern angenommen werden. Dies macht sich besonders im Winter bemerkbar, wenn die Hecken zwar von einer dicken Schneeschicht bedeckt sind, aber die Hohlräume noch immer frei sind und den Tieren einen sicheren Rückzugsraum bieten – oftmals den einzigen in weiter Umgebung.

Beobachtungen in Berlin zeigten, dass Totholzhecken im urbanen Raum einen positiven Effekt auf die Diversität von Singvögeln haben können. So wurden an ein und demselben Heckenabschnitt neben typisch städtischen Arten wie Amseln (Turdus merula),

Haussperling (Passer domesticus) und Singdrossel (Turdus philomelos) auch Arten gesichtet, die sich eher in offenen Landschaften verorten lassen, wie in diesem Fall Goldammer (Emberiza citrinella), Neuntöter (Lanius collurio) und Steinschmätzer (Oenanthe oenanthe) [Göt19]. Die Bestände aller drei Vogelarten sind rückläufig, und insbesondere der Steinschmätzer ist in Deutschland vom Aussterben bedroht [Rys20]. Hecken wie diese können also im urbanen Raum (und nicht nur dort) wertvolle Unterstützung für den Erhalt der Artenvielfalt leisten.

Ackerbegleitende Totholzhecken können für Landwirte attraktive Investitionen darstellen. Ähnlich wie Waldrandbereiche im Rahmen des Alley Gardening bieten sie Nützlingen Unterschlupf. Hierzu zählen beispielsweise Igel und Amphibien, welche Insekten vertilgen, die sich sonst über die Feldfrüchte herfallen würden. Wirbellose Nützlinge wie etwa Laufkäfer oder Leuchtkäfer, deren Larven sich artabhängig von Schnecken ernähren, finden in den als „Beetle Bank" fungierenden Hecken ebenso Schutz wie die Puppen von Insekten, die später als Bestäuber wichtige Dienste leisten. Dies macht sie zu einer Art großem, linearen Insektenhotel. Diese Vorzüge der Hecke funktionieren ebenso gut in Stadtparks. Auch hier können sie als Grundlage für eine lebendige Hecke dienen, und die Tiere, denen sie eine Heimat bietet, wirken sich sehr positiv auf die biologische Vielfalt des Parks aus, in denen sie stehen. Das durch die Hecken geschaffene Mikroklima in der Umfriedung wirkt sich sicherlich ebenso positiv auf das Gemüse in Klein- oder Schulgärten aus. Die als Ackerschädlinge geltende Feldmaus (Microtus arvalis) wird man in einer solchen Hecke übrigens nicht finden, denn sie bevorzugt den offenen Acker. Ihre Fressfeinde, wie etwa Mauswiesel, dagegen schon.

Wenn eine Benjeshecke nicht durch neues Totholz aufgestockt wird und die aus ihnen wachsenden Pflanzen nicht zurückgeschnitten werden, dann wird sie im Laufe einiger Jahre, abhängig vom verwendeten Holz, komplett zerfallen sein. An ihrer Stelle stehen nun die Pflanzen ersetzt, denen sie bis dahin als Schutz diente. Idealerweise ist also die Totholzhecke am selben Standort durch eine lebendige Hecke oder Baumreihe ersetzt worden. Dies hat weitergehende positive Eigenschaften. Nicht nur, dass eine lebendige Hecke fast alle Vorzüge einer Totholzhecke bietet, sie kann das alles noch besser: Ihre Wurzeln halten das Erdreich fest und sorgen, insbesondere bei Hanglagen, dafür, dass Erdreich vor Erosion durch Wind und Regen geschützt ist. Die Zahl der Tiere, denen sie Zuflucht bietet, erhöht sich nochmals. In Europa sind etwa 1500 Arten von Insekten, 65 Arten von Vögeln und 20 Arten von Säugetieren bekannt, die in Hecken leben oder sich durch sie ernähren (vgl. [Wol14] und [Wol15]). Zwar sind nicht alle dieser Arten ausschließlich auf Hecken angewiesen, jedoch macht dies das enorme Potenzial deutlich, das sie auf das Überleben oder zumindest die biologische Fitness viele dieser Arten haben. Damit sind Benjeshecken ein hervorragendes Tool für mittelfristige Renaturierungsmaßnahmen.

Totholzhecken haben günstige biotische Auswirkungen. Regenfälle können aber dazu führen, dass organische Stoffe wie Phosphor aus dem Holz ausgewaschen werden und zur Eutrophierung von Oberflächengewässern in der Umgebung beitragen können. Dies gilt besonders im ersten Jahr nach dem Anlegen der Hecke. In Laborstudien übersteigen die Werte dieser Auswaschungen die Qualitätskriterien für Oberflächengewässer um bis zu zwei Größenordnungen [Aue96]. Daher ist es wichtig, insbesondere bei kurzen, starken Regenfällen, dass der die Hecke umgebende Bereich nicht zu stark kompaktiert ist und das Wasser ins Erdreich versickern kann. Dies sollte beim Anlegen der Hecke beachtet werden und eventuell ohne den Einsatz von schwerem Gerät erfolgen, falls möglich. Außerdem sollte beachtet werden, dass Totholzhecken bei sehr trockenem Wetter eine Brandgefahr darstellen können. Dies kann durch Anlegen eines Grabens oder Reihe kleiner Mulden, in denen sich Regenwasser sammeln kann reduziert werden. Zusätzlich zur ohnehin schon gegeben Retentionsfähigkeit bleibt das Holz auf diese Weise länger feucht. Alles in allem ein überschaubares Risiko für einen Typ Hecke, der so viel zu bieten hat für so wenig Aufwand. Wir als Stadt haben gute Erfahrungen damit gemacht, und würden allen Kommunen, Land- und Forstwirten ans Herz legen, zumindest darüber nachzudenken. Und hübsch anzusehen ist sie auch. Was will man mehr?

Hrsg.: Benjeshecken, die auch als Totholzhecken bezeichnet werden, stellen in unseren Städten einen wertvollen Lebensraum für zahlreiche Lebewesen zur Verfügung. Angelegt werden diese Hecken durch die Aufschichtung von Ästen, Zweigen und anderem. Hier setzt die Verrottung ein, die aber mehrere Jahre bis zum vollständigen Abbau in Anspruch nimmt. In dieser Zeit wird das Biotop Totholzhecke von anderen Lebewesen nach und nach besiedelt. Der Wind trägt Samen ein, aber auch Vögel, Eichhörnchen oder Mäuse erledigen diese Arbeit. Dies liefert Futter für Vögel und kleinere Tiere. Wichtig ist aber, dass die kleinsten Lebewesen hier einen Schutz finden, der vielleicht anderweitig nicht erreichbar ist. Im Sinne des Naturschutzes bieten diese Hecken aber weitere „System-Dienstleistungen". Im vorliegenden Beispiel arbeiten Bürger, das Grünflächenamt und Schulen gemeinsam an der Gestaltung. Kinder und Jugendliche können lernen, dass sie selbst einen Beitrag zur Gestaltung der eigenen Umwelt, zum Beispiel des eigenen Schulhofs, leisten können. Welche Freude löst es aus, wenn in einem selbst gebauten oder selbst aufgehängten Nistkasten der erste Nachwuchs ein Zwitschern von sich gibt oder die Elternvögel Futter heranbringen. Überlegt, wie ihr die Sterilität der Siedlungen überwinden könnt, in dem ihr Lebensraum für viele Pflanzen und Tiere schafft. Damit macht ihr auch euren eigenen Lebensraum lebenswerter.

Literatur

[Aue96]   Auerswald K & Weigand S (1996) Ecological impact of dead-wood hedges: release of dissolved phosphorus and organic matter into runoff. Ecol Engin 7(3), 183–189

[Axe17]   Axe MS et al (2017) Carbon storage in hedge biomass – A case study of actively managed hedges in England. Agric Ecosyst Environ 250, 81–88

[Ben97]   Benjes H (1997): Die Vernetzung von Lebensräumen mit Benjeshecken. Verlag Natur & Umwelt, Berlin

[Dan04]   Danthu P et al (2004). Vegetative propagation of Ziziphus mauritiana var. Gola by micro-grafting and its potential for dissemination in the Sahelian Zone. Agroforest Syst 60(3), 247–253

[Gad78]   Gade DW (1978). Windbreaks in the lower Rhone Valley. Geographical Review, 127–144

[Göt19]   Göttert T, Perry G, Zeller U (2019). Biodiversity and the urban-rural interface: conflicts vs. opportunities. https://doi.org/10.18452/19995

[Har05]   Harvey CA et al (2005) Contribution of live fences to the ecological integrity of agricultural landscapes. Agr Ecosyst Environ 111(1), 200–230

[Ler91]   Lerch G (1991) Pflanzenökologie. Akademieverlag, Berlin.

[Myn99]   Mynors C (1999) Protection of Hedgerows: Biodiversiry or Rupert Bear. pp.146–171. In Herbefi-Young,N. (Ed.) Law, Policy and Development in the Rural Environment. University of Wales Press, Cardiff

[Rac86]   Rackham O (1986) The history of the countryside. J.M. Dent and Sons Ltd, London

[Rys20]   Ryslavy T et al (2020) Rote Liste der Brutvögel Deutschlands. Deutscher Rat für Vogelschutz (Hrsg.): Berichte zum Vogelschutz. Band 57

[Tak08]   Takimoto A, Nair PR & Alavalapati JR (2008) Socioeconomic potential of carbon sequestration through agroforestry in the West African Sahel. Mitig Adapt Strateg Glob Chang 13 (7), 745–761

[Tho10]   Thompson JL et al (2010). Fences in urban and peri-urban gardens of Khartoum, Sudan. Forests, Trees and Livelihoods 19(4), 379–391

[Wol14]   Wolton RJ et al (2014) The diversity of Diptera associated with a British hedge. Dipter Dig 21, 1–36

[Wol15]   Wolton RJ (2015) Life in a Hedge. Br Wildl 26(5), 306–317

Hecken für klimaresiliente Landwirtschaft 3

Charlotte Cremer und Malin Tiebel

Felder soweit das Auge reicht, kein Baum oder Strauch in Sicht. Diese in Deutschland viel zu häufig anzutreffende Form der Agrarlandschaft ist nicht nur unromantisch anzusehen, sie ist auch ausgesprochen gefährlich und kann verheerende Folgen haben: Starkregenereignisse nehmen im Rahmen der Klimaveränderung zu. Ausgeräumte Landschaften haben keine Kapazitäten, größere Wassermengen aufzunehmen. Das Wasser kann ungebremst in den nächsten Bach, auf Verkehrswege und in Siedlungen fließen und dort große Schäden anrichten.

Wenn der Wind ungebremst die obersten Bodenschichten fortträgt, geht der fruchtbarste Teil des Bodens verloren. Im April 2011 kam es auf der Autobahn zwischen Berlin und Rostock sogar zu einer Massenkarambolage, die durch einen solchen „Ackerboden-Sandsturm" ausgelöst wurde. Dabei entstand nicht nur ein Schaden in Millionenhöhe. Acht Menschen verloren ihr Leben und viele weitere wurden schwer verletzt (vgl. [Küh21]).

Hecken und andere Gehölzstrukturen können solchen Ereignissen entgegenwirken – und haben zahlreiche weitere Vorteile. Wie können wir also Gehölzstrukturen öko-

C. Cremer (✉)
Baumland-Kampagne, Berlin, Deutschland
E-Mail: cremer@baumland-kampagne.de

M. Tiebel
Baumland-Kampagne, Travenbrück, Deutschland
E-Mail: tiebel@baumland-kampagne.de

J. Dohmann (Hrsg.), *Umweltimpulse – 19 Wege in eine lebenswerte Zukunft*, SDG - Forschung, Konzepte, Lösungsansätze zur Nachhaltigkeit, https://doi.org/10.1007/978-3-662-72198-8_3

Abb. 3.1 Die strukturreiche Knicklandschaft Schleswig-Holsteins aus der Luft. (Foto: Michael Grolm)

logisch attraktiv für Bäuerinnen und Bauern in der Landwirtschaft verwurzeln? Dieser Frage widmet sich die BaumLand-Kampagne. Zunächst werfen wir einen Blick auf die vielfältigen Vorzüge von Hecken und ihre historische Bedeutung in der Landwirtschaft (vgl. Abb. 3.1). Im Anschluss werden Wege zu mehr Gehölzen in der Landwirtschaft aufgezeigt.

3.1 Hecken: Multitalente für Boden, Klima und Artenvielfalt

Im landwirtschaftlichen Kontext sind Hecken lineare Gehölzstrukturen aus Sträuchern und Bäumen, die je nach Bewirtschaftungsform in kürzeren oder längeren Intervallen zurückgeschnitten, oder (traditionell) gelegt oder geflochten werden. Ihre bedeutsame Rolle wurde eingangs bereits angedeutet. Im Folgenden werden drei weitere wichtige Vorteile genauer betrachtet:

1. Langfristiger Beitrag zum Klimaschutz!

Hecken entziehen der Atmosphäre CO_2 und speichern es als Kohlenstoff in ihrer ober- und unterirdischen Pflanzenmasse – pro Grundfläche ähnlich viel CO_2 wie Wälder (pro Hektar rund 218 t Kohlenstoff, vgl. [Dre21]). Würde man die Heckenfläche in Deutschland auf das Dreifache der heutigen Fläche erweitern (was 0,7 % der landwirtschaftlichen

Fläche entspräche), könnte man dadurch einmalig insgesamt rund 64 Mio. t CO_2 binden (vgl. [Heu25]).

Wenn man die Hecken regelmäßig zurückschneidet und das Schnittgut zu Pflanzenkohle verarbeitet, bleibt das darin gebundene CO_2 für Jahrhunderte im Boden (vgl. [Röt06]) und kann nebenher die Wasserspeicherkapazität erhöhen. Alternativ kann es zum Heizen für die regionale Wärmeversorgung verwendet werden. Das CO_2 wird dabei zwar wieder freigesetzt, es ersetzt jedoch als erneuerbare Energiequelle ggf. fossile Energieträger und stärkt durch Wertschöpfung vor Ort die Region (vgl. [Mom18]).

2. Klimaanpassung für die Landwirtschaft!

Hecken und andere Formen der Agroforstwirtschaft halten Wasser in der Landschaft. Das ist angesichts zunehmender Dürreperioden und Hitzewellen einerseits sowie Starkregenereignissen andererseits von zentraler Bedeutung. Mit ihrer Schattenwirkung schützen Hecken Acker und Grünland bis zu einer gewissen Entfernung vor Frostschäden bzw. permanenter Sonneneinstrahlung (vgl. [Sch84]). Ihre Wurzeln reichen bis in die tiefen Wasserschichten, ihre Blätter sammeln Tau und verdunsten Wasser, wodurch sie ihre Umgebung kühlen. Die langjährige Durchwurzelung macht den Boden zudem aufnahmefähiger für Regenwasser, das dann auch den umliegenden Feldfrüchten wieder zur Verfügung steht. Starke Winde werden durch Hecken gebrochen und abgelenkt, sodass sie den Feldfrüchten weniger schaden (vgl. Abb. 3.2). So sind von Hecken umsäumte Böden weniger anfällig dafür, von Wind oder Wasser mitgerissen zu werden und verbleiben samt der wichtigen Nährstoffen vor Ort. Um die Funktionsfähigkeit unserer Böden im Klimawan-

Abb. 3.2 Foto: Hecken bremsen den Wind, reduzieren die Erosion und erhalten so wichtige Nährstoffe – wie hier auf der Insel Föhr. (Foto: Charlotte Cremer)

del zu erhalten, spielen Hecken also eine zentrale Rolle. Die Vorstellung, Hecken reduzierten den Ertrag der Gesamtfläche, ist somit falsch. Vielmehr erhöhen sie den Ertrag auf dem angrenzenden Feld und vermindern Ernteverluste durch Hitze, Sturm und Regen (vgl. z. B. [Fun22]).

3. Hot-Spot für die Biodiversität!

Die Hecke dient den unterschiedlichsten Artengruppen – von Spinnen und Insekten über kleine Säugetiere bis hin zu Vögeln – als Schutz vor Witterung, Fressfeinden und landwirtschaftlichen Maschinen sowie als Nahrungs- und/oder Brutplatz. Eine Feldstudie in England hat an einer 85 m langen Hecke 2070 Arten identifiziert (vgl. [Wol15]). Hecken sind außerdem von zentraler Bedeutung als Wanderrouten, damit Populationen zwischen verschiedenen Biotopen wandern und sich mischen können und natürlich auch, um sich dem Klimawandel anzupassen. Auch flugfähige Tiere wie Fledermäuse sind zur Orientierung auf solche Strukturen angewiesen.

Artenvielfalt ist nicht nur an sich ein hohes Gut, viele Heckenbewohner sind auch natürliche Feinde von landwirtschaftlichen „Schädlingen". Im Gegensatz zu Insektiziden haben die schädlingevernichtenden Heckenbewohner keine negativen Auswirkungen auf das Ökosystem und arbeiten kostenlos und ohne Einsatz fossiler Ressourcen (vgl. [Sch84]). Nicht zuletzt sind wir für eine funktionierende Landwirtschaft auf die Bestäubungsleistung zahlreicher Insekten angewiesen. Auch für sie ist die Hecke ein klarer Standortvorteil ([Dür23]).

Diese drei Aspekte sind nur einige Beispiele für die vielfältigen Funktionen von Hecken. Dürr et al. ([Dür23]) beschreiben weitere Ökosystemleistungen wie die Lieferung von Rohstoffen, die Regulierung von Nährstoff- und Schadstoffkreisläufen sowie ihren Beitrag zu Erholung, Tourismus und dem Kulturerbe.

3.2   Hecken: Ausdruck regionaler Landwirtschafts-Kultur

Hecken sind im Kontext verschiedener Anbausysteme aus ganz unterschiedlichen Gründen und in unterschiedlichen Mustern entstanden: So zum Beispiel vor allem im Norden und Westen Deutschlands, wenn aufgrund der landwirtschaftlichen Praxis Vieh von Ackerland getrennt werden sollte und vor allem im 18. Jahrhundert auch im Rahmen der Privatisierung von Landwirtschaft, um Besitzverhältnisse zu markieren. Wo sie auf feuchtem Boden angelegt wurden, hub man gleichzeitig Entwässerungsgräben auf beiden Seiten der neuen Hecke aus und häufte den Erdaushub in der Mitte zu einem Wall. So entstanden die für das Münsterland und Teile Schleswig-Holsteins bis heute typischen Wallhecken, im Norden auch „Knicks" genannt. Diese Bezeichnung verweist auf die bäuerliche Praxis des „Knickens" oder Verflechtens der Heckensträucher, um sie zu für Weidetiere undurchdringbaren Zäunen zu machen (vgl. Abb. 3.3). Hierbei werden einzelne Stämme und Äste

Abb. 3.3 Der parallel zum Boden verlaufende Stamm zeigt das Knicken in der Jugend des Baumes, bevor diese Technik hier eingestellt wurde. Die entstandene Struktur bezeichnet man als Knickharfe. (Foto: Malin Tiebel)

entnommen, der Rest heruntergebogen oder gebrochen und mit Zweigen der Nachbarsträucher zusammengebunden – die genaue Technik variiert regional.

Dienten Hecken nur als Grenzmarkierung und mussten nicht viehsicher sein, fand das sogenannte Abstocken statt: Alle paar Jahre wurden alle Pflanzen eines Heckenabschnitts eine handbreit bis 60 cm über dem Boden abgeschnitten. Im Zuge der Nutzung oder Pflege wurden also Stämme entnommen. Das bringt die Sträucher dazu, neu auszutreiben und sich so zu verjüngen. Sie können so sehr viel „älter" werden als unbeschnittene Pflanzen, deren Stämme immer älter werden und schließlich absterben.

In anderen Gegenden Deutschlands, insbesondere in Süddeutschland, wo Landbesitz nicht an einen einzigen Hoferben weitergegeben, sondern unter den Kindern einer Familie aufgeteilt wurde („Realteilung"), war die Landwirtschaft anders organisiert und es gab kaum planmäßiges Anpflanzen von Hecken. Die hier anzutreffenden Hecken entstanden auf ungenutzten Stellen, wo Samen, die von Wind oder Vögeln hierher getragen werden, ungestört wachsen konnten. Beispielsweise an sog. Stufenrainen – den steilen Abhängen in bergigem Gelände –, an Randstreifen, auf denen teils auch aus den Feldern entferte Steine abgelegt wurden, oder entlang von Wegen. Teilweise war das erst Ende des 19. Jahrhunderts möglich, als die wirtschaftliche Not es nicht mehr erforderte, dass die besonders arme Landbevölkerung ihr Vieh auch diese Streifen abgrasen lies.

Es ist davon auszugehen, dass auch die von selbst entstandenen Hecken regelmäßig zurückgeschnitten wurden, um die angrenzende Landwirtschaft nicht zu behindern. Zum geschichtlichen Überblick der Entstehung von Hecken in Deutschland sei auf [DVL06] verwiesen.

3.3 Hecken im Wandel: Einst vielseitig genutzt – dann vielerorts verschwunden

Die vorhandenen Hecken zu schneiden und so zu verjüngen, war lange attraktiv: Neben der Funktion als Weidezaun lieferten vitale Hecken vor der Globalisierung Nahrung und Holz. Das Laub bestimmter Pflanzen konnte als Tierfutter verwendet werden. Das war speziell in Gegenden mit kurzer Vegetationsphase und in sehr trockenen Regionen notwendig, weil die Wiesen allein nicht ausreichend Grünfutter für das Vieh liefern konnten. Insbesondere zu Beginn der Industrialisierung war aber auch das aus dem Rückschnitt von Hecken gewonnene Brennholz von zentraler Bedeutung, da der Bedarf stieg. Mit den ersten Bergwerken erhöhte sich gleichzeitig der Bedarf an Konstruktionsholz, um die Schächte unter Tage abzustützen. In dieser Zeit wurde teilweise der bäuerlichen Bevölkerung zusätzlich die freie Nutzung von Waldholz untersagt, sodass der Preis von Holz stark stieg und die Nutzung von Holz „aus eigener Hecke" die wirtschaftlich günstigere Option war.

Mit der Entdeckung fossiler Energieträger wie Kohle und Erdöl sank die Nachfrage nach Brennholz wieder, mit der Erfindung von Plastik hatte man auch für die Herstellung vieler Alltagsgegenstände eine vermeintlich günstigere Variante zu Holz gefunden. Durch die Globalisierung wurde günstiges Obst aus Plantagen oder Ländern mit niedrigem Lohnniveau jederzeit verfügbar. Damit wurde es unattraktiv, in einer dornigen Hecke Hagebutten und andere Wildfrüchte zu sammeln. Der durch Dünger aus fossilen Ausgangsstoffen ermöglichte Anbau von Futtermitteln sowie Soja aus Übersee machten auch die mühsamere händische Ernte von Futterlaub obsolet.

Entsprechend unattraktiv wurde es, Hecken weiterhin regelmäßig zu schneiden. Schließlich gab es kaum attraktive Ernte mehr dabei einzuholen, im Gegenteil: Teilweise fallen Gebühren an, um das „lästige Schnittgut" zu „entsorgen". Im Rahmen der Vergrößerung landwirtschaftlicher Betriebe und der Zusammenlegung von Flächen wurden sie vielerorts auch aktiv entfernt. Hinzu kommt, dass der Nutzen von Hecken für die umliegende Landwirtschaft lange unterschätzt wurde: Noch heute ist die Vorstellung weit verbreitet, eine Hecke reduziere vor allem die für die „eigentliche" Landwirtschaft verfügbare Fläche und vermindere ggf. sogar noch durch Schattenwurf und Nährstoffkonkurrenz der Heckenpflanzen den Ertrag auf der angrenzenden Ackerfläche.

So sind die Heckenbestände innerhalb des letzten Jahrhunderts immens geschrumpft. In den ostdeutschen Bundesländern gab es von 1950–1970 die größten Verluste an Hecken, als große Produktionseinheiten für die landwirtschaftlichen Produktionsgenossen-

schaften geschaffen wurden. In West Mecklenburg beispielsweise sind die Feldhecken-
bestände zwischen 1900 und 1991 um 66 % zurückgegangen (vgl. [Len01]).

Aber auch im Westen Deutschlands gingen Hecken durch eine Neueinteilung des Landes während der Flurbereinigung stark zurück. So sind in den letzten 70 Jahren in Deutschland ca. die Hälfte aller Heckenstrukturen verschwunden – mit starken regionalen Unterschieden (vgl. [Wil25]). Wo Hecken nicht zurückgeschnitten werden, gehen sie ein oder
wachsen zu hohen Baumreihen. In beiden Fällen gehen die ursprünglichen Hecken-
funktionen verloren. Es kommt zu einer höheren Schattenwirkung, einem verminderten
Windschutz und weniger Rückzugsmöglichkeiten (vgl. [DVL06]).

3.4 Was also tun für mehr und gesunde Hecken, die unsere Land(wirt)schaft fit für die Zukunft machen?

In den letzten Jahrzehnten galt der Rückschnitt von Hecken primär als „Pflegemaßnahme"
im Bereich Naturschutz. Für „Heckenpflege" gibt es teilweise Förderprogramme auf kom-
munaler oder Länderebene, bei denen Landwirt:innen Geld für diese Pflegeleistung bean-
tragen können (vgl. Abb. 3.4). Das Schnittgut wird häufig gehäckselt in die Hecke einge-

Abb. 3.4 Auf der einen Straßenseite wurde die Hecke zurückgeschnitten (abgestockt/auf den Stock
gesetzt), auf der anderen steht sie noch. Naturschutzfachlich ist ein solches abschnittsweises Management besonders sinnvoll, ebenso wie das stehen lassen einzelner Bäume als sogenannte Über-
hälter. (Foto: Malin Tiebel)

bracht oder umliegende Flächen verteilt, teilweise auch energetisch genutzt. Zeitweise wurde das Schnittgut vor Ort ohne einen Mehrwert verbrannt. Es ist wichtig, dass öffentliches Geld für die Pflege der Hecken zur Verfügung steht und damit die Gemeinwohlleistungen honoriert. In Zeiten von Klimakrise und übernutzten Ressourcen ist es gleichzeitig dringend geboten, die von der Hecke regional bereitgestellten erneuerbaren Ressourcen sinnvoll zu verwenden und landwirtschaftliche Maßnahmen in Kreisläufen zu denken; die Honorierung reiner Pfelegemaßnahmen sollte nur eine Übergangslösung sein. Im Folgenden beschreiben wir, wie die Nutzung verstärkt und wie öffentliche Gelder gezielt genutzt werden können, um abschließend darzulegen, wie in Frankreich diese beiden Aspekte bereits miteinander verknüpft werden.

1. Nutzung stärker in den Fokus nehmen

Erfreulicherweise gibt es zahlreiche Pionier-Projekte, die die Vorteile gesunder Hecken und die bei ihrem Rückschnitt geernteten Ressourcen zusammen denken:

Verschiedene Projekte untersuchen, wie Schnittgut aus Hecken und anderen Landschaftselementen sinnvoll als Energiequelle genutzt werden kann. Beispielhaft wurde in einem Projekt aus Hessen wissenschaftlich untersucht, wie viele Hecken es in der Region gibt und wie viel Holz sich daraus – bei regelmäßigem und naturschutzfachlich sinnvollem Abstocken – jährlich ernten lässt. Dies wurde zusammen gedacht mit den Klimaschutz-Plänen der Dörfer und Landkreise: Die Wärmeversorgung fand bislang vielerorts mit fossilen Einzelanlagen statt, die zum Teil überaltert waren und ohnehin erneuert werden mussten. Gehäckseltes Holz aus der Landschaftspflege ist grober und uneinheitlicher im Vergleich zu Holzhackschnitzeln aus Baumfällungen und kann nur in robusteren Anlagen genutzt werden. Diese sind zu teuer für Einzelhaushalte, lohnen sich aber für kleinere Wärmenetze, etwa für ein ganzes Dorf. Nachdem die Entscheidung gefallen war, das Energiepotenzial der örtlichen Hecken für die regionale Wärmeversorgung zu nutzen, konnten u. a. kommunale Organisationen wie Bauhöfe mit der Aufgabe betraut werden, diese „Holzernte" einzuholen. So wird gleichzeitig die „Pflege" der Hecken gesichert, die Region gestärkt, da Geld nicht für den Einkauf fossiler Energien abfließt, und die im Schnittgut gebundene Energie erübrigt die Förderung fossiler Energieträger (vgl. [Mom18]).

Andere Projekte drehen sich z. B. um die positiven Eigenschaften von Futterlaub aus bestimmten Heckenpflanzen (vgl. [Tri25]), einzelne Unternehmen widmen sich der Herstellung von Säften, Marmeladen oder Spirituosen aus Heckenfrüchten.

Allerdings können solche Ansätze finanziell in der aktuellen Weltmarktsituation nicht mit anderen Produkten mithalten: Die Umstellung einer Wärmeversorgung aus regionalem Landschaftspflegeholz benötigt im Gegensatz zum Kauf einer neuen Öl- oder Gasheizung eine aufwändige Vorarbeit und auch einen gewissen Aufwand zur Ernte dieser erneuerbaren Energiequelle (sprich Planung, Schnitt der Hecke und Aufbereitung des Schnittguts). Auch eine handwerklich hergestellte Marmelade aus in Handarbeit geernteten

Heckenfrüchten kann preislich nicht mit industriell hergestellten Produkten mithalten und wird daher vorerst ein Nischenprodukt bleiben, das von Konsument:innen mit dem nötigen Hintergrundwissen und einem besonderen ökologischen Bewusstsein sowie ggf. entsprechenden finanziellen Möglichkeiten gekauft wird.

2. Öffentliches Geld für öffentliche Leistung

Mindestens mittelfristig werden daher unterstützend auch weiterhin öffentliche Gelder benötigt, um Hecken anzulegen und nachhaltig zu bewirtschaften. Da Hecken der gesamten Gesellschaft eine Vielzahl von Vorteilen bieten und die Anlage und Pflege im gesamtgesellschaftlichen Interesse liegt, sollten wir politisch passende Förderprogramme dafür schaffen und ausweiten. Dazu gibt es in den verschiedenen Bundesländern unterschiedliche Fördermöglichkeiten, die in der Förderdatenbank auf der Webseite der BaumLand-Kampagne dargestellt werden.

Förderprogramme für die Neuanlage von Hecken berücksichtigen neben der Finanzierung von Pflanzgut, Zäunen und anderen bei der Pflanzung selbst anfallenden Kosten sinnvollerweise auch die Kosten für eine Beratung und Planung durch Expert:innen: Wenn die künftige Bewirtschaftung der Hecke bei der Planung ebenso berücksichtigt wird wie die Nutzung der angrenzenden Flächen, trägt das wesentlich dazu bei, dass die Hecke für den Betrieb dauerhaft attraktiv ist, ihre Ressourcen genutzt werden und die Hecke gut gepflegt wird. Eine Hecke wirkt auf dem Markt häufig leider immer noch pachtmindernd. Bis 2005 musste die „Heckenfläche" von der beihilfefähigen Betriebsfläche abgezogen werden, wirkte sich also mindernd auf die Agrarprämien für den Betrieb aus – das ist heute nicht mehr der Fall, aber es hält sich nach wie vor die Idee, dass eine Verkleinerung der Ackerfläche um die Heckenfläche einen Verlust an Feldertrag bedeute. In dieser Situation werden Förderprogramme zur Neuanlage von Hecken besonders gut angenommen, wenn sie diese Wertminderung gegenüber den Eigentümer:innen anerkennen, z. B. indem der Verkehrswertverlust der Fläche in der Förderhöhe berücksichtigt wird (60 % der landwirtschaftlich genutzten Flächen sind aktuell verpachtet, vgl. [BMEL23]).

Da öffentliche Gelder knapp sind, stellen eine alternative Finanzierungsquelle für die Neuanlage oder Instandsetzung sanierungsbedürftiger Hecken Kompensationszahlungen dar: Es gibt eine gesetzliche Regelung, die vorschreibt, dass die Zerstörung von Natur, etwa durch Neubau von Siedlungen oder Straßen, durch „naturfördernde" Maßnahmen an anderer Stelle kompensiert werden muss (bes. § 18 Bundesnaturschutzgesetz). Bauträger haben in der Regel nicht selber die Kapazitäten, diesen Ausgleich herzustellen und können stattdessen diese Leistung der Naturaufwertung „kaufen" – z. B. von Landwirt:innen, die eine Hecke anlegen. Auch hier können die Bestimmungen darüber, welche Kosten in diese Leistung einfließen dürfen, und welche Standards gelten erheblich zum nachhaltigen Gelingen oder Scheitern einer Hecken-Neuanlage beitragen.

3.4.1 Frankreich macht es vor: Förderung und Nutzung zusammen denken

Wie so eine ergänzend zur direkten Nutzung, im Kreislauf gedachte Honorierung der Leistung aussehen kann, die Bäuerinnen und Bauern durch eine nachhaltige Bewirtschaftung ihrer Hecken für die Gesamtgesellschaft erbringen, macht aktuell Frankreich vor: Hier wurden Standards für nachhaltige Heckenbewirtschaftung erarbeitet, die zu den verschiedenen Regionen und der dort vorhandenen Infrastruktur passen. Wer eine Mindestmenge an Hecke pro landwirtschaftlicher Grundfläche hat (35 m pro Hektar Ackerland und Gesamtfläche) und seine Hecken nach den naturschutzfachlich sinnvollen Qualitätsstandards bewirtschaftet, kann sich mit einem Heckensiegel zertifizieren lassen und bekommt dann, vergleichbar mit dem Biosiegel, eine Prämie von 20 € pro Hektar Betriebsfläche ausgezahlt. Dabei ist mitgedacht, dass das Wissen um gutes Heckenmanagement in den letzten zwei bis drei Generationen zurück gegangen ist und von den heutigen Bewirtschafter:innen neu erlernt werden muss. Letztere haben es außerdem in den meisten Fällen mit überalterten und stark geschädigten Hecken zu tun. Darum beinhaltet der Zertifizierungsprozess eine Begleitung und Unterstützung der Bäuerinnen und Bauern. Eine dreistufige Übergangsfrist von insgesamt zehn Jahren ermöglicht einen guten Einstieg, indem bestimmte Standards noch nicht von vorneherein erfüllt werden müssen. Im französischen Konzept ist auch die sinnvolle Verwendung des geernteten Materials integriert, je nach regional vorhandener Infrastruktur. Die Zertifizierung kostet wie beim Biosiegel eine Gebühr. Eine Kalkulationshilfe schafft einen regionalen Überblick über Kosten (Zertifizierung) und Einnahmen (Prämie und Gewinn aus Heckenbewirtschaftung) (vgl. [res25]).

3. Landwirtschaftliche Flächen nach sozialen und ökologischen Kriterien verpachten

Neben der Nutzung und der finanziellen Förderung durch die öffentliche Hand gibt es eine weitere Möglichkeit, mehr Hecken in unserer Landschaft zu etablieren, zu pflegen und zu nutzen: Viele Kirchen, Kommunen, Länder und der Bund besitzen landwirtschaftliche Fläche, die sie nicht selber bewirtschften, sondern verpachten. Diese Träger haben nicht nur eine besondere Verantwortung und wissen sich der Schöpfung oder dem öffentlichen Interesse verpflichtet, sondern besitzen zusammen immerhin 9,4 % der landwirtschaftlichen Fläche (vgl. [Tie25]). Über die Auswahl des Pächters oder der Pächterin kann der ländliche raum entscheidend geprägt werden. Meist bekommt derjenige Betrieb den Zuschlag, der die höchste monetäre Pachtgebühr anbietet. Eine Alternative besteht jedoch darin, sie an diejenigen zu verpachten, die durch ihre Form der Bewirtschaftung den höchsten Wert für die Gesamtgesellschaft leisten. Dazu könnte gehören, eine Hecke zu pflanzen, wenn das auf der betreffenden Fläche sinnvoll ist.

Insbesondere Kirchen, Kommunen, Länder und der Bund tragen eine besondere Verantwortung und wissen sich der Schöpfung oder dem öffentlichen Interesse verpflichtet. Sich regional dafür stark zu machen, hat schon zu zahlreichen neuen Verfahren der Pachtvergabe geführt (vgl. [AbL25]). Einen konkreten Vorschlag zu möglichen Kriterien hat die Arbeitsgemeinschaft bäuerliche Landwirtschaft (AbL) erarbeitet (vgl. [AbL22]).

Auch können Vorgaben zur Pflanzung von Hecken und Gehölzen in Pachtverträgen festgehalten werden. Kostenfreie Beratung und Information liefert das Projekt Fairpachten des NABU (vgl.[NABU19]).

3.5   Die BaumLand-Kampagne

Es ist Zeit für mehr Gehölze in unserer Landwirtschaft -

die BaumLand-Kampagne setzt sich bundesweit für bessere politische Rahmenbedingungen für Streuobst, Hecken, Alleen und moderne Agroforstsysteme ein.

Wir untersuchen, wie Förderprogramme gestaltet werden müssen, um erfolgreich und kosteneffizient gesunde Hecken in unserer Land(wirt)schaft zu fördern, und welche Faktoren außerdem noch wichtig sind. In diesem Kapitel haben wir nur einige zentrale Ansatzpunkte genannt. Dazu blicken wir in verschiedene Bundesländer, suchen nach inspirierenden Beispielen und sprechen mit Hecken-Akteur:innen, Naturschützer:innen, Bäuerinnen und Bauern sowie Expert:innen aus Verwaltung und Wissenschaft. Die so gewonnenen Erkenntnisse verbreiten wir – über Artikel wie diesen, aber auch über digitale Austauschtreffen und Kongresse. Wir entwickeln Empfehlungen und tragen diese an die Politik, um die Rahmenbedingungen für Hecken zu verbessern.

Damit Interessierte einfach herausfinden können, welche finanziellen Unterstützungsmöglichkeiten es für ihr Heckenprojekt in ihrem Bundesland gibt, haben wir eine Datenbank erstellt, die in wenigen Klicks die geeigneten Heckenförderungen präsentiert. Zudem haben eine Petition gestartet, die über 150.000 Unterschriften für eine ambitionierte Heckenpolitik bekommen hat. Das zeigt: Hecken haben eine breite gesellschaftliche Zustimmung! Das gibt uns Motivation und Rückendeckung, um uns weiter gemeinsam für eine Landwirtschaftspolitik einzusetzen, mit der Landwirtschaft einen positiven Beitrag zu den Herausforderungen der Klimakrise leistet. Und uns auch künftig mit schönen Landschaften und wertvollen Lebensmitteln versorgt!

Mehr Informationen:

www.baumland-kampagne.de, kontakt@baumland-kampagne.de

Hrsg.: Hecken üben auf uns einen positiven Einfluss aus, wenn wir einem Weg entlang einer solchen Hecke folgen. Am schönsten sind Hecken zum Frühlingsbeginn. Viele der Heckenpflanzen beginnen dann zu blühen. Schwarzdorn, Wildrosen, Weißdorn, Brombeere, etwas später auch der Holunder. Zwischen den Sträuchern finden sich auch einzelne Bäume, wie Ahorn, Wildkirsche, Eichen. Wildbienen, Hummeln und Falter werden von den Blüten angezogen. Sträucher und Bäume lassen in unserer Wahrnehmung eine Hecke Hecke sein. Zusätzlich gibt es auf beiden Seiten einer Hecke einen Heckensaum, der niedriger wachsenden Pflanzen einen Lebensraum bietet: Wildblumen, Kräuter und Gräser. Die Pflanzen produzieren Nektar, Pollen und später auch Früchte wie Beeren, Hagebutten, Kirschen, Nüsse und Grassamen. Und von all diesen Heckenfrüchten leben viele Tiere, z. B. Mäuse und Singvögel. Und dort wo Mäuse sind, sind auch die Fressfeinde der Mäuse nicht weit. Fuchs, Eule und der Sperber gehören dazu. Eine wilde Hecke ist ein Biotop, in dem das Leben pulsiert. Es ist eine echte Empfehlung, sich die Zeit zu nehmen eine Hecke zu besuchen und zu beobachten, wer und was in einer Hecke lebt, was sich bewegt und was still steht. Es gibt viel zu entdecken. Vielleicht sogar, dass das Anlegen und die Pflege einer Hecke zu Deiner eigenen Herzensangelegenheit wird.

Literatur

[AbL22]   AbL; Positionspapier Gemeinwohlorientierte Verpachtung. https://www.abl-mitteldeutschland.de/fileadmin/Dokumente/AbL-Mitteldeutschland/Ver%C3%B6ffentlichungen_alles/Gemeinwohlverpachtung/2022_AbL_Gemeinwohlverpachtung.pdf, Abgerufen am 21.07.2025, 2022.

[AbL25]   AbL Mitteldeutschland; Ackerland in Bauern- und Bäuerinnenhand. https://www.abl-mitteldeutschland.de/mitmachen/gemeinwohlkampagne, Abgerufen am 29.07.2025, 2025.

[BMEL23]   Agrarpolitischer Bericht der Bundesregierung 2023. https://bmel-statistik.de/fileadmin/daten/1200000-2023.pdf, Abgerufen am 25.07.2025, 2023.

[Dür23]   Dürr, A., Loicht, J., Strauss, P., Hösl, R., Weninger, T.; Hecken und ihre Ökosystemleistungen – eine Bewertung anhand von Indikatoren. Bundesamt für Wasserwirtschaft, https://doi.org/10.5281/zenodo.8013698, 2023.

[Dre21]   Drexler, S., Gensior, A., Don, A.; Carbon sequestration in hedgerow biomass and soil in the temperate climate zone. Reg Environ Change 21, 74, https://doi.org/10.1007/s10113-021-01798-8, 2021.

[DVL06]   DVL; Landschaftselemente in der Agrarstruktur – Entstehung, Neuanlage und Erhalt – DVL-Schriftenreihe „Landschaft als Lebensraum", Heft 9, 2006.

[Fun22]   Funk, R., Völker, L., Kestel, F., Veste, M., Hahn, T.; Der Einfluss von Hecken auf Wind und Mikroklima. Leibniz-Zentrum für Agrarlandschaftsforschung (ZALF), https://doi.org/10.13140/RG.2.2.25302.93769, 2022.

[Heu25]   Heukrodt, S.; Welche Vorteile haben Hecken und wo hakt es beim Heckenausbau? https://www.youtube.com/watch?v=x4IFq8Ik1mg&list=PLO84aFAU0GE4l6s-Jf3KnYJF3ju_ctKnIA&index=13, Abgerufen: 25.07.2025, 2024.

[Küh21]   Küehl, J.; Als ein Sandsturm zur Katastrophe wurde. https://www.ndr.de/geschichte/ schauplaetze/Acht-Tote-auf-der-A19-Ein-Sandsturm-wird-zur-Katastrophe,sandsturm298.html, Abgerufen: 25.07.2025, 2021.

[NABU19]   NABU; Gut beraten – Hand in Hand für die Natur. https://www.fairpachten.org/, Abgerufen am 29.07.2025, 2019.

[Len01]   Lenschow, U.; Landschaftsökologische Grundlagen zum Schutz, zur Pflege und zur Neuanlage von Feldhecken in Mecklenburg-Vorpommern. Landesamt für Umwelt, Naturschutz und Geologie Mecklenburg-Vorpommern, 2001.

[Mom18]   Momper, P., Richter, F.; Studie zur Feststellung der Gebietskulisse für die Durchführung von Schnittmaßnahmen bis zum Ende der gesamten Wertschöpfungskette. https://giessenerland.de/wp-content/uploads/2021/08/GiLand-Zusammenfassung-Heckenprojekt.pdf, Abgerufen am 22.07.2025, 2018.

[res25]   www.reseauhaies.fr; 2025; letzter Aufruf: 31.7.2025

[Röt06]   Röthlein, B.; Zauberkohle aus dem Dampfkochtopf. Max Planck Forschung 2/2006, 20–25, 2006.

[Sch84]   Schuster, F.; Wallhecken und Büsche des Münsterlandes. in: Jahresbericht des Westfälischen Provinzial-Vereins für Wiss. und Kunst 13, 88–107, 1884.

[Tie25]   Tietz, A.; Bockelmann, L.; Untersuchung von Landeseigentumsstrukturen in Deutschland. Wem gehört die Landwirtschaftsfläche? Raumforschung und Raumordnung, 0/0:1–19, https://doi.org/10.14512(rur.3088, 2025.

[Tri25]   Triebwerk; Projektvorstellung. https://futterlaub.de/, Abgerufen am 29.07.2025, 2025.

[Wil25]   Willinger, G.; Wie lebende Zäune Klima und Umwelt schützen. Spektrum. https://www.spektrum.de/news/hecken-wie-lebende-zaeune-klima-und-umwelt-schuetzen/2017921, Abgerufen am 03.02.23, 2022.

[Wol15]   Wolton, R.; Life in a hedge. British Wildlife, 306–316, 2015.

Regenerative Landwirtschaft – Ein kurzer Rundgang über den Hellehof

Wilderich von Weichs

Die Hofführung über den Hellehof beginnt pünklich. Es ist nass und kalt. Eine Gruppe von Studierenden ist nicht gekommen, trotz Anmeldung. Eine handvoll Besucher hat sich eingefunden.

Jasper de Wit, „der Hellebauer" wie er im Dorf genannt wird, stellt sich mitten in ein Gemüsebeet (Abb. 4.1) Die Salatpflanzen stehen eng beieinander, dicht an dicht. Daneben noch ein Salatbeet, zwei Sorten gemischt. Eine Sorte ist grün, die andere rötlich. Beides ist umrahmt von einem Streifen fast reifer Bohnen auf der einen und auf der anderen Seite von erntereifen Möhren unter einem Netz. Und inmitten der Hellebauer. Ich kann spüren dass er von seinem Herzensprojekt berichten wird, seine Augen leuchten.

Aber es kommt anders. Er begrüßt uns, seine Besucher. Und beginnt zu meiner Überraschung von der konventionellen Landwirtschaft zu berichten. Worauf es dort ankommt. Wie dort angebaut wird. Mit einer tiefen Bodenbearbeitung. Es wird gepflügt, Erde von unten gelangt nach oben und umgekehrt. Die Bodenlebewesen befinden sich am Ende an falscher Stelle. Es geht für diese kleinen Wesen nicht gut aus, häufig ist es deren Ende.

Die Nährstoffe für die Pflanzen werden in Form mineralischer Dünger auf das Feld gebracht. N-P-K, Stickstoff, Phosphor und Kalium. Das ist das Mindeste. Dabei brauchen

W. von Weichs (✉)
Höxter, Deutschland
E-Mail: w.vonweichs@web.de

J. Dohmann (Hrsg.), *Umweltimpulse – 19 Wege in eine lebenswerte Zukunft*, SDG - Forschung, Konzepte, Lösungsansätze zur Nachhaltigkeit, https://doi.org/10.1007/978-3-662-72198-8_4

Abb. 4.1 Beete in der Bewirtschaftungsart „regenerative Landwirtschaft mit Agroforst"

die Pflanzen so sehr viel mehr, um gesund zu werden und zu bleiben. Aber sie bekommen diese Dinge oft nicht.

Der Hellehof wirtschaftet nach einem davon abweichenden Konzept, dem der regenerativen Landwirtschaft. Jasper erklärt, was das bedeutet. Die Grundidee ist, dass der Boden, auf dem die Kulturpflanzen wachsen, im Vordergrund steht. Es ist nicht einfach nur Erde. Geht es dem Boden gut, dann auch den darauf wachsenden Pflanzen. Jasper bückt sich und nimmt eine Hand voll Gartenerde auf. Riecht daran. Er kann am Geruch erkennen, dass der Boden in guter Verfassung ist. Er reibt ein wenig davon in seiner Handfläche. Und riecht erneut. Unsere Sprache hat nur wenig Worte für Gerüche. Wir können immer nur sagen, es riecht wie „???". So bleibt uns nichts anderes übrig, als selbst am Boden zu riechen. Es riecht sehr aromatisch, nach Pilzen vielleicht, auf jeden Fall angenehm. Zukünftig kann ich sagen, wenn es so wie hier duftet, dann ist das der Geruch von gesundem Gartenboden. Falls ich mich des Geruchs erinnere. So ändert sich die eigene Wahrnehmung. Der Hellebauer erklärt, wie viele Millionen, wenn nicht Milliarden Lebewesen in dem Boden dieser kleinen Parzelle leben: Käfer, Schnecken, Spinnen, Springschwänze, Kleininsekten, Regenwürmer, Nematoden, Pilze, Bakterien, und und und. Die kleinsten unter ihnen bleiben auch bei den Experten namenlos. Und er erläutert, dass es auch große Tiere sein können. Rings um die kleine Fläche mit den Bohnenpflanzen, dem Salat und den Möhren unter dem Netz stehen verschiedene Bäume, überwiegend Obstbäume, aber auch einige Weiden, Holunder und mehr.

Und zwischen den Bäumen erkenne ich einige Staudengewächse. Einige der Bäume tragen Früchte. Die Kirschen sind fast reif. Hier in den Baumreihen leben die Vögel. Sie sind wie das Gemüse Teil des Biotops. Wie auf Bestellung stimmen die Singvögel ein Konzert an. Meisen, Buchfinken. Eine Wacholderdrossel sucht schimpfend das Weite. Ich kann mir kaum vorstellen, dass sie sich von uns Besuchern gestört fühlt. Vielleicht haben die Vögel auch schon vorher gesungen und gestritten und es wurde von mir nur überhört, weil die eigenen Sinne abgelenkt waren, durch die Erklärungen zum Boden.

Der Hellebauer berichtet weiter, wie es im Boden zugeht. Es ist ein Zyklus von fressen und gefressen werden, von Wachsen und Vergehen, vom Aufbauen und Abbauen. Jede und jeder in diesem Lebensraum braucht Nahrung und hinterlässt etwas, was wieder für andere brauchbar ist. Oder wird selbst von anderen gefressen. Alles hat seinen Platz in diesem wunderbaren ewigen Zyklus. Über diesen Weg werden die Nähstoffe für die Pflanzen verfügbar gemacht. In jeder Schicht des Bodens dominiert ein eigenes Geschehen. Dies darf nicht gestört werden. „No Dig“, also kein Umgraben, kein Umschichten ist die Devise dieser Form des Landbaus.

Sauerstoff ist dabei essenziell, muss in den Boden eindringen können. Sauerstoff fördert den Abbau und den Kreislauf der Stoffe. Der Grundgedanke der regenerativen Landwirtschaft ist es, so fährt der Hellebauer fort, dieses komplexe System von Bodenorganismen und Substraten bestmöglich zu versorgen, mit allem was zur Versorgung nötig ist. Und zum Erhalt des Gesundheitszustand des Bodens. Vorsichtig legt er seine „Bodenprobe“ wieder an die Stelle zurück, an der er sie aufgehoben hat. Mir fällt auf, dass er diese handvoll Boden so behutsam, fast schon liebevoll behandelt, als halte er einen Schatz in seinen Händen. Seinen Schatz. Den er behütet.

Der Hellebauer bückt sich erneut und findet zwischen den Salatpflanzen ein kleines unscheinbares Pflänzchen, das wie Gras aussieht (Abb. 4.2). „Aaah, ein Unkraut“ denke ich. Sanft zieht der Hellebauer das Pflänzchen aus dem Boden. Es bleibt ganz. Es sind Wurzeln daran. Und ein kleiner Klumpen Boden, an dessen Unterseite mehr von diesen feinen weißen Wurzeln herausschauen. Das kleine Stück Boden ist sehr locker. Etwas bröselt ab und es kommt weiteres Weiß zum Vorschein.

Der Hellebauer fragt in die Besucherrunde, wie es dazu kommt, dass der Boden so locker ist. So recht weiss es von den Anwesenden niemand. Es kommt daher, dass viel Biomasse im Boden ist. Humus ist das Zauberwort. Pflanzen wachsen und durchdringen den Boden mit ihren Wurzeln. Und bei der Ernte zum Beispiel des Salates bleiben die Wurzeln im Boden. Hier beginnt der Kreislauf vom Wachsen und Vergehen von neuem. Die Wurzeln sterben ab, die Lebewesen des Bodens zerlegen die Biomasse in ihre Bestandteile, von denen sich letztendlich alle Lebewesen ernähren. Der nur langsam umwandelbare Teil wird Humus genannt. Der Hellebauer erklärt, je mehr Humus im Boden sei, desto besser. Man kann den Humusgehalt sogar messen. Jasper nennt einige Zahlen. Mir fehlt der Vergleich, ich kann mir die Zahlen nicht merken.

Wir gehen ein wenig weiter. Beim Gehen fällt mir auf, dass auch der Boden auf dem wir gehen sehr locker ist. Unter meinen Füßen fühlt sich der Boden an wie ein Waldboden.

Abb. 4.2 Wildkraut mit einem Wurzelballen

„Locker". Wir betreten einen „Folientunnel", in dem Tomatenpflanzen stehen. Früchte tragen sie noch nicht. Aber ich kann sehen, das dies schon sehr bald der Fall sein wird. Die Pflanzen sehen auch für mich als Laien tadellos gesund aus. Keine welken oder zu hellen, keine gekräuselten Blätter oder hängenden Triebe. Ich beschließe irgendwann wieder zu kommen und im Hofladen von diesen Tomaten einige zu kaufen, wenn sie reif sind.

Der Boden unter den Pflanzen ist bedeckt mit Pflanzenresten. Ich erkenne welke Salatblätter. Etwas weiter ist der Boden mit Grassilage von den betriebseigenen Weiden gemulcht. Die Silage bedeckt den Boden. Der Hellebauer hebt etwas davon hoch und wir können sehen, dass die Bodenorganismen an der Unterseite schon mit ihrer Arbeit fortgeschritten sind, die Silage abzubauen und damit die Pflanzen mit Stickstoff, Phosphor und Kalium und allen anderen nötigen Nährstoffen zu versorgen. Im Beet nebenan erkenne ich eine dünne Mulchschicht aus Kompost als Nähstoffquelle für die Pflanzen.

Es sind hier so viele Details, soviel Neues, soviel zu bewundern und bestaunen. Ich erkenne auf dem Boden liegende Schläuche. Jasper bemerkt mein Interesse und erklärt, wie all diese Flächen bewässert werden. Die Schläuche haben regelmäßig alle 30 cm kleine Löcher, aus denen Wasser tropft und den Boden befeuchtet. Eine halbe Stunde pro Tag reichen aus. Der Boden ist ja gekonnt locker und kann Unmengen von Wasser speichern. Das lieben die Pflanzen. Und die Bodenlebewesen.

Und da wir über Wasser reden zeigt uns der Hellebauer eine überdachte Anlage. Hier stehen Tische, die anstelle von Tischplatten grobmaschige Metallgitter besitzen. An den Wänden hängen Gartenschläuche. Hier wird das geerntete Gemüse geputzt. Im Nachbar-

beet stehen Möhren. Snackmöhren. Nur fingerdick, mit langem Kraut. Wir dürfen uns be-
dienen und einige mit den eigenen Händen aus dem Beet ziehen. Die lockere Erde lässt
sich mühelos abstreifen und abklopfen. Wer will kann seine Ernte waschen. Und dann
beißt ein jeder in das zarte Gemüse. Hmmm … sehr aromatisch und wohlschmeckend.
Das Orange der Möhren hebt sich von all dem Grün um uns herum ab. Ein Frischeknacken
beim kauen. Selbst geerntetes Gemüse! Großartig!

Hrsg.: Das Geheimnis des regenerativen Landwirtschaftens liegt vor allem an der
Gesundhaltung des Bodens. Hier braucht es neben dem Sachverstand auch Geduld. Unsere Böden sind in der Regel sehr arm an Humus. Und der Erhöhung des
Humusanteils benötig Zeit. Materialien, die zur Humusbildung beitragen müssen
zugeführt werden. Wenn ein Garten vorhanden ist, dann lädt das unbedingt zur
Selbsterfahrung ein. Ein oder ein paar Quadratmeter für den Anbau des eigenen
Gemüses ist eine Erfahrung, die jeder machen können darf, auch in Verbindung
mit der regenerativen Methode. Es verbindet uns mit dem Boden und lehrt uns den
richtigen Umgang damit. Auch hier gilt: Ermöglicht Euren Kindern eigene Erfahrungen. Das soll aber nicht bedeuten, dass die regenerative Landwirtschaft die
einzige akzeptable Form des Wirtschaftens ist. Es gibt weitere, in denen die Aspekte Biodiversität, Klimaresilienz, Nachhaltigkeit und Produktqualität ebenfalls
im Vordergrund stehen.

Kompostierung

5

Joachim Dohmann

5.1 Nahrung für Mikroorganismen und andere Lebewesen

Wenn an einem Herbsttag ein Baum seine Blätter abwirft, dann entledigt er sich von einem Teil der Biomasse, die er im Frühjahr und Sommer aufgebaut hat. Die Blätter fallen getragen vom Herbstwind zu Boden und bilden eine Schicht, auf die wir kurz unser Augenmerk lenken wollen. Diese Schicht ist voller Leben. Eine überwältigende Vielzahl von Lebewesen, meist Mikroorganismen, leben darin. Diese teilen sich die Aufgabe, die Blattmasse im biochemischen Sinn abzubauen, aus komplizierteren Molekülen einfache Moleküle herzustellen. Kohlenstoffhaltige Moleküle, die sogenannten Kohlenwasserstoffe werden in unzählbaren Zwischenschritten in Kohlenstoffdioxid und Wasser zerlegt. Der Vorgang dient dazu, diese Lebewesen mit Energie zu versorgen. Einige dieser Umwandlungsschritte vollziehen sich rasch. Zuckerartige Stoffe werden sehr schnell abgebaut. Andere Abbauvorgänge hingegen laufen sehr langsam ab, beispielsweise der Abbau von Cellulose oder der Holz bildenden Stoffe, zu denen Lignin zählt. Auch nach Monaten finden wir auf dem Waldboden immer noch Reste dieser Herbstblätter. Die schwer abbaubaren Biomasseanteile werden als Humus bezeichnet oder sind zumindest Bestandteil des Humus.

J. Dohmann (✉)
Dörentrup, Deutschland
E-Mail: joachim.dohmann@th-owl.de

J. Dohmann (Hrsg.), *Umweltimpulse – 19 Wege in eine lebenswerte Zukunft*, SDG - Forschung, Konzepte, Lösungsansätze zur Nachhaltigkeit, https://doi.org/10.1007/978-3-662-72198-8_5

Blätter und alle anderen Biomassen bestehen aber nicht nur aus Kohlenwasserstoffen, sondern auch aus anderen Bestandteilen. Dies wird erkennbar, wenn z. B. ein Stück Holz verbrannt wird: Es bleibt ein kleiner Teil als Asche zurück. Holz hinterlässt beim Verbrennen etwa 0,3 % Asche, Baumrinde deutlich mehr, z. B. 3 %. Diese Aschebestandteile basieren darauf, dass in Biomassen immer auch mineralische Anteile enthalten sind. Das Element Kalium mit seinen Verbindungen wurde beispielsweise zuerst in Holzasche entdeckt und wird im Englischen als Potassium bezeichnet, was sich vom deutschen Wort für Pottasche ableitet. Es sei besonders darauf hingewiesen, dass alle Biomassen Stickstoff und Phosphor in unterschiedlichen Verbindungen enthalten. Hier ist das Stichwort N-P-K Stickstoff-Phosphor-Kalium. Dieser Abbauprozess von Biomasse ist für das Leben auf der Erde von extrem hoher Bedeutung. Die für die Bäume wichtigen Stoffe werden hierdurch in einem Kreislauf gehalten. Die für den Abbau zuständigen Organismen, die sogenannten Destruenten setzen die Nährstoffe aus den abzubauenden Biomassen frei und stellen sie den Bäumen in den folgenden Wachstumsperioden zur Verfügung. Dabei gewinnen sie Energie für das eigene Leben.

Wir Menschen unterscheiden uns in der Selbstwahrnehmung von diesen Mikroorganismen. Aber bei genauerer Betrachtung verbindet uns auch eine Gemeinsamkeit. Auch wir sind mit dem Abbau von Biomasse beschäftigt. Zwar essen wir keine Blätter von Herbstbäumen, wohl aber Blätter von sommerlichen Salatpflanzen. Oder eben all die Dinge, die auf unserem Speiseplan stehen. Und wir bauen diese Biomasse ab unter Freisetzung von Kohlenstoffdioxid und Wasser. Und auch wir hinterlassen Rückstände, da uns der vollständige Abbau der Biomasse, insbesondere der Mineralisierungsschritt, nicht gelingt.

5.2 Abbauwege

Die Art und Weise, wie Biomasse abgebaut wird, kann in zwei sehr unterschiedliche Abbautypen eingeteilt werden. Das vielleicht wichtigste Unterscheidungsmerkmal ist daran gekoppelt, ob Sauerstoff für den Abbau zur Verfügung steht. Der Fachbegriff hierfür ist der sogenannte aerobe Abbau. Steht kein Sauerstoff zur Verfügung wird vom anaeroben Abbau gesprochen. Das erste bedeutet Verrottung, das zweite bedeutet Vergärung oder Fäulnis. Wenn Biomasse verkompostiert wird, dann wird eine Verrottung angestrebt. Es entsteht dabei CO_2 und H_2O.

Die Vergärung sei hier nur der Vollständigkeit halber erwähnt. Bei der bekannten Fäulnis entsteht als Hauptprodukt ein gasförmiges Gemisch aus CO_2 und Methan CH_4, aber mit Beimengungen zum Beispiel von Schwefelwasserstoff H_2S, einer prinzipiell giftigen und übel riechenden Substanz. Fäulnis sollte auf jeden Fall vermieden werden, da die Freisetzung von Methan vermieden werden muss, da dieser Stoff in die Atmosphäre für ein „Warming-Up" sorgt.

5.3   Input-Materialien der Kompostierung

Welche Stoffe werden kompostiert? Man unterscheidet hier zwei unterschiedliche Herkünfte. Die meisten Küchenabfälle werden im Bereich der kommunalen Kompostierung als Bioabfall bezeichnet. Gemüseabfälle, Essensreste, aber auch verdorbene Lebensmittel. Dies muss nicht besonders erklärt werden. Fast jeder hat in seinem privaten Umfeld eine Biotonne für derartige Abfälle, die einer geordneten Entsorgung z. B. in einer Kompostierungsanlage zugeführt werden. Die Bioabfälle aus der Biotonne stellen den größten Anteil (ca. 4/5) der zu verkompostierenden Menge dar. In der Biotonne finden sich aber nicht nur Küchenabfälle, sondern auch Rasenschnitt aus den Gärten.

Die zweite Gruppe von Stoffen wird als Grünschnitt bezeichnet. Hierunter fallen Materialien wie z. B. Heckenschnitt, kleine Weihnachtsbäume und ähnliches. Ganze Bäume werden hier nur sehr selten verarbeitet. Denn Waldbäume liefern bei der „Entnahme" aus dem Wald Holz, das ja für viele Zwecke genutzt wird. Äste und Zweige sollten direkt im Wald verbleiben. Der Abbau auf dem Waldboden liefert die Nährstoffe, die für die Waldbäume wichtig sind, die auf diese Nährstoffe angewiesen sind.

Werden auch landwirtschaftliche Materialien verkompostiert? Die Landwirtschaft verlagert den Abbau ihrer Rückstände auf die Ackerböden, da hier der Humuserhalt und die Versorgung der Bodenlebewesen ebenfalls wichtig ist.

5.4   Kompostierung als technisches Verfahren

Aus diesen Überlegungen kann ein verfahrenstechnisches Schema einer kommunalen Kompostieranlage sofort abgeleitet werden (siehe Abb. 5.1).

Der Bioabfall (Stoffstrom 1), also der Inhalt der Biotonnen wird zunächst durch eine Siebung in zwei Größenfraktionen aufgetrennt. Der Grobanteil (2) wird zerkleinert. Der Grund hierfür liegt in der leicht einsehbaren Tatsache, dass die Kompostierung durch Mikroorganismen vollzogen wird, die nur an der Oberfläche der Biomasse den Abbau vollziehen können. Zerkleinerung bedeutet Vergrößerung der Gesamtoberfläche des Materials, was den biologischen Abbau beschleunigt. Manche Bestandteile des Bioabfalls lassen sich nicht zerkleinern, insbesondere dann, wenn es sich um Störstoffe handelt, die nicht in die Biotonne gehören. Material (3) mit einem Durchmesser > 80 mm wird aus dem Prozess aussortiert und der Müllverbrennung zugeführt. Die Feinanteile des Bioabfalls (4 und 5) gehen in die sogenannte Rotte.

Der Grünschnitt (Strom 6), wird nach Entfernung metallischer Fremdstoffe (z. B. Rosenscheren, vergessene Werkzeuge) durch einen Magnetabscheider einer Zerkleinerung zugeführt.

Die feine Fraktion des Bioabfalls (8) und der zerkleinerte Grünschnitt (7) werden vermischt und gemeinsam der Rotte zugeführt. Das Material wird in speziellen Rotteboxen mit Abmessungen etwa in der Größe B × L × H = 10 × 8 × 4 m aufgeschichtet. Durch den

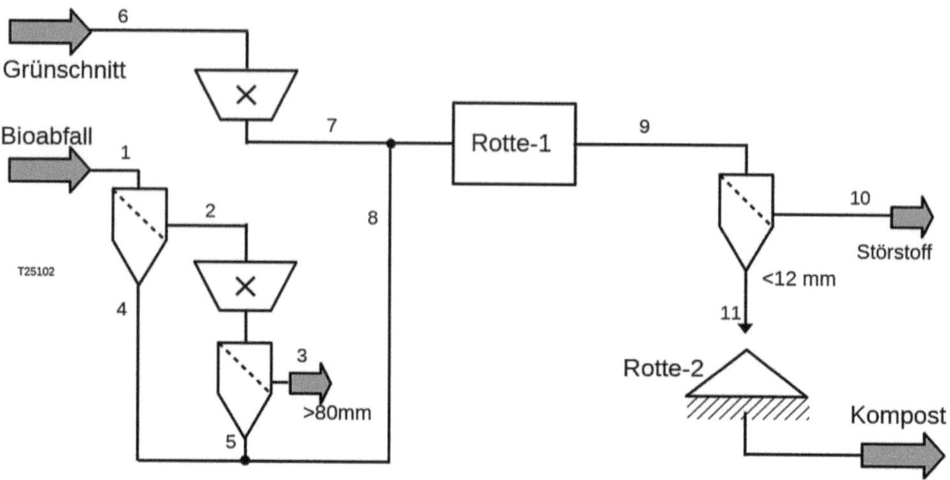

Abb. 5.1 Verfahrensschema einer kommunalen Kompostieranlage

Boden dieser Boxen wird Luft eingebracht, dadurch wird das Material mit Sauerstoff versorgt. Nach festgelegten Zeitintervallen wird das Material umgewälzt, damit einzelne Teilvolumina nicht hinsichtlich des Sauerstoffs unterversorgt bleiben. Würde dies passieren, würde sich die aerobe Umsetzung in eine anaerobe Umsetzung wandeln. Das Material würde beginnen zu verfaulen und dabei – freundlich ausgedrückt – ungewünschte Geruchsemissionen freisetzen. Die Dauer dieses Rottevorgangs hängt von zahlreichen Parametern ab, zum Beispiel der Materialzusammensetzung, der Stückgröße, der Porosität, dem Wassergehalt, von der Intensität der Mischung bzw. Umwälzung sowie von der Intensität der Belüftung. Bei sehr intensiven Rottebedingungen ist eine Rottedauer in der Rotte von etwa 20 Tagen erforderlich. Dieser Maßzahl muss selbstverständlich ein Umwandlungsgrad zugeordnet werden, was an dieser Stelle nicht erfolgen kann.

Interessant ist, dass die Biomasse für die Mikroorganismen die Nahrung darstellt. Die Nahrung liefert auch in diesem Fall Energie, die zur Aufheizung des Materials in der Rotte führt. Dies geschieht aber nicht unbegrenzt, sondern zu hohe Temperaturen bremsen den Stoffwechsel der Mikroorganismen und damit die Wärmefreisetzung aus. Es stellt sich nach bereits wenigen Stunden eine Gleichgewichtstemperatur ein. Diese hängt von zahlreichen weiteren Faktoren ab, z. B. vom Wassergehalt der Biomasse und insbesondere auch von der Porosität. Lockeres Material sorgt für eine gute Sauerstoffverteilung in dem Rottebett. Die Temperaturen erreichen Werte im Bereich von 55 bis 65 °C.

Nach der Rotte (9) wird das Material erneut abgesiebt. Hier werden Störstoffe (10) abgetrennt. Im Sieboberlauf werden insbesondere Kunstofffolien und andere überraschende Dinge gefunden. Die Störstoffe (10) gehen als Restmüll in die Verbrennung.

Das verrottete Material (11) wird in die sogenannte Nachrotte (Rotte-2) überführt. Es handelt sich dabei um Aufschüttungen in einer Halle (vgl. Abb. 5.2), die im Abstand meh-

Abb. 5.2 Halle mit Dreiecksmieten zur Nachverrottung

rerer Tage regelmäßig mit Radladern umgesetzt werden. Hier klingt die biologische Aktivität ab. Es verbleibt fertiger Kompost (12).

Während des Rotteprozesses wird das Material mit etwa 65 °C richtig heiß. Das ist von fundamentaler Wichtigkeit. Der Bioabfall stammt aus hunderten von Haushalten. Es besteht die Gefahr, dass der Bioabfall mit pathogenen Keimen belastet ist, also Keime, die beim späteren Kontakt Krankheiten bei Menschen und/oder Tieren auslösen können. Nicht ganz so dramatisch, aber dennoch unerwünscht sind keimfähige Samen von Kräutern, die bei der Verwendung des Komposts austreiben würden. Diese würden unabhängig von der Art der Pflanze, die sich über diesen Weg verbreitet, als störend empfunden. Das Erreichen hinreichend hoher Temperaturen und Einhaltung einer hinreichenden Verweildauer stellt sicher, dass Keime und Samen abgetötet werden. Ob diese Bedingungen erfüllt sind, wird sogar regelmäßig experimentell untersucht. Hierzu werden einige Tomatensamen in kleine Baumwolltütchen eingenäht und in dieser Form in den Stoffstrom eingebracht, sodass sie den Rottepürozess durchlaufen können. Die Tütchen helfen dabei, die Tomatensamen wieder auffinden zu können. Am Ende des Prozesses wird im Labor untersucht, ob diese Samen ihre Keimfähigkeit behalten haben oder nicht. Wenn die Bedingungen passend sind keimt keine Tomate. Das gilt als Indiz dafür, dass der Kompost hygienisch ist.

5.5 Gesetzliche und andere Regularien

Die kommunale Kompostierung unterliegt zahlreichen gesetzlichen Bestimmungen und Regelwerken. So regelt etwa die Bioabfallverordnung, welche Stoffe in eine solche Anlage eingebracht werden dürfen. Es sind Bestimmungen einzuhalten, die das Emissionsschutzrecht und Wasserschutzrechte betreffen. Letztendlich legt die Bundesgütegemeinschaft Kompost zahlreiche Beschaffenheitsmerkmale für den erzeugten Kompost fest, was die Verwendungssicherheit gewährleistet.

5.6 Verwendung von Kompost

Kompost wird sehr gerne in der Landwirtschaft und im Gartenbau zur Verbesserung der Bodenqualität eingesetzt. Kompost wird auf die Böden breitflächig aufgebracht und leicht, das bedeutet nur oberflächig eingearbeitet. Abb. 5.3 zeigt fertigen Kompost guter Qualität. Hier ist er ein willkommener Dünger, der sehr gleichmäßig und über längere Zeit seine Nähstoffe an den Acker abgibt. Kompost ist ein sehr willkommenes Material zur Düngung und Bodenverbesserung. Für den Stickstoffanteil des Kompostes besteht keine Gefahr der Auswaschung. Es besteht bei der Verwendung keine Gefahr des Eintrags von Nitrat in das Grundwasser Der Bedarf an Kompost kann nur zu einem geringen Bruchteil gedeckt werden, da einfach nicht genügend Inputmaterialien im Stoffkreislauf zur Verfügung stehen.

Abb. 5.3 Fertiger Kompost von guter Qualität

5.7 Mikroplastik-Problem

Es treten aber auch Probleme bei der Verwendung von Kompost auf. Bei der Kompostierung gibt es trotz aller Bestimmungen und Vorschriften ein nur wenig zufriedenstellend gelöstes Problem. Es betrifft das sogenannte Mikroplastik. Dies sind Kunststoffpartikel mit geringem Durchmesser. Der Durchmesserbereich reicht dabei von etwa 10 mm bis in Bereiche unterhalb vom 1 μm. Wenn speziell Folienkunststoffe mit dem Bioabfall in den Kreislauf eingebracht werden, dann kann ein gewisser geringer Teil nicht abgetrennt werden. Besonders kleine Kunststoffpartikel gelangen so in das Endprodukt Kompost. Bei der Verwendung von Grünschnitt (Hecken- und Baumpflege) als Rohstoff der Kompostierung tritt dieses Problem jedoch nicht auf. Kleine Kunststoffpartikel werden durch den UV-Anteil des Sonnenlichts im Laufe der Zeit spröde und werden durch mechanische Einflüsse immer kleiner. Ab einer gewissen Feinheit können Organismen, auch der Mensch, diese Partikel z. B. mit den Feldfrüchten und eventuell auch durch das Trinkwasser aufnehmen. Das ist aktuell überall Gegenstand der Forschung. Das Thema Mikroplastik wird aber vor allem eines der sehr großen Themen für die Zukunft sein.

5.8 Ausblick

Ist Kompostierung unter Beachtung dieses Problems überhaupt sinnvoll? Die Antwort darauf darf nicht sein, die Kompostierung abschaffen zu wollen. Der Wert des Kompostes insbesondere für den Humusaufbau und die Nährstoffversorgung für die Bodenorganismen kann nicht hoch genug eingeschätzt werden. Vielmehr ist es wichtig, die Bedeutung des Kompostes bei jedem einzelnen bekannt zu machen. Die Probleme entstehen doch ausschließlich dadurch, dass einzelne Mitbürger Stoffe in die Biotonne werfen, die einfach nichts darin zu suchen haben. Es muss das Ziel sein, den Fremdstoffanteil in der Biotonne auf einen Wert nahe null zu drücken. Die Unternehmen versuchen dies mit einer technischen Kontrolle des Bioabfalls und durch regulatorische Maßnahmen zu lösen. Wer Störstoffe einbringt soll künftig dafür bezahlen.

Es wäre viel sinnvoller, wenn bereits Schulkinder lernen könnten, was Kompost ist. Die Kompostierung im kleinen Maßstab lässt sich ohne Problem überall installieren – zu Hause, in einem Schulgarten und durchaus schon im Kindergarten. Eine betreute Handhabung eines solchen Kompostkastens ist spannend und würde sofort alle notwendigen Einsichten vermitteln, z. B. darüber, welche Stoffe in einen Kompost hineingehören und welche nicht. Dies würde auch dazu beitragen, im Kompost ein wertvolles Material zu sehen. Also, baut bitte einen Kompostkasten für die Kinder!

Hrsg.: Kompost kann nicht direkt verwendet werden um darin Pflanzen wachsen zu lassen. Das gelingt nur bei wenigen Pflanzenarten. Kompost wird stattdessen verwendet, um den Humusgehalt im Garten- oder Ackerboden zu erhöhen. Die im Kompost enthaltene Biomasse wird durch die Bodenlebewesen abgebaut, solange Sauerstoff und Feuchtigkeit vorhanden sind oder von der Biomasse nach langer Zeit nichts mehr übrig ist. Hierdurch werden wichtige Nährstoffe für die Pflanzen freigesetzt. Im eigenen Garten kann wenig Kompost mit viel Erde vermischt und dann verwendet werden. Diese Mischung ist der in der Bodenkunde bekannten, fruchtbaren Schwarzerde sehr ähnlich. In der Marktgärtnerei (siehe Kap. 4), also dem Anbau verschiedener Gemüse für den örtlichen Verkauf, wird dieses Vermischen eher vermieden, da dies mit einer unerwünschten Umschichtung des Bodens verbunden wäre. Eine dünnes Auflegen von Kompost und eventuell eine sehr oberflächige Einarbeitung in den Boden ermöglicht es den Bodenlebewesen, mit dem Abbau zu beginnen. Andere Bodenbewohner (z. B.) Würmer sorgen von alleine für einen vertikalen Transport für die Biomasse in den oberen Bodenschichten. Unbemerkt von uns Menschen sprießt beim Einsatz von Kompost das Leben in den oberen Zentimetern des Gartenbodens. Die kommunale und privatwirtschaftliche Kompostierung von Bioabfällen und Grünschnitt sollte nicht als „Abfallbeseitigung" bezeichnet werden. Das Endprodukt der Kompostierung ist ein geschätzter Rohstoff für die Landwirtschaft, insbesondere für die regenerative Landwirtschaft. Die Herstellung von Kompost ist ein erfolgreiches Beispiel für eine gelungene Kreislaufwirtschaft. Der Kreislaufwirtschaft ist ein eigenes Kap. 8 gewidmet.

Agroforstwirtschaft – Vielfältige Lösung für die Landwirtschaft

Konstantin Sprenger

6.1 Eine zukunftsfähige Vision für unsere Landwirtschaft

Die Landwirtschaft, wie wir sie heute kennen, wurde im letzten Jahrhundert auf Effizienz und Skalierbarkeit getrimmt. Die Ackerflächen wurden größer, um sie kostengünstiger zu bewirtschaften, die angebauten Feldkulturen geringer, weil weniger Kulturen geringere Kosten und höheren Ertrag versprachen. Die Tiere werden im Stall gehalten, weil sie dort mehr Leistung bringen, störende Landschaftselemente wurden entfernt.

Im Zuge der Industrialisierung der Landwirtschaft gingen jedoch einige der Funktionen der Landwirtschaft unter: Äcker werden nicht als Teil eines Ökosystems gedacht, weshalb die Biodiversität in Form vom Kleinstlebewesen über Bestäuber bis hin zu Brutvögeln stark unter Druck gesetzt oder verdrängt wird. Böden werden als Produktionsstandort und nicht als Teil eines komplexen natürlichen Systems verstanden. Ressourcenintensive Dünger ersetzen natürliche Nährstoffkreisläufe und die immer größeren Landmaschinen, die eine schnellere Bewirtschaftung ermöglichen, verdichten den Boden. Die Liste der negativen Auswirkungen unseres derzeitigen Landwirtschaftssystem ließe sich nahezu endlos fortsetzen.

Zudem verändern die Auswirkungen des Klimawandels die Rahmenbedingungen. Es wird im Mittel wärmer und wir werden häufiger Starkwetterereignisse erleben. Schon

K. Sprenger (✉)
Regenerative und Soziale Landwirtschaft e. V., Eschwege, Deutschland

© Der/die Autor(en), exklusiv lizenziert an Springer-Verlag GmbH, DE, ein Teil von Springer Nature 2026
J. Dohmann (Hrsg.), *Umweltimpulse – 19 Wege in eine lebenswerte Zukunft*,
SDG - Forschung, Konzepte, Lösungsansätze zur Nachhaltigkeit,
https://doi.org/10.1007/978-3-662-72198-8_6

kleinere Veränderungen können für Landwirtschaft, Ackerkulturen und Nutztiere große Auswirkungen haben. Blühzeitpunkte und weitere pflanzenphysiologische Prozesse verschieben sich jetzt schon. Ackerkulturen und Nutztiere können ohne Unterstützung teils mit dem Hitzestress nicht umgehen. Ganz zu schweigen von der sich verknappenden Ressource Wasser und Dürrephasen.

Die Landwirtschaft muss sich also verändern und anpassen, um den Herausforderungen zu begegnen. Das ist bei weitem keine neue Erkenntnis, das wusste nicht nur der Club of Rome bereits 1972 und fasste es mit dem Motto „Weiter wie bisher ist keine Option" zusammen (vgl. [Mea73]). Seitdem werden die negativen Auswirkungen der derzeitigen Landwirtschaftsweise angemahnt und eine grundsätzliche Transformation des Systems gefordert – geändert hat sich in der Zwischenzeit aber wenig. Das ist auch vielen LandwirtInnen schmerzlich bewusst und sie arbeiten an der Veränderung, die große Mehrheit allerdings nicht. Das liegt auch daran, dass das Landwirtschaftssystem, wie wir es geschaffen habe, wenig Raum für Wandel erlaubt: Der Preisdruck, also die Macht der Einzelhandelsketten und die Konkurrenz durch globale Märkte, ist massiv und die Möglichkeiten für die LandwirtInnen, auf die Märkte oder Politik Einfluss zu nehmen, sind sehr gering.

Wenn „weiter wie bisher" nicht mehr funktioniert, wie soll eine zukunftsfähige Landwirtschaft stattdessen aussehen? Und wenn wir doch Lösungen haben, wie setzen wir die Transformation in Gang?

Das Rad einfach zurückzudrehen ist keine Lösung. Wir sind aufgrund der Bevölkerungsdichte und den abnehmenden landwirtschaftlichen Flächen auf eine effiziente Landwirtschaft angewiesen. Wenn wir dieses System ändern wollen und diese Änderung sich möglichst verbreiten soll, brauchen wir also einen Hebel, der möglichst viele dieser Punkte mitdenkt. Gleichzeitig muss die Alternative verständlich sein, die landwirtschaftliche Produktion ermöglichen und sich in dem bestehenden betriebswirtschaftlichen Rahmen auch lohnen, damit sie umgesetzt wird.

Agroforstwirtschaft kann all das: Die Anbauweise wirkt positiv auf die Probleme, fördert die landwirtschaftlichen Flächen und ist intuitiv verständlich. Und nebenbei bringt sie auch noch Kohlenstoffspeicher in die Landwirtschaft.

Ich möchte aber erstmal die Funktionsweise erklären, damit wir anschließend die Wirkweise und die Vorteile verstehen können.

6.2 Gehölze auf dem Acker – wie funktioniert das?

In der Agroforstwirtschaft werden Gehölze, also Bäume und Sträucher, mit der herkömmlichen Land- und Weidewirtschaft kombiniert. Gerade auf den Äckern wurde doch immer gesagt, dass die Strukturelemente rausmüssten, wir bräuchten doch große, ungestörte Schläge, um möglichst effizient zu wirtschaften!

Brauchen wir nicht, es ist lediglich eine Frage der Planung! Fangen wir von vorne an: Agroforstsysteme sind keine neue Erfindung, sondern bauen auf landwirtschaftlicher Praxis auf. Die weit verbreiteten Streuobstflächen sind per Definition eine Kombination von Weideflächen und Gehölzen und somit auch ein Agroforstsystem. Auch Baumstreifen am Ackerrand oder Windschutzhecken fallen darunter.

In modernen Agroforstsystemen entwickeln wir diese Anbauweise und pflanzen in der Regel Gehölzstreifen, oftmals auch einfach Baumstreifen. Das heißt in dem Streifen, werden entweder schnellwachsende Gehölze (z. B. Pappel, Weide) zur Biomassegewinnung, Bäume zur Wertholzgewinnung (z. B. Ahorn oder Walnuss) oder aber Fruchtgehölze (z. B. Esskastanie, Apfel, Beeren) gepflanzt. Zwischen den Streifen findet die landwirtschaftliche Nutzung weiterhin statt, das funktioniert mit Ackerbau und mit Tierhaltung oder auch beides in einem System kombiniert. In Abb. 6.1 ist das gut zu erkennen. In diesem Pappelsystem geht es vorrangig um den Schutz und Beschäftigung von Freilandhennen, aber auch um die Biomasseerzeugung.

Und wenn gewünscht geht das auch mit großen Maschinen! Dafür muss man bei der Planung nur genau die Abstandsbreite der Streifen planen, damit Restfahrten vermieden werden und Mähdrescher genug Platz im Vorgewende hat. Denn die Maßgabe ist, den Nutzen der Gehölzstreifen zu maximieren und dabei die Einschränkung der Landwirtschaft zu minimieren.

Apropos Nutzen: Darauf ist schon zu achten, wenn Ausrichtung, Breite und Länge der Agroforststreifen festgelegt werden. So kann beispielsweise ein Streifen, der quer zur Hauptwindrichtung gepflanzt wird, die Bodenerosion deutlich mindern, ein Gehölzstreifen, der sich entlang des Gefälles orientiert, die Wassererosion reduzieren und das Wasser besser auf der Fläche halten. In Abb. 6.2 lässt sich erkennen, wie die helleren Gehölzstreifen entlang des Höhenprofils gepflanzt wurden. In diesem jungen System in Hanglage geht es also neben der Nahrungsmittelproduktion um Wasserretention.

Abb. 6.1 Pappel-Agroforstsystem zur Geflügelunternutzung in Freilandhaltung auf dem Hof Hartmann. (© TRIEBWERK – Regenerative Land- und Agroforstwirtschaft UG)

Abb. 6.2 Höhenlinien-orientiertes Agroforstsystem (Obst-, Beeren und Nussgehölze) des ReSoLa e.V. auf dem Werragut mit Acker- und Dauergrünland. (© ReSoLa e.V.)

6.3　Mit starkem Mikroklima den Klimawandelfolgen trotzen

Auf das Klima haben wir als Einzelne geringen Einfluss, auf das Mikroklima aber umso mehr! Wenn es auf dem Balkon heiß wird, kann ich die Bedingungen mit einem Sonnenschirm anpassen, sodass ich es im Schatten aushalten kann – das Mikroklima wurde kurzerhand verändert! So ähnlich funktioniert es auch auf landwirtschaftlichen Flächen durch die Agroforststreifen, nur entstehen dadurch noch weitere Effekte.

Aber erstmal Schatten: Die ausgewachsenen Gehölze und ihre Baumkronen geben Schatten und je nach Ausrichtung der Streifen (Ost-West vs. Nord-Süd) hat das deutliche Auswirkungen auf die Temperaturen für die Ackerkultur oder die Weidetiere. Gerade letztere brauchen in den heißen Sommermonaten Schatten, um sich abzukühlen. Aber auch die oberflächliche Bodentemperatur lässt sich dadurch absenken, was auch den Ackerkulturen zugutekommt. Denn es verringert sich nicht nur der Hitzestress, sondern auch die Verdunstung des Wassers im Oberboden, auf die unbewässerte Kulturen angewiesen sind. Dadurch ist die Bodenfeuchte in der Nähe des Gehölzstreifen höher und in dem Wurzelhorizont (die ersten 30 cm) der meisten einjährigen Kulturen steht den Kulturen mehr Wasser zur Verfügung.

Außerdem können mehrjährige Gehölze tiefer wurzeln und werden zur Vermeidung von Wasser- und Nährstoffkonkurrenz dazu auch erzogen. Dazu wird die seitliche Ausbreitung der Wurzelsysteme der Gehölze durch tiefere Bodenbearbeitung gehemmt und der Wurzelwuchs nach unten gelenkt. So können sie tiefere Wasserdepots anzapfen, an die einjährige Kulturen mit ihrem kleineren Wurzelsystem nicht gelangen können. Aber was bringt das nun? Mehr Wachstum und/oder keine Bewässerung der Ackerkulturen. Aber die Gehölze geben das Wasser auch wieder an die Umgebung ab: Durch kleine Spaltöffnungen transpirieren Pflanzen Wasser. Das kühlt die nahe Umgebung und unterstützt so den Schatteneffekt.

Dann kommt noch die Windbrechung ins Spiel: Die Gehölzstreifen wirken als Barriere für den Wind. Sie sind nicht undurchlässig, aber mit mehreren Reihen hintereinander und je nach Breite des Streifens lässt sich die Windgeschwindigkeit am Boden zwischen den Streifen auf fast 0 km/h reduzieren. So wird beispielsweise kaum Wind an das Ende des Systems in Abb. 6.1 gelangen. Das mindert die Winderosion, also den Verlust von kleinsten Teilen des wertvollen Oberbodens durch Wind. Zudem kann damit auch vom Boden oder Pflanzen verdunstetes Wasser eher auf der Fläche gehalten werden, da dieses nicht so stark verweht wird.

In Summe erhalten wir ein besseres Mikroklima. Angesichts wachsender Forderungen nach mehr Weidehaltung ist das sehr wichtig, denn die Tiere brauchen Schutz vor der Sonne, oder auch vor Beutegreifern bei der Freilandhaltung von Geflügel (vgl. Abb. 6.3). Die Ackerkulturen profitieren davon aber auch ohne große weitere klimatische Veränderung. Durch die beschriebenen Effekte steigert sich auch unter den derzeitigen Bedingungen die Erträge auf den Ackerflächen. Natürlich gibt es Randeffekte, also die Verringerung des Ertrags am Acker-, bzw. Agroforststreifen, aber diese werden durch den Mehrertrag aufgehoben.

Abb. 6.3 Gehölzstreifen Esskastanie mit Maulbeere als Unterkultur und Grasstreifen auf dem Werragut. (© ReSoLa e.V)

6.4   Resilienz auf vielen Ebenen

Und mit der Beeinflussung des Mikroklimas sind die Vorteile der Agroforstwirtschaft noch längst erschöpft! Widmen wir uns zunächst der Biodiversität. Durch die dauerhaften Gehölzstreifen entstehen Lebens- und Rückzugsräume für Kleinstlebewesen bis hin zu Brutvögeln. Außerdem entstehen dadurch auch Korridore, also Bereiche, die die Tiere nutzen können, um geschützt von Habitat zu Habitat zu gelangen, ohne dabei ein leichtes Ziel auf freier Flur zu sein. Da der Boden innerhalb der Gehölzstreifen nicht bearbeitet wird, profitieren auch das Bodenleben und die Begleitflora sehr stark davon.

Aber warum ist diese Vielfalt so wichtig? Die landwirtschaftliche Produktion geschieht auch in einem komplexen Ökosystem. Jedes Lebewesen hat dort seine eigene Nische und seine Funktion. Fallen diese Weg, kann das Ökosystem aus dem Gleichgewicht geraten. Außerdem verändern sich gerade die Rahmenbedingungen sehr rasch. Wenn sich zum Beispiel ein neuer Schädling etabliert, weil die Winter nun mild genug sind, ermöglicht eine große Vielfalt eine höhere Wahrscheinlichkeit, dass es einen Fressfeind gibt und das Ökosystem so ein neues Gleichgewicht findet. Gibt es den nicht, gerät das Ökosystem in Schieflage oder der Mensch muss eingreifen.

Das ist auch in der Landwirtschaft grundsätzlich ökonomisch wünschenswert, da man nicht weitere Inputs einbringen muss oder seine Ernte verliert. Das ist keine düstere Zukunftsmusik, sondern passiert schon. Momentan geht es um die Pflanzenkrankheit Stolbur, die durch Zikaden rapide verbreitet wird und große Ernteverluste verursacht. Warum? Sie vermehren sich in warmen Frühsommern und Sommern rasch.

Also eine weitere Folge des Klimawandels, aber was hat Agroforstwirtschaft damit zu tun? Die Anbauweise bindet Kohlenstoffe aus der Atmosphäre und ist so eine Möglichkeit innerhalb der Landwirtschaft eine Treibhausgassenke entstehen zu lassen. Das ist gerade im Landwirtschaftssektor wichtig, weil dieser mit der vorgelagerten ressourcenintensiven Inputproduktion und den Tiergasen ein nicht unerheblicher Emittent ist. Die vielen Gehölze binden CO_2 im Holz und im Wurzelwerk. Darüber hinaus hat der Boden innerhalb der Streifen durch seine ausbleibende Bodenbewirtschaftung und herabfallende Blätter ein großes Potenzial zur Humusbildung. Wenn ein gutes Bodenleben vorhanden ist, kann dieses die Streu zu organischen dauerhaften Verbindungen umsetzen. Dadurch steigt das Vermögen Wasser zu speichern. Natürlich bleibt dieser Kohlenstoff nicht für immer gespeichert: Das Holz wird irgendwann geerntet und je nach Nutzungsart nach einer oder mehreren Nutzungsstufen auch wieder durch Verbrennung freigesetzt. Aber durch die dauerhafte Agroforstnutzung haben wir dauerhaft einen Kohlenstoffspeicher auf der Fläche und verschieben so das Gleichgewicht.

Widerstandsfähigkeit kann auch betrieblich gedacht werden: Durch die Agroforstwirtschaft werden nicht nur die landwirtschaftlichen Flächen gegenüber externen Faktor resilienter, sondern auch der Betrieb als wirtschaftliche Einheit. Denn wie im Ökosystem wird auch ein Unternehmen stabiler, umso mehr Betriebszweige es hat. Ein schlechtes Jahr im Ackerbau kann ein gutes Jahr für das Wachstum in den Pappelstreifen sein. Nicht zu vergessen und auch nicht unerheblich sind die Einnahmen aus den Biomasse- oder Energiegehölzen, aus dem Wertholz oder der Obst- und Nussernte.

Und dann ist da noch der soziale Aspekt: Wer mit LandwirtInnen spricht, weiß, dass sie sich häufig in der gesellschaftlichen Debatte missverstanden fühlen und ihr Einfluss auf das landwirtschaftliche System deutlich überschätzt wird. Agroforstwirtschaft bietet eine hervorragende Brücke, um in einen konstruktiven Dialog zu kommen. Menschen haben eine Beziehung zu Bäumen und diese (wieder) auf dem Acker zu sehen, hat einen größeren kommunikativen Vorteil, als es beispielsweise eine Erweiterung der Fruchtfolge oder Emissionseinsparungen im Düngungsvorgang haben. Bäume sind Veränderung zum Anfassen.

6.5 Anbauweise mit Zukunft

Das klingt ja nett mit dieser Agroforstwirtschaft, aber das wird sicherlich wieder nur eine Nischenlösung – mitnichten.

Nach meinem Landwirtschaftsstudium bin ich auf der Suche nach sinnvollen Ansätzen für eine zukunftsfähige Landwirtschaft zum ReSoLa e.V. gekommen.

Innerhalb meiner drei Jahre mit dem Verein konnte ich sehen, wie das System von Freiwilligen mit Begeisterung gepflanzt wurde – wohlgemerkt über 1000 Gehölze. Ich konnte beobachten, wie Ehrenamtliche ihren Schweiß und ihre Freizeit für ihre Agroforstidee opferten. Ich konnte beobachten, wie aus dem Nischenthema eine breite Bewegung wurde. Ich durfte an meiner Universität, wo vor fünf Jahren noch niemand über Agroforstwirtschaft gesprochen hat, eine Vorlesung zu dem Thema halten. Ich durfte hunderte interessierte Menschen durch unser System führen. Ich konnte die Entwicklung von der Rechtsunsicherheit, ob man die Streifen pflanzen und später wieder entfernen dürfte, bis hin zur Rechtssicherheit samt Bewirtschaftungsprämie und deren Steigerung erleben. All das und noch sehr viel mehr ist in drei Jahren passiert und da sind weitere AkteurInnen, Verbände, Institutionen noch gar nicht miteinbezogen.

Ich glaube, Agroforstwirtschaft ist gekommen, um zu bleiben. Sicher nicht überall und nicht unter allen Umständen, das ist auch gar nicht der Anspruch. Es gibt auch durch die Anfangsinvestition und den politischen Rahmen auch weiterhin Hürden, die es zu bezwingen gilt, und praktische Herausforderungen zu genüge.

Aber es wird sich sinnvoll durchsetzen. Dafür weist dieser Hebel zu viele Vorteile auf und wird von zu vielen begeisterten und engagierten Menschen gezogen. Noch nicht überzeugt? Dann schau es dir an! Denn am besten überzeugt die Praxis.

Hrsg.: Es gehört nicht zu den uns vertrauten Landschaftsbildern, dass auf unseren Äckern Bäume stehen. Baumreihen besitzen den Vorteil, sich positiv auf das Mikroklima eines Ackers auszuwirken. Die Spitzenwerte der Oberflächentemperaturen des Bodens sind niedriger als ohne Bäume. Es findet ein Ausgleich statt. Die Blätter der Bäume greifen positiv in den Wärmestrahlungshaushalt der Flächen ein. Die Flächen sind außerdem weniger von Winderosion betroffen und auch der Wasserhaushalt profitiert von den Bäumen. In Bezug auf die Umweltbedingungen werden die Ackerflächen durch Bäume resilienter. Ein oft genanntes Gegenargument betrifft die Befahrbarkeit des Ackers mit Landmaschinen. Die Bäume beeinträchtigen die Manövrierbarkeit. Durch die erreichte Präzision der Traktoren jedoch tritt dieses Argument bereits jetzt in den Hintergrund. GPS-Steuerung macht es möglich. Los geht's – pflanzt Bäume!

Literatur

[Mea73]   Meadows, D.; Meadows, D.; Die Grenzen des Wachstums – Bericht des Club of Rome zur Lage der Menschheit. 1973, Rowohlt.

Tierhaltung im Wald

Bernd Gerken

Tierhaltung im Wald birgt den Schlüssel zur Erhaltung der Artenvielfalt! Wir werden uns in diesem Essay dem Thema von verschiedenen Seiten nähern und dabei eine kleine Rundreise durch gesellschaftliche Ansprüche und die Wissenschaft der Ökologie unternehmen.

Tierhaltung im Wald beziehen wir nicht auf Buchfink und Waldbaumläufer, Mittelspecht oder Habicht, und auch nicht auf Baummarder oder Bechsteinfledermaus, denn „die leben da ganz natürlich". Diese Arten brauchen niemanden der sie „hält"! Gilt das auch für Reh und Hirsch, die wir im Wald und auf der Heide antreffen, und sind wir sicher, dass sie nicht doch in bestimmter Weise gehalten werden? Begrifflich zählen wir sie zum „Wild". Wir halten ihre „Regulation" durch Abschuss für erforderlich! Auch in dieser Situation sind sie wild.

Hingegen denken wir bei Tierhaltung sofort an Rind und Pferd, die großen europäischen Weidetiere der nacheiszeitlichen Landschaft. Wir sollten dazu auch den Wisent und den Wasserbüffel im Blick behalten. Mit ihren Trittspuren, dem Schälen von Rinde und Verbiss an Gebüschen und jungen Bäumen gestalten diese 500 bis 1000 kg schweren Pflanzenfresser die Landschaft, und sie geben ihr beträchtliche Mengen Dung zurück! 20 Heckrinder erzeugten 2004 rund 100 t Dung pro Jahr unter wildnahen Bedingungen eines 170 ha großen Gatters im Solling/Niedersachsen. Mit ihren Ausscheidungen füttern sie das Bodenleben (das Edaphon), was dem Pflanzenwachstum und somit auch dem Ertrag der Bäume zugutekommt.

B. Gerken (✉)
Ratingen, Deutschland

© Der/die Autor(en), exklusiv lizenziert an Springer-Verlag GmbH, DE, ein Teil von Springer Nature 2026
J. Dohmann (Hrsg.), *Umweltimpulse – 19 Wege in eine lebenswerte Zukunft*,
SDG - Forschung, Konzepte, Lösungsansätze zur Nachhaltigkeit,
https://doi.org/10.1007/978-3-662-72198-8_7

Der tierische „Abfall" bildet zugleich einen temporären Lebensraum, der eine Grundlage der Artenvielfalt bildet, und innerhalb des umfassenden Ökosystems (s. u.) einen vergänglichen Teil-Lebensraum bildet, den die Weidetiere ständig aufs Neue und an wechselnden Orten erzeugen (Biochorion). In 100 t Dung entwickelt sich eine zeitlich und räumlich recht eng begrenzte Lebensgemeinschaft (Choriozönose) bestehend aus rund 1,2 t wirbelloser Tiere von Nematoden bis Insekten sowie Pilzen und Algen. Diese Lebensgemeinschaft bewirkt den Abbau des Dungs und bildet zugleich einen Teil der Nahrung für die im Nahrungsnetz vergesellschafteten Säuger, Vögel, Reptilien, Amphibien, Fische, fleischfressende Pflanzen und Mikroorganismen. Bei genauem Hinschauen werden wir entdecken, dass vermutlich alle Lebensäußerungen artgerecht lebender Rinder und Pferde die Artenvielfalt fördern – wenn sie über eine angemessene Fläche verfügen!

Die Schlüsselrolle großer Weidetiere gründet darin, dass sie ursprünglicher Bestandteil der europäischen Landschaft sind und das Recht haben hier ebenso halb-wild zu leben wie Rothirsch, Wildschwein und Feldhase. Große Weidetiere nehmen eine Schlüsselrolle im Naturhaushalt ein, weil sie durch Tritt, Verbiss, Schälen und Dung vielfältige dynamische Prozesse fördern. Sie schaffen Raum für konkurrenzschwache Arten, und sie wirken an der Verbreitung anderer Tier- und Pflanzenarten mit. Durch ihren Stoffwechsel halten sie Stoffflüsse und Nahrungsnetze in Gang, die lebenswichtig für das gesamte ökologische Gefüge sind. Sie sorgen für Landschaftsvielfalt, regen der Menschen Fantasie an und fördern einen emotionalen Zugang zur Natur. Zugleich öffnen Sie für Menschen auch einen Zugang zu einem ökologischen, kulturhistorischen und entwicklungsgeschichtlichen Verständnis unserer Landschaft. Große Weidetiere sind kostengünstiger und wirksamer im pflegenden Naturschutz als Maschinen.

Sobald Projekte mit großen Weidetieren vernetzt werden, eröffnen Sie die Chance Verknüpfungen auf verschiedensten gesellschaftlichen Ebenen herzustellen und Zusammenhänge aufzuzeigen. Darin wirken Landwirtschaft, Forstwirtschaft, Naturwissenschaften, Geisteswissenschaften, Naturschutz, Umweltbildung, Naherholung, Tourismus und Wirtschaft zusammen. Vernetzte Projekte fördern übergeordnetes, ökologisches, soziales und ökonomisches Denken und Engagement. Sie bereichern das gesellschaftliche Leben.

Die Heckrinder, deren Dungerzeugung wir gemessen haben, besiedeln einen Hutewald im Sollinggebirge. Es gibt darin sehr alte Bäume (bis über 300 Jahre) in verschiedenen Vitalitäts-Stadien, und es gibt dazu Lichtungen sowie Bachtäler mit Quellen und große Wiesen. Die Tiere leben in einem Rest einstiger Waldweide-Landschaft des Solling, die in Europa selten wurde. Einem natürlichen Ökosystem ist sie näher als jeder Forst. Für große Weidetiere ist Waldweide ein Teil ihrer Natur (Abb. 7.1).

Sobald die Tierhaltung dem Wesen der Tiere nicht mehr gerecht wird kann ihre Biodiversität-erhaltende Leistung nicht mehr erbracht werden. Baumbestände oder forstlich so genannte „Baumhölzer" sind in unserer Kulturlandschaft keine natürlichen Ökosysteme, sondern Forste, und manche nennen sie Försterwälder. Ein Forst ist eine vom Menschen kontrollierte Lebensgemeinschaft aus Baumarten, die ab Verjüngung des Bestandes bis zum Absterben von Menschen begleitet, kontrolliert, gepflegt und durch Fäl-

Abb. 7.1 Heckrinder im Solling-Hutewald. Mit freundlicher Genehmigung Zweckverband Naturpark Solling-Vogler. (© Hapke, K. Copyright 2025. All rights reseved. [NSV25])

lung genutzt werden. Der Forstökologe Fritz Schwerdtfeger bezeichnete sie im Unterschied zu natürlichen Biozönosen der Ökosysteme als „Biozönoide".

Wie stellen wir uns eine „Tierhaltung" im Wald vor? Ich empfehle den Besuch des Huteprojekts im Solling, das vom Naturpark Solling-Vogler betreut, von den Landesforsten Niedersachsen getragen wird und aus einer Kooperation mit der Uni-Abteilung in Höxter hervorging ([NSV25], [Mol21]). Die Zahl europäischer Projekte wächst, in denen große Weidetiere wesensgemäß artgerecht leben können. Eine artgerechte Haltung ist erfüllt, wenn für die Tiere kein Unterschied zu ihrer natürlichen Lebensweise mehr besteht.

Wie kommt es, dass wir Tierhaltung nicht mit Wald oder Forst assoziieren, sondern mit Tierhaltung im Stall oder auf der Weide? Eine Weide suchen wir in einer „offenen" Landschaft, und sie wird von Siedlungen, Straßen, Hecken oder Forst begrenzt. Der Forst gehört nicht zum Weidegebiet! Wir kennen es nicht anders. Warum aber kann Forst kein Teil vom Weidegebiet sein? Große Weidetiere können auch im Wald leben, und manchmal zeigen sie es uns, wenn z. B. Schwarzbunte (Kühe) ausbrechen und sie nach Tagen oder Wochen von Jägern oder Förstern entdeckt werden. Bekanntlich sind sie nicht leicht wieder einzufangen! Also wäre der Wald als Lebensraum für sie ebenso natürlich, wie für Sumpfmeise und Baummarder!

Müssen wir daraus schließen, dass sie es nicht d ü r f e n ?

In der Tat sind Wald und Forst als Weidegebiet für große Pflanzenfresser gesperrt, denn es gilt seit ca. 1900 ein gesetzliches Waldweideverbot. Wir haben dieses Thema gewählt, weil wir an diese Entscheidung erinnern, die korrigiert werden sollte. Große Weidetiere gehören in die Landschaft – das dient Tier und Mensch! Das pauschale Waldweideverbot sollte aufgehoben werden, denn es steht der Sicherung der Biodiversität im Weg.

> „Der Klimawandel bestimmt, wie wir als Menschen in Zukunft leben, das Artensterben, ob wir auf der Erde überleben" [Boe25].

Weil wir Artenvielfalt erhalten und fördern wollen, müssen wir korrigieren, wo wir von der Natur (zu stark) abgewichen sind. Natur in Form der Arten- und Lebensraumvielfalt zieht sich zurück, wenn Menschen permanent Verstöße gegen ökologische Gesetze vornehmen. Erarbeiten wir uns unsere Anpassung!

Pflanzenfressende Tiere gibt es auf der Erde seit ca. 350 Mio. Jahren, zunächst als große Reptilien und seit ca. 50 Mio. Jahre als große Säugetiere. Sie breiteten sich auf den Kontinenten aus und fanden ihre ökologischen Nischen als Biotope, die zu ihren ökologischen Ansprüchen passten. Es gab keine Ausgrenzung von Lebensräumen, in denen sie sich hätten ernähren können. Tiere grenzen z. B. ihre Fortpflanzungsräume durch zeitweilige Reviergrenzen gegeneinander ab, aber dies sind keine dauerhaften Grenzen, denn sie sind raum-zeitlich in Bewegung. Als Menschen sesshaft wurden führten sie für die Natur völlig neue Eigentumsgrenzen ein. Das Verbot der Waldweide schützte nun die Baumbestände der Herrschaften gegen die Weidetiere, die als unvereinbar mit Holznutzung betrachtet wurden, reduzierte jedoch den artgemäßen Lebensraum der Weidetiere und die Nutzflächen der Bauern.

Das Verbot der Waldweide verstößt gegen ein seit Jahrmillionen erfülltes Gesetz der Natur, das allen Lebewesen die volle Nutzungshoheit über das Lebensraumangebot der Kontinente erteilt. Indem wir noch immer die Tiere vollständig aus Wald und Forst ausgrenzen, zeigen wir, dass wir den geeigneten Kompromiss noch nicht gefunden haben.

Außer Rind und Pferd (und im nördlichen Europa auch der Elch) leben in unseren Wäldern von Natur aus noch Wisent, Rothirsch und Reh. Der Wisent erhält selbst in Nationalparken, die die Naturlandschaft Europas wiederbeleben sollen, noch immer zu kleine Gatter. Rothirsch und Reh werden aus jagdlichen Gründen zwar geduldet, jedoch gelten auch sie dort meist als Schädlinge. Auch hier ist der allseits befriedigende Kompromiß noch nicht gefunden.

Ein zweiter Verstoß gegen ein ökologisches Grundgesetz bezieht sich auf den Begriff Wald, den wir nicht mit Forst gleichsetzen sollten. In der Natur entwickelt sich Wald seit 400 Mio. Jahren als ein Ökosystem, das einem vielhundertjährigen Lebenszyklus folgt. Bestandteil dieses Lebenszyklus sind mindestens zwei „Phasen des natürlichen Waldes ohne schattenwerfende Bäume" in denen der Wald nur absterbende bis gar keine Bäume aufweist. Aus einem Hochwaldstadium durchläuft das Ökosystem eine Zerfallsphase, in der uralte, sterbende Bäume den ans Licht drängenden Baumsämlingen mehr und mehr Raum geben. Die Zerfallsphase steht am Schluss einer Generation des Waldökosystems. Es folgt eine Verjüngungsphase, in der Baumkeimlinge den „Wald mit Bäumen" vorbereiten und damit eine neue Waldgeneration einleiten. Ein natürlicher Wald besteht somit aus geschlossenen Baumbeständen und zeitgleich, auf anderen Mosaikflächen, aus bis zu baumfreier Gras-Kraut-und-Buschlandschaft! Daraus folgt, dass alle Tiere, die wir in unserer Landschaft heute sehen auch damals leben konnten, als Europa von einem Kontinuum aus Wald bedeckt war. – Nochmals: das ist so, weil natürlicher Wald kleine bis sehr große Lichtungen aufweist und große Weidetiere neben den altwerdenden Bäumen prägende Organismen in diesem Gefüge sind.

Forstwirtschaft wartet meist nicht auf die Zerfallsphase, denn selbstverständlich will sie den optimalen Holzwert nutzen. Eine natürliche Verjüngungsphase wird auch selten toleriert, denn der Wald soll den Wunsch des Wirtschaftenden erfüllen und einen raschen und sicheren Ertrag erbringen. Nach einer Baumentnahme auf kleiner bis sehr großer Fläche als Kahlschlag werden meist Pionierbaumarten zurückgedrängt und eine Verjüngung mit Zielbaumarten eines fortgeschrittenen Stadiums des Waldzyklus vorgenommen. Wir wissen nicht, was die Aussetzung von natürlichen Entwicklungsstadien eines Waldes bedeuten, da wir seine Generationsdauer nicht überschauen. Was sind 300 Jahre reifende Erfahrung der Forstwissenschaft und daraus abgeleitete Baumnutzung gegen 1000 und mehr Jahre Generationsdauer eines natürlichen Waldes? Und alle Wissenschaften lernen seit Jahrzehnten nicht an Ur- oder Naturwäldern, sondern an Biozönoiden, die keine Natur-Ökosysteme sind.

In einem „ordnungsgemäß" bewirtschafteten Forst dominieren dunkle Stadien, und diese bieten einem großen Weidetier kein geeignetes Lebensraumangebot. Weidetiere suchen offene Flächen wo ihre nährenden Gräser, Kräuter und Gebüsche wachsen – und damit kommen sie den Verjüngungsflächen des Forstes durch Verbiss in die Quere, wo entweder Saat oder überwiegend Baumschul-Pflanzen gesetzt wurden, die an ihrem neuen Wuchsort erst Fuß fassen müssen, und daher Verbiss-empfindlich sind!

Seit Jahrzehnten wälzen Menschen das „Schalenwild-Wald"-Problem. Wir haben es bisher nicht gelöst, weil wir an einem Wirtschaftsmodell festhalten, das weder Weidetiere noch Bäume artgerecht halten möchte. Dabei würde eine Erweiterung von Äsungsflächen teils im Agrarland und teils in den Forsten das Problem durch Verbiss rasch entschärfen! „Tieren den Freiraum lassen, den sie artgemäß benötigen" ist das Zauberwort.

Aber auch für anscheinend wild lebende kleinere Tiere ist ein Forst nur mangelhaft bis befriedigend artgerecht. Im Försterwald braucht es für die Höhlenbrüter Kunsthöhlen, d. h. Nistkästen für Kohlmeise, Grauspecht und KollegInnen. Das ist so, weil unsere Forstwirtschaft Bäume kaum älter als 80–120–250 Jahre alt werden lässt, denn ältere sind weniger wert, u. a. weil sie mit zunehmendem Alter mehr Höhlen bieten! Übrigens kommt die primäre Motivation zum Aufhängen von Nistkästen im Forst nicht aus dem Arten-, sondern aus dem Forstschutz. Höhlenbrüter können wirksame Gegenspieler von Schadinsekten sein. Weil die Forstwirtschaft häufig artenarme Baumplantagen schafft, sind diese anfällig gegen so genannte Schädlinge. Forstschädlinge sind, ökologisch verstanden, jedoch Bioindikatoren, d. h. sie vermitteln die Forderung der Natur, natürlichere Bestände wachsen zu lassen. In Beständen mit einem Dauermangel an Nisthöhlen schafft die Wirtschaft im Interesse ihrer Produktionsziele einen unzureichenden Ersatz aus Holzbeton etc. und die Vermarktung als Teil eines ökologisch guten Waldbaus überzeugt bis heute nicht. Eine künftige Forstwirtschaft wird in eigenem Interesse mit der Natur arbeiten, also mitwirkend und sich einspielend in den natürlichen Ökosystemzyklus.

Verehrte Leserin und verehrter Leser, wir sind in ein spannendes und von Interessengruppen umkämpften Feld unserer Gesellschaft im Umgang mit der Natur und mit den Umwelten der Pflanzen, Tiere und uns Menschen geraten! Einerseits plädiere ich nicht dafür, Forstwirtschaft einzustellen, denn Holz ist ein wundervolles Naturprodukt, andererseits empfehle ich dringend, dass wir unsere Chance gesamtökologisch zu denken endlich umsetzen, um Mensch, Tier und Pflanze in Einklang mit den Regeln der Natur zu bringen! Lassen Sie uns noch ein Schlaglicht auf Lebensgemeinschaften werfen, die andere Pflanzen- und Tierarten „neben uns" entfalten möchten. Vermutlich können wir uns die auch zunutze machen, sogar ohne sie zu schädigen -?

Wir fragen, wie Lebensgemeinschaften in der Natur entstehen? Tier- und Pflanzenarten schließen sich in Abhängigkeit vom lokalen Klima, Boden und Wasserhaushalt zu einer Lebensgemeinschaft zusammen, die wir Biozönose nennen. Klima, Boden und Wasserhaushalt bilden die grundlegenden, so genannten abiotischen Standortfaktoren der Umwelt, die gesamthaft Biotop genannt werden. Mit diesen Bedingungen müssen sich alle Lebewesen und somit auch wir Menschen arrangieren. Menschen sind eine junge Lebensform, jünger als Rindviecher oder Elefanten, und wir befinden uns deshalb in einer sehr aktiven Phase der Eingliederung in die Natur. Es ist kein Wunder, dass die Adaptation von Homo sapiens holprig abläuft, oder anders gesagt, dass Menschen ihre Umwelt seit Jahrhunderten massiv schädigen! Die Biodiversitätskrise und Aspekte dessen, was wir in jüngerer Zeit als Klimawandel wahrnehmen, wurden direkt von Menschen hervorgerufen! Fatal sehe ich dabei, dass uns bereits alle wichtigen Methoden von Nutzung, Entwicklung und Schutz bekannt sind, um aus dem Dilemma recht gut und durchaus auch rasch herauskommen könnten! Das Bewusstsein diese nun auch anzuwenden müsste in unseren Gesellschaften hervorgebracht und in tägliche Praxis umgesetzt werden.

Wer Ökosysteme studiert kann aus ihrem Auftreten auf die Standortbedingungen schließen. Das bedeutet, dass wir angesichts eines Lebensraums, Biotop genannt, eine Liste der Arten schreiben können, die dort vermutlich vorkommen, d. h. wir können das Potenzial ermitteln. Daraufhin braucht es eine genaue Erhebung des Bestands im Gelände, denn einzelne Arten könnten fehlen, oder neue Arten hinzugekommen sein. Jede Abweichung vom bisher bekannten Potenzial könnte auf eine kritische Umweltbelastung hinweisen, die den Menschen als Warnsignal dienen kann, und als Aufforderung etwas zu ändern. Menschen sollten auf die Natur hören!

Ein natürliches Ökosystem besteht über lange Zeit (In Europa als Wald Jahrhunderte bis mehr als 1000 Jahre), und es wird gesagt es unterliege der „Selbstregulation". Innerhalb des Ökosystems spielen sich aufbauende und abbauende Prozesse ab, wobei wenige Lebensformen sein Erscheinungsbild und die wichtigsten Wirkungszusammenhänge prägen, und die übrige Artenfülle nutzt die Wirkung der Großen!

Ökosysteme sind nach Art eines Mosaiks in Teilgefüge gegliedert, die über komplexe Entwicklungsschritte zusammenhängen. Der oben erwähnte zeitlich begrenzte Dunglebensraum ist an Fläche zwar gering aber ein bedeutender Teil vom ökologischen Gefüge. Ein Ökosystem benötigt eine bestimmte Fläche zu seiner Entfaltung und langfristigem Erhalt, und wer es kartieren kann, wird auf typischen Mosaikflächen innerhalb des Systems ein Werden und Vergehen von Arten und Lebensraumbedingungen feststellen. Auf den

Wald bezogen finden wir im Ökosystem verschiedene Stadien der Struktur und Artenzusammensetzung, z. B. mit hochwüchsigen Bäumen in voller Vitalität, sodann mit einer zunehmenden Zahl „abgängiger" Bäume, die immer ausgedehntere Lücken im Wald entstehen lassen und wir nannten dies bereits die Zerfallsphase.

Zwischen den Uraltbäumen der Zerfallsphase mit ihrer schütteren oder blattlosen Krone beginnt nun eine an Licht reiche Phase, und es wächst eine kraut- und grasreiche Offenlandflur heran, die mit Büschen und aufkeimenden Bäumen die Phase der Verjüngung des natürlichen Waldökosystems bildet. Diese Phase lädt ziehende Großweidetierherden zur Äsung und Rast ein, und sie finden dabei auch Deckung in den aufkommenden Gebüschen und Jungbaumgruppen. Über die Geschwindigkeit, mit der die Entfaltung neuen Waldes auf einer Verjüngungsfläche erfolgen kann, entscheidet dann auch die Zeit der Anwesenheit der Herbivoren, die dort grasen und Gehölze benagen (Abb. 7.2).

Die unterschiedlich geschwärzten Flächen stellen Stadien im Waldzyklus dar, wie Hochwald, Zerfallsphase oder Verjüngungsphase. Weidetiere nutzen die halb offenen bis offenen Flächen der Zerfallsphase und Verjüngungsphase sowie durch Schneebruch oder Windwurf entstandene Freiflächen als Weidegebiete [Ger25].

Die Phase der Baum-Verjüngung kann auf den von Resten der Baumruinen geprägten Gras- und Krautfluren durch Pionierbaumarten wie Weiden oder Birken eingeleitet werden, die entweder selbst zu einem „Stangenforst" aufwachsen oder so lange dort gedeihen, bis sich die nächste Baumgeneration mit Eichen, Ahornen, Ulmen, Linden und der Rotbuche und weiteren Baumarten durchsetzt. In höheren Gebirgslagen treten Weißtannen,

Abb. 7.2 Weidetiere im Waldökosystem

Fichten und andere Gebirgsarten hinzu. Diese langlebigen Baumarten durchlaufen über viele Jahrzehnte eine Hochwaldphase, die sich zu einer Altersphase und Zerfallsphase lichtet. Diesen Zyklus zu beachten ist notwendig, wenn wir unsere Lebensweise in Übereinstimmung mit der Natur bringen wollen.

Weil Lebensgemeinschaften auf die Qualität ihrer Lebensräume einwirken, kann jeder neue Zyklus nicht identisch dem Vorhergehenden sein. Jede neue Waldgeneration bedeutet einen Fortschritt der Evolution, und im Verlauf der Generationen werden wir eine Veränderung der Bodeneigenschaften und auch der Artenzusammensetzung der Biozönose erleben.

Die Dauer einer Generation wird durch das Höchstalter der prägenden Baumarten bestimmt, was in Mitteleuropa mit den Eichen- und Lindenarten und der Buche auf 1000 bis 1500 Jahre bemessen werden kann. Von Menschen wurde bisher keine europäische Wald-Generation bewusst erlebt und auch nicht mit wissenschaftlicher Akribie dokumentiert. Unsere Wissenschaft begann damit erst vor 100 bis 200 Jahren, und die menschliche Generationenfolge ist zu kurz für eine Übersicht resp. weit zurückreichende Erinnerung. Wer kennt noch seine Ur-Oma?

Die Eingriffe des Menschen sind noch viel älter als 1000 Jahre! Bereits in der Jungsteinzeit erfuhr die ursprüngliche Landschaft durch Menschen weitreichende Veränderungen. Es entstanden für die Natur neue Kultur-Lebensgemeinschaften, die dann seit der Zeit der Megalith-Kultur sowie der Kelten weitere Phasen der zunehmend intensivierten Kultivierung durchliefen. Um 1000–1400 nach Chr. war das heutige Landschaftsbild mit den typischen Wald-Offenlandgrenzen entstanden. Und im Verlaufe der Biodiversitätskrise mit stark eingreifender Landwirtschaft statt Kleinflächen-nutzender Bauernwirtschaft erleben wir tiefgreifende Veränderungen, die durch Verarmung an Arten gekennzeichnet sind. Immerhin dringt die Erkenntnis dieser Entwicklung zu allen Gesellschaftskreisen durch.

Die Ungenauigkeit der Beschreibungen der europäischen Vegetation ist bekannt. In ihrer Geschichtsschreibung sind Menschen schon für einander selbst genug und auch da sind Dokumente oft unzureichend. Den einstigen mitteleuropäischen Urwald kennt niemand, und die Wissenschaft der Vegetationskunde, erst im 20. Jahrhundert entstanden, kann allenfalls eine vage Rekonstruktion geben. Große Weidetiere spielten bei der Ermittlung vegetationskundlicher Eigenschaften unserer Landschaft keine Rolle, jedenfalls ging man davon aus, dass sie Wald nicht merklich beeinflussen könnten. Daher blieb es auch ein Geheimnis, wie sich die wildlebenden großen Weidetiere darin ausgewirkt haben! Bis heute ist es strittig, ob große Weidetiere die Landschaft prägen konnten. Ein Indiz, dass es dazu sehr wohl Wissen gibt, ist der Ausschluss des Wisents aus Nationalparken. Wisente würden aus jedem Forst im Verlauf einiger Jahrzehnte Initiale eines echten Urwaldes herausschälen und -fressen. Wir müssten unsere Vorstellung von Aufbau und Dynamik eines Urwaldes neu fassen. Alle Wissenschaft fördert auch ein Umdenken, es braucht allenfalls Geduld! Von den Dimensionen der Bäume und ihrer Vergesellschaftung in den Urwäldern können wir uns kaum eine Vorstellung machen! In unserer Zeit finden wir nur an wenigen Orten sehr alte Bäume und als ein Beispiel nenne ich den Ivenacker Tiergarten Mecklenburg-Vorpommern (vgl. [Ive25]), wo wir den Zustand über 800-jähriger Eichen studieren können. In Kurzform lautet diese Aussage: den Wirtschaftsforsten fehlen alte Bäume! Das ist so, weil alte Bäume ökonomisch nicht rentabel sind. Zugleich bilden sie ökologische Hotspots der Artenvielfalt. Was ist uns wichtiger? Es gibt zu beidem einen Kompromiss.

Alle großen Weidetiere konnten dennoch bis zum Ende des 18. Jhdt. entweder autonom die Landschaft durchstreifen oder sie wurden als gehütete Tierherden in Wälder und Wiesen geführt. So gab es vor 300 bis 500 Jahren in Nordrhein-Westfalen oder auf der iberischen Halbinsel noch frei umherstreifende Pferde – die „Dehesa-" resp. „Montado-Kultur". In einigen Mittel- und Hochgebirgen entstanden ausgedehnte Wacholdermagerrasen, die mit Schafen und Ziegen gehütet wurden – Weideland unter Kontrolle der Hirten und zugleich mit hohem Natürlichkeitsgrad der Fauna und Flora! Da erkennen wir einen jener Kompromisse, der mit der Natur gefunden werden kann, und zugleich vielfältig gesunde Erzeugnisse liefert.

Da sie landschaftsprägend wirkt, schauen wir erneut auf unsere Forstwirtschaft. Ein bedeutender Eingriff in die Landschaft und die damalige stark bäuerlich geprägte Gesellschaft ging vor dreihundert Jahren von der Forstwirtschaft aus, und er führte zu einer grundsätzlichen Änderung des Landschaftsbildes. Eine so genannt „nachhaltige Forstwirtschaft" war erfunden worden und sie wurde zu einer heute weltweiten Bewegung, die die Urwälder umgestaltet, wo immer sie mit Motorsäge und Forstbaumschule wirkt. Das vielversprechende nachhaltige Wirtschaftskonzept bezieht sich ausschließlich auf den pekuniären Aspekt der Baumpflege und Nutzung. Es ging von Adelssitzen aus, die auf ihren Gründen die Jagd- und Forsthoheit durchgesetzt haben, was in praxi den Ausschluss der Bauernwirtschaft in deren zunehmend technisch aufgebauten Forsten bedeutete. Wir haben die konsequente gesetzliche Regelung dazu als „Verbot der Waldweide" erwähnt, was um 1900 erlassen wurde (Abb. 7.3).

Mit dem „Verbot der Waldweide", ging in Mitteleuropa eine mehrere hundert Millionen Jahre währende Naturtradition zu Ende! Dies mögen wir uns als eine weitreichende

Abb. 7.3 links: Die „Hutelandschaft im Alpenvorland" (vgl. [Kre10]). rechts: „Fichtendickicht im Schnee" (vgl. [Fri28]). Die Gegenüberstellung zeigt Motive naturnaher Weidelandschaft versus monospezifischer Forstkultur

Erkenntnis zu vertiefender Betrachtung bewusst machen. Es geht nicht um einen „erhobenen Zeigefinger" oder um die Rüge eines Fehlers! Es geht nur darum, die Tragweite zu erkennen. Wir sollten nun schon aus Erfahrung uns bewusst machen, dass derart umfassende Eingriffe langfristig wirkende Nachteile bringen können. Das ökologische Gefüge der Erde ist zu komplex, als dass menschliche Wissenschaft der Ökologie in der Lage sein könnte, in 150 Jahren alles zu verstehen. Manchen Menschen geht der Erkenntnisgewinn zu langsam. Wir erleben jedoch am Beispiel von Flächenschutz- und Pflegemaßnahmen die Plastizität der Natur, sodass sich Lebensgemeinschaften ändern und gleichwohl keine Art durch Menschen an den Rand der Existenz getrieben werden muss. Aber exakt das erleben wir derzeit – und wir brauchen vermutlich mehr Muße zur Erkenntnis!

In diesen Jahren wird oft behauptet, Menschen hätten sich bereits so weit entwickelt, dass sie aus der biologischen Evolution entlassen wären, und sie stattdessen die weitere Entwicklung in ihre biochemisch-maschinentechnischen Hände nehmen könnten. Das dürfte höchst unwahrscheinlich sein, weil ein aus einem Gefüge entstandenes Element dieses nicht ohne Existenzverlust verlassen, und auch nicht die Ganzheit überschauen kann. Daher werden diese Ideen nicht lange Bestand haben, sondern werden als Hybris einer selbstüberschätzung erkennbar.

Trotz unserer globalen Wirksamkeit gibt es für unsere Gesellschaft noch eine Fundgrube zum Verständnis unseres Wesens und der Art, wie wir mit Natur umgehen sollten, indem wir uns mit größter Behutsamkeit um das Verständnis jener indigenen Bevölkerungen bemühen, die von den Einflüssen unserer Zivilisation noch weitgehend unberührt sind. Wiewohl, es sind deren nicht mehr viele! In Teilen Afrikas, den Amerikas und Asiens leben indigene Bevölkerungen, von denen sich einige sehr erfolgreich von unserer Gesellschaft abgrenzen. Zum Teil werden sie in Reservaten geschützt. Wir sollten die Chance noch nutzen, ihre Gesellschaftsstrukturen und ihre Art der Naturnutzung zu studieren. Im Kontrast zu unserem Naturumgang dürften uns existenziell wichtige Erkenntnisse für den weiteren Weg unserer Gesellschaft erwachsen (vgl. [Lie86]).

Die Faszination der Serengeti-Landschaften gründet darin, dass diese Landschaftsbilder zu den in den Menschen verankerten „Archetypen der bevorzugten Landschaft" zählen. Hiermit wird daran erinnert, dass alle Lebensformen dieser Erde über genetisch verankerte Vorzugslebensräume verfügen, und ihre Lebensräume danach auswählen. Auch der Mensch verfügt über ein „Biologisches Erbe". Jede/r von uns kann es bei der Wahl bevorzugter Wohnplätze, oder auch der Lage und Gestaltung eines Grillplatzes am Wochenende nachempfinden. Z. B. werden am süd-exponierten, sanft geneigten Hang mit „Wald" im Rücken und einem Fluss davor die höchsten Grundstückpreise gezahlt. Die Struktur einer Baumsavanne an Gewässern ist unsere vorgeschichtlich gewachsene Landschaftspräferenz.

Bis auf den Elch im Norden sowie europaweit Wildschwein, Hirsch und Reh wurden große Tiere aus den „Wäldern" ins offene Land vertrieben. In Deutschland dürfen deshalb Pferd, Esel, Rind und Wasserbüffel nur auf bäuerlichem Land oder eigens ausgewiesenen Flächen in Siedlungs- und Stadtgebieten leben. Für die Tiere ist das angesichts der Struktur der Försterwälder sogar gut, denn sie brauchen Lücken im Baumholz mit freier Sukzession (natürliche Lebensraum-Entwicklung), die es in „ordnungsgemäßer Forstwirt-

Abb. 7.4 Wisente am Rothaarsteig. Den Wisenten wird nur selten ein Lebensraum gegeben. Unerwünscht sind die „Bearbeitungsspuren" der Tiere an der Vegetation und der Landschaft. Im Bild zu erkennen sind die Schälspuren an den Fichten. Die Naturverjüngung findet aber bereits statt. Photo: Mit freundlicher Genehmigung von Martin Lindner, Sundern. Wikimedia Commons

schaft" nicht geben soll. Der Auerochs war zuvor schon ausgerottet worden, und der „Wisent war in den 1920er-Jahren akut vom Aussterben bedroht, doch die Art konnte „in letzter Sekunde" gerettet werden. Alle heute lebenden Wisente stammen von zwölf in Zoos und Tiergehegen gehaltenen Wisenten ab". Wildlebende Wisente (Abb. 7.4) gibt es nun in Polen und Weißrussland, in den Nationalparken Deutschlands ist für sie (noch) kein Platz.

Menschen verändern bis heute ohne Unterlass das Antlitz der Erde, und es wundert nicht, dass in unserer Zeit ein großes Artensterben stattfindet. Das ist u. a. deshalb so, weil in der Entwicklungsgeschichte des Lebens auf der Erde ebenso viele Parallel-Entwicklungen existieren, wie es Arten, Unterarten oder Rassen gibt, und wir sehen nicht, ob und inwieweit sie untereinander zwischen nutzend bis fürsorgend agieren. Wir wissen zu wenig davon, wie plastisch oder anpassungsfähig Pflanzen und Tiere bezüglich der anthropogenen Umweltänderungen sind, sodass sie mit uns koexistieren können, und wir wissen auch nicht, ob und wie Arten sich für Wohl und Wehe anderer Arten interessieren – doch es gibt reichlich Indizien, dass sie es tun. Als Ausdruck eines Altruismus zugunsten des Lebensraum- und Artenschutzes für andere Arten als uns selbst, entsteht flächenwirksamer „Naturschutz" erst – oder immerhin einzigartig unter den Lebewesen der Erde – seit 1800–1850. Die Wissenschaft vom Naturschutz studieren und lehren wir jedoch seit kaum mehr als 50 Jahren. Wie sollten wir bereits die Essenz des komplexen Naturgeschehens auf unserer Erde verstanden haben?

Bevor Menschen die Landschaft besiedelten hatte sich ein Kontinent-weites Mosaik an Ökosystemen entwickelt, das wir Naturlandschaft nennen. Dahinein entfaltete sich der Mensch und die Eingliederung ist noch nicht abgeschlossen! Kein Lebewesen trat je derart invasiv und in alle Prozesse der Ökosystem eingreifend auf, wie es Homo sapiens praktiziert. Von der Naturlandschaft gibt es in Europa deshalb nur noch Restbestände in hohen Gebirgen und unzugänglichen Bereichen der Mittelgebirge. So lange Moore nicht kultiviert wurden, bildeten sie in Nordwestdeutschland noch riesige Reste der Naturlandschaft. Indem Menschen durch Schutzgebiete Flächen wieder aus der Nutzung nehmen und teilweise unzugänglich machen, und wenn sie im Falle der Moore und Flüsse, Maßnahmen der Revitalisierung ergreifen, dann kann die Naturlandschaft zurückkehren – und zwar mit uns als Nachbarn oder Insassen! Bei Mooren dauert es einige Jahrhunderte, bei der Weidelandschaft braucht es wenige Jahre, und bei Flüssen kann die Revitalisierung ab Wieder-Zustrom des Flusswassers innerhalb von Tagen beginnen!

Wir erleben in den vergangenen Jahren ein wachsendes Interesse an der Tierhaltung im Wald. Das für Deutschland erste Waldgebiet wurde für Heckrinder und Exmoorponies im Solling um 2000 erschlossen. Das anfangs nur 170 ha kleine Gatter wurde inzwischen auf über 200 ha erweitert und fast jedes Tal dieses buntsandsteinigen Mittelgebirges wurde für die Tiere zugänglich gemacht. Die Landschaft und die regionale Wirtschaft profitieren seit 2000 resp. 2006 ff. zunehmend von der Beweidung durch robuste Pflanzenfresser [Son03]. Die Zahl der Projekte wächst, die großen Weidetieren großzügig ausgedehnte Gebiete zur Verfügung stellen.

Menschen lassen die Natur noch nicht genug zur Ruhe kommen. Sich in die Gesetzmäßigkeiten der Natur einzufügen, kommt für moderne Menschen (noch) nicht in Betracht. Allerdings tun dies bis heute zurückgezogen lebende Indigene in den Amerikas, Afrika und Asien! Wir können vermuten, dass auch sie viele Generationen der Einpassung in die Naturgesetze erlebt haben. Wir sollten versuchen wieder von ihnen zu lernen.

Das Erlebnis von Landschaft mit großen Weidetieren dient übrigens Menschen zu Erholung und Gesundung, denn es erlaubt ihnen den Wieder-Kontakt zur Landschaft ihrer inneren Vorstellung, des Biologischen Erbes. Dazu rufe ich den Begriff „Waldbaden" in Erinnerung, als einem Therapieweg, der unserer Stressgesellschaft Heilung bietet.

Abschließend empfehle ich eine Fantasie-Wanderung. Laufen Sie in Gedanken durch einen Wald mit ungewöhnlich vielen sehr alten, knorrigen Bäumen zwischen denen das Sonnenlicht spielt und braune Schmetterlinge gaukeln. Während sie die Begeisterung spüren, die ein „uralter Wald" weckt tritt unvermutet hinter einer mächtigen Eiche mit 2 m Durchmesser ein Wisent hervor, dem ein Wisentkalb folgt – Dann ist die Begeisterung an der Urnatur komplett!

Genießen Sie dieses Bild, denn es ist die Naturlandschaft, wie sie alle Menschen der Erde von den ihnen vertrauten Landschaften in sich tragen. Ein anders Wort lautet „Heimat …", und eine Definition dieses Wortes lautet „… ist da, wo ich mich wohlfühle".

Hrsg.: Es ist schwer, etwas zu beobachten, was nicht mehr da ist. Die Weidetiere auf dem Grünland sind verschwunden. Für viele Gegenden trifft das zu. Rindvieh wird meist im Stall gehalten. Interessanter Weise hat dies Einfluss auf andere Lebensformen. Von und mit Rindern leben zahllose Insekten. Wenn diese fehlen, wirkt sich das auf die Population von Schwalben aus. Da wo Rindvieh gehalten wird, gibt es im Sommer Schwalben, da wo kein Rindvieh gehalten wird sind sie eher rar. Noch schwerer ist es, wenn das Verschwinden von Tierbeständen aus der Kulturlandschaft viele Jahre her ist. Uns fehlt die Beobachtungsmöglichkeit vom Zustand „vorher". Die Tierhaltung im Wald war in früheren Zeiten üblich. Bekannt ist die Schweinemast. Hier wurden Schweine in den Wald getrieben und dort gehütet. Sie konnten unter Betreuung im Wald Eicheln fressen. Ein solcher Wald kann als Hutewald bezeichnet werden. Der vorliegende Aufsatz beschäftigt sich mit der Haltung von besonders großen Weidetieren im Wald, den Großrindern wie dem Heckrind und dem Wisent. Irgendwann, vor etwas mehr als einem Jahrhundert hat es diesbezüglich eine drastische Änderung gegeben. Im Wald laufen längst keine Rinder mehr herum. Das Halten von Tieren wurde dort verboten. Wald, Feld und Grünland wurden zu unterschiedlichen Kategorien des Kulturlandes. Seither hat das Fehlen dieser Großweidetiere im Wald drastische Auswirkungen hervorgebracht. Derartige Eingriffe führen immer zu einer Reduktion der Artenvielfalt. Beim Betreten eines heutigen Waldes fällt auf, dass alle Bäume praktisch nur von gleichaltrigen umgeben sind. Das maximale Alter der Bäume wird durch wirtschaftliche Optimierung festgelegt. Es fehlen Bäume „biblischen Alters". Es gibt Insekten (z. B. Wanzen), die unbedingt auf die Säfte ganz spezieller Pilze angewiesen sind, die wiederum nur in der Rinde von uralten Bäume existieren. Diese Lebensgemeinschaften – Baum, Pilz, Insekt – werden auch als Urwaldrelikt – Lebensgemeinschaften bezeichnet. Wisente gehen manchmal mit Bäumen grob um. Diese werden entrindet, umgeworfen usw. Fehlen die Wisente, dann fehlt jemand, der diese „Landschaftsumgestaltung" vornimmt. Dann gibt es keine Abstufung im Alter, dann gibt es keine Urwaldreliktbäume und somit auch nicht diese verborgenen Lebensgemeinschaften, die mit diesen „Methusalembäumen" in einer Symbiose leben. Ab und zu finden sich in unserer Landschaft noch einzelne, sehr alte Bäume [Ull12]. Statte doch einigen der Riesen einen Besuch ab. Nimm Dir Zeit und schaue, welche Insekten, Flechten, Algen und Vögel in diesem Biotop leben. Es ist ein Wunder der Natur.

Literatur

[Boe25] Böhning-Gaese, K.; Bauer, F.; Vom Verschwinden der Arten. 2025. Klett-KottaVerlag.

[Fri28] Friedrich, Caspar David. 1828. Gemälde. Münchner Pinakothek.

[Ger25] Gerken, B.; Klausnitzer, B.; Görner, M.; Altbaumart statt Urwaldreliktart? in: Görner, M. (Hrsg.) Artenschutzreport Heft 52 (2025) 59–64, Jena.

[Ive25] https://de.wikipedia.org/wiki/Ivenacker_Eichen letzter Aufruf: 14.7.2025

[Kre10] Kreyssig H.; Hutelandschaft im Alpenvorland. 1910. Gemälde. Sammlung Gerken.

[Lie86] Liedloff, J.: The Continuum Concept. In Search of Happiness Lost. 1986. Da Capo Press Inc., 192 pp.

[Mol21] Molder, A.; Schmidt, M.; Lorenz, K.; Meyer, P.; Forschung und Monitoring im Hutewald Reiherbachtal. In: Zweckverband Naturpark Solling-Vogler (Hrsg.) Weidetiere gestalten Landschaften – 20 Jahre Beweidungsprojekte im Naturpark Solling-Vogler. (2021) Verlag Jörg Mitzkat, Holzminden.

[NSV25] Naturpark Solling-Vogler. letzter Aufruf: 14.7.2025 (https://www.naturpark-solling-vogler.de/index.php/weidetiere.html/

[Son03] Sonnenburg, H.; Gerken, B.; Wagner, H.G.; Ebersbach, H.; Das Hutewaldprojekt im Naturpark Solling-Vogler. Ein Baustein für eine neue Ära in Naturschutz und Landschaftsentwicklung. LÖBF- Mitteilungen 28 (2003) S. 36–43. Verlag Huxaria Höxter.

[Ull12] Ullrich, B.; Kühn, U.; Kühn, S.; Unsere 500 ältesten Bäume. Exklusiv aus dem Deutschen Baumarchiv. 2012. BLV Buchverlag, München.

Vom Wirtschaftskreislauf zur Kreislaufwirtschaft

8

Thomas Marzi

Der Ressourcenverbrauch und die damit verbundene Inanspruchnahme der Erde gefährdet andere Lebewesen, und auch uns selbst. Eine Kreislaufwirtschaft, in der Materialien wiederverwendet werden, gilt als vielversprechende Möglichkeit, dem zu begegnen. Der Text skizziert die aktuelle Situation, stellt die Kreislaufwirtschaft vor und fragt, welchen Beitrag die Wiederverwertung von Materialien leisten kann.

8.1   Das Haus, in dem wir leben

Ein verbreitetes Motiv in Geschichten und Filmen, sind Wissenschaftler, die die Kontrolle über ihre Erfindung verlieren. Die Variationen des Themas sind teils dramatisch angelegt, teils komödiantisch ausgeführt. Ins dramatische Genre gehört beispielsweise der aus dem 19. Jahrhundert stammende Roman Mary Shelleys „Frankenstein und der moderne Prometheus", in dem der Medizinstudent Victor Frankenstein einen künstlichen Menschen erschafft. Ins Komödiantische gehören Filme wie „Honey, I Shrunk the Kids" (1989) und dessen Fortsetzung „Honey, I Blew Up the Kid" (1992). Sie erzählen die Geschichte von Wayne Szalinski, einem von Rick Moranis gespielten Wissenschaftler, der seine Familie mit seinen Erfindungen immer wieder ins Chaos stürzt. Im ersten Teil er-

T. Marzi (✉)
Oberhausen, Deutschland
E-Mail: thomas.marzi@umsicht.fraunhofer.de

J. Dohmann (Hrsg.), *Umweltimpulse – 19 Wege in eine lebenswerte Zukunft*, SDG - Forschung, Konzepte, Lösungsansätze zur Nachhaltigkeit, https://doi.org/10.1007/978-3-662-72198-8_8

findet er eine Maschine, die Dinge verkleinern kann. Versehentlich werden dabei seine Kinder und die der Nachbarn auf eine Größe von etwa einem halben Zentimeter verkleinert. Nach diversen Abenteuern gelingt es Szalinski schließlich, ihnen ihre normale Größe zurückzugeben. In der Fortsetzung ereignet sich ein weiterer Unfall. Szalinskis jüngster Sohn Adam – ein Kleinkind – beginnt unkontrolliert zu wachsen, nachdem er versehentlich von einem Strahl der Maschine getroffen wurde. Erst langsam und dann immer schneller. Bevor es dem Erfinder am Ende gelingt, seinen Sohn wieder auf normale Größe zu verkleinern, richtet der schließlich mehrstöckige Häuser überragende Adam immense Schäden an. Im Haus der Szalinskis zerstört er beispielsweise die Einrichtung. Adam ist für das Haus, in dem er und seine Familie leben zu groß geworden. Wir Menschen sind gewissermaßen in einer ähnlichen Situation wie Wayne Szalinski: Unser Kind bzw. unsere Erfindung, das Wirtschaftssystem entgleitet unserer Kontrolle und richtet zunehmend Schäden an.

Die Art und Weise, wie wir wirtschaften ist vergleichsweise neu. Sie ist erst wenige Jahrhunderte alt und das Ergebnis einer kultur-historischen Entwicklung, in deren Verlauf das zuvor herrschende Ordnungssystem von Adel und Kirche in Frage gestellt wurde. Man setzte auf die menschliche Vernunft, von der man sich individuelle, politische und ökonomische Freiheit erhoffte. Ein neues Weltbild entstand, mit dem naturwissenschaftliche Entdeckungen, technische Erfindungen, soziale Veränderungen, ökonomische Innovationen und vieles andere mehr einher gingen. Diesen Prozess bezeichnen wir im Nachhinein wegen seiner umwälzenden Dynamik als industrielle Revolution. Mit ihr entwickelte sich eine neue Art zu leben und das, was wir heute Fortschritt nennen.

Die industrielle Revolution stellte die vorherige Welt buchstäblich auf den Kopf. Viele leben heute komfortabler und länger als jeweils zuvor und die Technik ermöglichte sogar, dass Menschen zum Mond fliegen. Darüber hinaus veränderte die industrielle Revolution auch die geopolitischen Machtverhältnisse zugunsten des europäischen und nordamerikanischen Kontinents. Auch wenn diese Strukturen beginnen sich aufzulösen, sie wirken bis heute fort.

Ein wesentliches Merkmal der industriellen Revolution war, dass Waren in bis dahin nicht gekannten Mengen hergestellt werden konnten. Die Folge: Ähnlich wie Adam im Film wächst uns das Wirtschaftssystem, buchstäblich über den Kopf. Wir benötigen immer mehr Ressourcen, verursachen steigende Emissionen, nehmen große Teile der Erde in Beschlag und verringern sowohl den Lebensraum anderer Lebewesen als auch den von Menschen, die anders leben als wir. Unsere Aktivitäten drohen die Grenzen des Hauses, das wir mit unseren Mitmenschen und anderen Mitgeschöpfen bewohnen, zu sprengen. Der 2025 verstorbene Papst Franziskus hat die Erde deshalb unser gemeinsames Haus genannt, um das wir uns sorgen müssen und für das wir zu sorgen haben [Fra16].

Was das Wachstum so unkontrollierbar macht, ist dass der Ressourcenverbrauch nicht linear, sondern exponentiell ansteigt. Damit ist Folgendes gemeint: Von linearem Wachstum spricht man, wenn eine Menge in bestimmten Zeitabständen um einen konstanten Betrag größer wird, beispielsweise wenn die in einem Betrieb produzierte Menge jährlich um eine Tonne zu nimmt. Exponentielles Wachstum liegt vor, wenn kein fester Betrag hinzukommt, sondern ein prozentualer Teil. Der Effekt von Zinsen und die Vermehrung von Lebewesen folgt diesem Muster (Abb. 8.1).

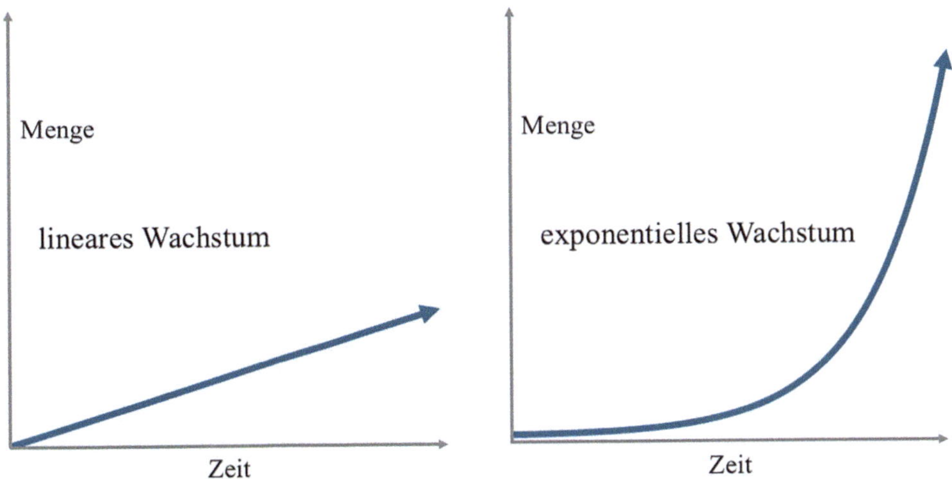

Abb. 8.1 Lineares und exponentielles Wachstum. (Eigene Darstellung)

Exponentielles Wachstum ist weit weniger anschaulich als lineares und wird vom sogenannten gesunden Menschenverstand unterschätzt. Weil die Menge zu Beginn nur langsam zunimmt, wirkt das Wachstum zunächst wie lineares. Es erscheint überschau- und kontrollierbar. Dann aber, werden die Zahlen sehr rasch immer größer. Wenn beispielsweise 100 € jährlich mit 4 % verzinst werden, braucht es zunächst 19 Jahre, bis sich das Guthaben um weitere 100 € erhöht hat. Für die nächsten 100 € werden dann nur noch zehn Jahre benötigt, dann sieben, dann sechs usw.

Dass exponentielles Wachstum unterschätzt wird und dass das gefährlich sein kann, darauf hatte schon bereits der erste Bericht an den Club of Rome hingewiesen. Er erregte 1972 immenses Aufsehen und löste eine teils hochemotional geführte Debatte um Wirtschaftswachstum aus. Der Bericht widmet sich intensiv den Unterschieden zwischen exponentiellem und linearem Wachstum. Als Beispiel für ersteres dient u. a. ein Teich, der von einer Schwimmpflanze zugewachsen wird (vgl. [Mea94], S. 18 ff.). Die Fläche, die sie bedeckt verdoppelt sich täglich. Nach 30 Tagen ist der Teich zugewachsen. Die Gefahr, dass der Teich zuwächst, wird dabei unterschätzt, weil einen Tag zuvor, am 29. Tag, die Hälfte des Teiches noch frei ist. Die Situation scheint unter Kontrolle, ist es aber nicht mehr.

Auch unsere Wirtschaft wächst exponentiell. Wie sehr der Ressourcenverbrauch zugenommen hat, zeigt eine Studie der Universität für Bodenkultur, Wien ([Has20], [Has15]). Untersucht wurde u. a. wie sich die Stoffumsätze der Weltwirtschaft zwischen 1900 und 2015 verändert haben. Sie sind um das 12-fache angewachsen. Wenn Szalinskis Sohn Adam den Ressourcenverbrauch der Weltwirtschaft repräsentiert, dann wäre er von etwa einem Meter Größe auf etwa 12 m gewachsen. Er wäre dann etwa so groß wie ein mehrstöckiges Haus (Abb. 8.2).

Abb. 8.2 Der Ressourcenverbrauch der Weltwirtschaft ist zwischen 1900 und 2015 um das 12-fache gewachsen. (© Thomas Marzi. Copyright 2025. All rights reserved. (Eigene Darstellung mit KI-modifiziertem Bildelement aus pixabay))

8.2   Das Wirtschaftssystem

In vielen Wissenschaftsdisziplinen ist es üblich eine komplexe Realität mit Hilfe einer Systemvorstellung abzubilden. Ob es Systeme wirklich gibt oder ob es sich dabei in erster Linie um Gedankengebilde handelt, ist umstritten. Fest steht jedenfalls, dass sich viele Zusammenhänge als Systeme oder Interaktion von Systemen beschreiben lassen.

Bei Systemen handelt es sich um Modelle, die reale Phänomene nicht als einzelne Ereignisse oder isolierte Dinge beschreiben. Für sie ist typisch, dass ihre Bestandteile – die „Systemelemente" – durch Beziehungen miteinander verbunden sind. Eine Fußballmannschaft beispielsweise bildet ein System, weil die Spieler oder Spielerinnen eine Verbindung haben und ihre Aktionen aufeinander abgestimmt sind. Betrachtet man das Spiel einer Mannschaft aus der Vogelperspektive, kann man die Bewegung des gesamten Mannschaftskörpers sehen, der als zusammenhängendes Gebilde agiert. Wenn Kinder beginnen Fußball zu spielen ist das noch nicht der Fall. Sie bilden kein System, sondern spielen so, als ob sie keine Mitspielenden haben. Sie geben den Ball nicht ab und laufen einfach aufs Tor zu.

Ein System besteht demnach aus seinen Teilen bzw. Elementen, deren Beziehungen und einer Struktur. Die Verbindung der Elemente ergibt sich aus dem Austausch von Materie, Energie und/oder Information. Auf eine Fußballmannschaft bezogen heißt das: Die Spielerinnen oder Spieler entsprechen den Systemelementen. Die Struktur ergibt sich aus der Mannschaftshierarchie und dem Spielkonzept – ein 4:4:2-System beispielsweise. Spielerinnen oder Spieler stehen in Beziehung in dem sie Materie – den Ball – und Informationen austauschen. Letzteres geschieht durch Blickkontakt, Wahrnehmung der Situation und sprachliche Kommunikation.

Ein weiteres wichtiges Merkmal von Systemen ist, dass sie sich von ihrer Umgebung unterscheiden. Etwas ist Teil der Beziehungen und gehört damit zum System oder eben nicht. Anders gesprochen: Systeme sind durch eine Systemgrenze von ihrer Umgebung getrennt. Bei der Fußballmannschaft kann diese Umgebung das Publikum sein. Es ist räumlich von dem Geschehen auf dem Platz getrennt und nicht unmittelbar Teil des Spiels. Die Spielfeldgrenze ist mehr oder weniger durchlässig. Sie soll im Idealfall das Publikum daran hindern aufs Feld zu laufen, lässt aber Interaktionen zu. Zuschauerinnen und Zuschauer feuern die Mannschaft an. Umgekehrt wirkt das Geschehen auf den Rasen auf ihre Stimmung ein.

Wo ein System aufhört, und die Umgebung beginnt ist meistens nicht eindeutig zu beantworten. Es ist eine Frage der Perspektive und in großen Teilen eine Konvention. Im genannten Beispiel können die Zuschauerrinnen und Zuschauer auch als Systemelemente betrachtet werden. Sie wären dann Teil eines Systems, dessen Grenze ggf. der das Stadion umfassende Zaun ist. Nimm man dann aber ggf. noch Fernsehzuschauende hinzu, wird es noch komplizierter.

Physikalisch wird zwischen abgeschlossenen Systemen und Systemen unterschieden, deren Grenzen Stoff- und Energieaustausch zulassen. Abgeschlossene Systeme sind von ihrer Umgebung vollständig getrennt. In sie gelangen weder Materie, Energie und Information hinein noch heraus. Ein energetisch und stofflich offenes System lässt dagegen die Aufnahme und Abgabe von Energie, Stoffen und Information durch seine Grenzen zu, bei einem energetisch offenen System ist nur der Austausch von Energie und Information möglich. Stofflich ist es geschlossen (Abb. 8.3).

Vollständig abgeschlossene Systeme im physikalischen Sinne gibt es nicht. Sie lassen sich allenfalls für abstrakte Zusammenhänge formulieren. Das Wirtschaftssystem beispielsweise, wird oft so dargestellt, als ob es ein abgeschlossenes System sei. Das Modell entspricht dann dem, in Abb. 8.4 gezeichneten sogenannten einfachen Wirtschaftskreislauf.

Das Modell beschreibt das Wechselspiel zwischen produzierenden Unternehmen und konsumierenden Haushalten. Letztere kaufen die Produkte und Dienstleistungen, die die Unternehmen produzieren. Im Gegenzug stellen Sie den Unternehmen u. a. sogenannte Produktionsfaktoren zur Verfügung, zu denen neben Kapital und Boden auch ihre Arbeitskraft zählt. Dieses Wechselspiel kommt in Abb. 8.4 durch den rot gezeichneten Kreisprozess zum Ausdruck. Er ist an den blauen, gegenläufigen Prozess, der auf den Austausch von Geld beruht, gekoppelt. Von den Haushalten fließt als Preis für die erhaltenen Produkte und Dienstleistungen Geld zu den Unternehmen. Umgekehrt entlohnen diese die Haushalte für die geleistete Arbeit. Der in der Abbildung nicht eingezeichnete „Markt" ist der „Ort", an dem sich aus Angebot und Nachfrage Preise bilden. Er ist kein physisch vorhandener Platz, sondern ein abstrakter Bereich. Marktwirtschaftlich orientierte Ökonominnen und Ökonomen gehen davon aus, dass sich das System selbst stabilisiert, wenn

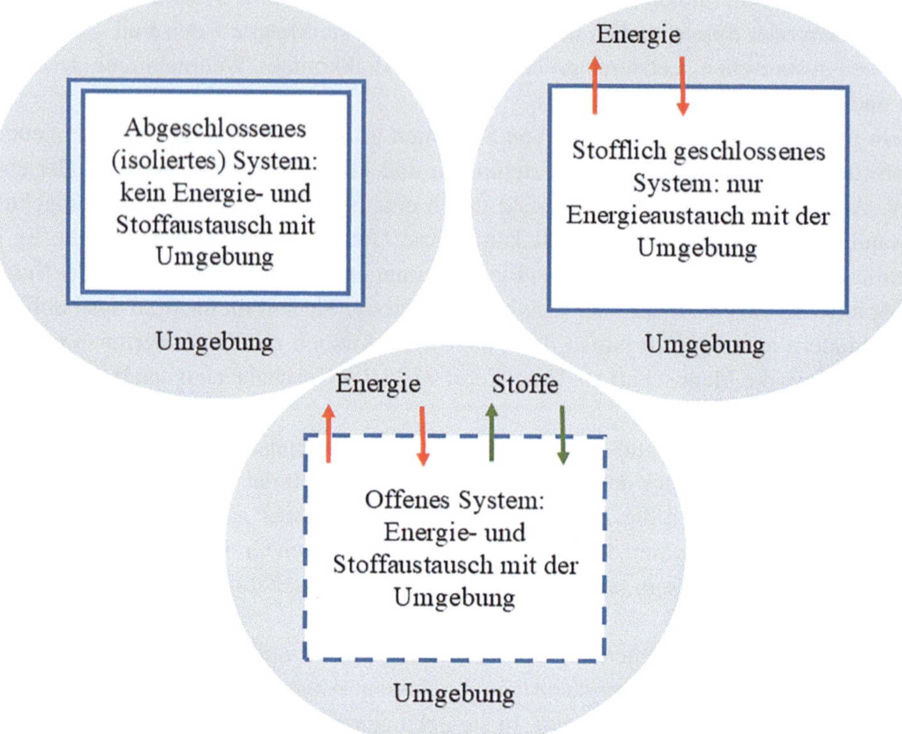

Abb. 8.3 Die Systemgrenze bestimmt das Verhältnis der Systeme zu ihrer Umgebung. (© Thomas Marzi. Copyright 2025. All rights reserved)

die Akteure versuchen, aus dem Handel möglichst viele Vorteile für sich selbst zu ziehen. Voraussetzung für die Stabilisierung ist in den meisten Wirtschaftsmodellen das Wachstum des Systems. Dass das so ist, hat u. a. mit der technischen Entwicklung zu tun.

8.3 Warum wächst die Wirtschaft?

Dass die Wirtschaft wächst und dass so schnell, ist weder gott- noch naturgegeben. Im Mittelalter gab es so gut wie kein Wirtschaftswachstum und Preise wurden aufgrund des ihnen zugewiesenen Wertes weitgehend festgelegt. Unser Wirtschaftsmodell ist erst ein paar hundert Jahre alt. Warum es die Wirtschaft immer größer werden lässt, kann nachvollzogen werden, wenn man den Effekt technischer Entwicklungen betrachtet.

Technische Neuerungen machen die Produktion oft effizienter, sodass eine bestimmte Warenmenge mit geringerem Aufwand hergestellt werden kann als zuvor. Dies hat jedoch zur Folge, dass weniger Arbeitskräfte benötigt werden, was zu einem Absinken der Nachfrage führen kann. Letzteres kann dann wieder Auswirkungen auf die produzierten Mengen haben usw. Die Entwicklung neuer Technologien treibt diesen Prozess immer weiter an.

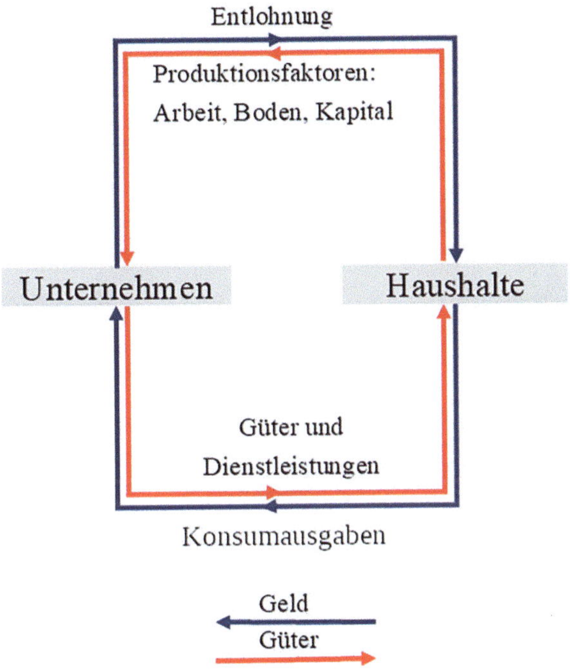

Abb. 8.4 Einfacher Wirtschaftskreislauf. (Bildquelle: [Mar24], S. 194)

Damit das Wechselspiel aus Angebot und Nachfrage weiter funktioniert, müssen deshalb immer größere Produktmengen hergestellt oder neue Produkte angeboten werden. Hierdurch nimmt sowohl die im System vorhanden Geldmenge als auch – wenn sich die Art der Wertschöpfung nicht ändert – die umgesetzte Stoffmenge zu. Die Wirtschaft wächst. Das heißt nicht, dass ein nichtwachsendes Wirtschaftssystem grundsätzlich undenkbar ist. Es würde aber u. a. voraussetzen, dass die Produktionsgewinne anders verteilt werden als es im Modell des einfachen Wirtschaftskreislaufs vorgesehen ist. Markmechanismen, die allein auf Angebot und Nachfrage beruhen, können diese andere Verteilung nicht herbeiführen.

8.4 Die Wirtschaft ist ein Teil des Erdsystems

Das in Abb. 8.4 gezeigte Modell suggeriert, dass es sich bei der Wirtschaft um ein mehr oder weniger abgeschlossenes – also von der Umwelt unabhängiges – System handelt, dessen Prozesse scheinbar endlos wiederholbar sind. Ein abgeschlossenes System, in dem die Stoffmenge beständig zunimmt, kann es aber nicht geben. Es wäre ein Perpetuum mobile. Materie und Energie können nicht aus dem Nichts entstehen. Sie müssen dem Wirtschaftssystem von außen zugeführt werden. Bei Geld ist das anders. Es ist immateriell und beruht auf Vertrauen.

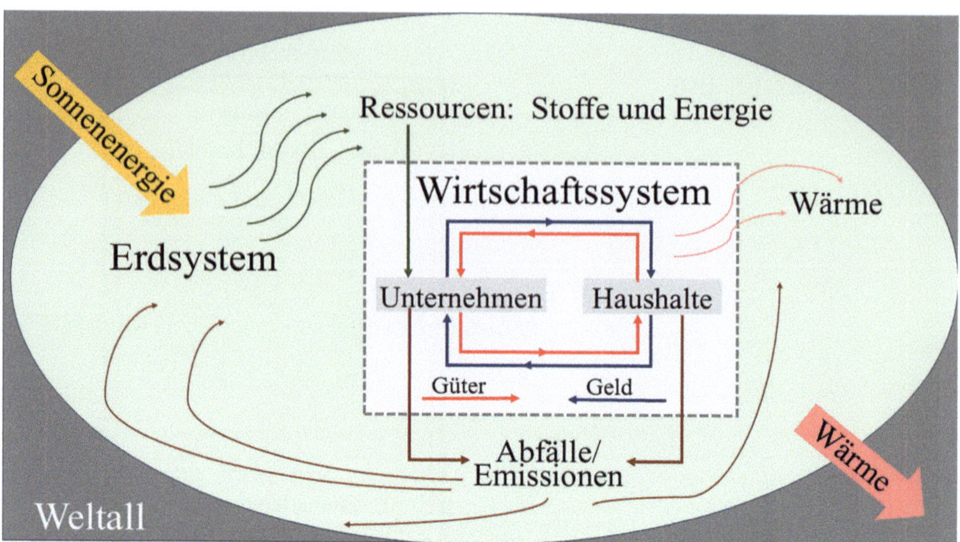

Abb. 8.5 Die Wirtschaft ist ein offenes System, das Energie und Materie mit dem Erdsystem austauscht, in das es eingebettet ist. (© Thomas Marzi. Copyright 2025. All rights reserved. (Eigene Darstellung))

Das Wirtschaftssystem ist stofflich und energetisch offen und in ein anderes System – die Umgebung – eingebettet (Abb. 8.5). Letzteres können wir wahlweise als Umwelt, Biosphäre oder Erdsystem bezeichnen. Die Wirtschaft entnimmt dem Erdsystem Ressourcen und verarbeitet sie zu Produkten. Die dabei entstehenden Emissionen haben ebenso wie die Abfälle, die nach dem Gebrauch von Produkten vorliegen, keinen wirtschaftlichen Wert. Sie scheiden aus dem ökonomischen Prozess aus und sind kein Teil des Wirtschaftssystems mehr. Sie sind damit aber nicht verschwunden, sondern immer noch Teil des übergeordneten Erdsystems. Letzteres ist anders als die Wirtschaft nur in Bezug auf Energie offen – es erhält Strahlungsenergie von der Sonne und gibt Wärme an das Weltall ab. Stofflich ist es weitgehend geschlossen. Das Wasser beispielsweise, das vor etwa vier Milliarden Jahren auf die Erde gelangte, ist heute noch vorhanden ([Sch13], S. 399 ff.).

8.5 Die Grenzen des Erdsystems, die Grenzen der Wirtschaft

Da das Wirtschaftssystem ein Teil des übergeordneten Erdsystems ist, sind seine Existenz, Stabilität, Funktion und Leistungsfähigkeit von diesem abhängig. Menschen stehen nicht außerhalb der Natur, sondern sind als deren Teil von ihr abhängig. Ohne Natur gibt es auch keine Wirtschaft!

Die Ressourcen, die dem Erdsystem entnommen werden können, sind endlich. Ökosysteme benötigen Platz und können nur eine begrenzte Menge von Abfällen und Emissionen aufnehmen, ohne dass sie in Ihrer Existenz gefährdet sind. Logisch eigentlich, sollte man meinen, dass auch der Ressourcenverbrauch unserer Wirtschaft nicht immer weiter wachsen kann. Es gibt aber Stimmen, die genau das behaupten. Zu den einflussreichen – wenngleich extremen – gehören der Ökonom Julian Simon und die Philosophin Ayan Rand. Rands Schriften sind beispielsweise Teil der Lieblingslektüre Donald Trumps [Bur17]. Dass die USA unter seiner Präsidentschaft zweimal aus dem Pariser Klimaschutzabkommen austraten, lässt sich vielleicht damit erklären. Was Rand und Simon eint, ist die Vorstellung, der menschliche Geist könne mit Hilfe der Technologie alle Probleme lösen und jede Ressourcenknappheit beseitigen. Ökologische Systeme – denken Sie – lassen sich durch technische ersetzen. Simons Buch trägt den Titel „The ultimate resource" [Sim81]. Mit dieser ultimativen Ressource ist der menschliche Geist gemeint. Andere wie Elon Musk träumen davon, die Begrenzungen des Erdsystems aufzulösen, in dem die Menschen das Weltall besiedeln. Ein faszinierender Traum sicherlich, aber eben auch nur ein Traum. Selbst wenn das eines Tages möglich sein sollte, hilft uns diese Vision nicht beim Umgang mit der aktuellen ökologischen Krise, die zugleich auch eine ökonomische und soziale ist.

Klammern wir das Verlassen des Planeten einmal aus und nehmen wir an, dass technische Erfindungen Dinge möglich machen werden, die wir uns heute nicht einmal vorstellen können. Trotzdem, an der materiellen Basis kommen wir nicht vorbei. Auch künstliche Intelligenzen und virtuelle Welten benötigen materielle Träger wie Chips aus Silizium und Energie. Die Grenzen des Erdsystems lassen sich vielleicht effizienter ausnutzen, auflösen und ignorieren kann man sie nicht. Führen wir uns die aktuelle Situation vor Augen, dann spricht viel dafür, dass wir diese Grenzen bald erreichen, wenn wir sie sogar nicht schon überschritten haben. Wir Menschen nehmen mit unseren Aktivitäten immer mehr Teile der Erde in Beschlag. Welche Ausmaße das hat, wird deutlich, wenn man sich vor Augen führt, dass die global vorhandene Masse der Wirbeltiere nicht mehr auf Wildtiere zurückgeht. Der größte Teil sind inzwischen Menschen und ihre Nutztiere [Wil15].

Eindrucksvoll visualisiert hat diesen Aspekt der Ökonom Herman Daly ([Dal02], S. 7). Seine Darstellung ist in Abb. 8.6 wiedergegeben. Die Situation links ist eine „reiche Welt" in der es noch viele Ressourcen und einen großen Artenreichtum gibt. Den vielen Fischen steht nur ein Fischerboot gegenüber. Wirtschaftliches Wachstum ist in dieser Situation leicht möglich. Die Fangmenge kann einfach vergrößert werden, in dem mehr Boote gebaut werden. Die Situation zeigt dagegen eine in ihren Ressourcen bereits „ausgeschöpfte Welt" mit kaum Artenvielfalt. Es gibt viele Boote und nur noch einen Fisch. Wachstum kann es in einer solchen Situation nicht mehr geben, da zusätzliche Boote die Fangmenge nicht vergrößern können.

Abb. 8.6 In einer an Ressourcen reichen Welt kann Wachstum sinnvoll sein, in einer Welt, deren Ressourcen weitgehend ausgeschöpft sind nicht mehr. (Bildzitat nach [Dal15], S. 4)

8.6   Die Kreislaufwirtschaft

Wie wir gesehen haben, bildet der in Abb. 8.4 dargestellte Wirtschaftskreislauf in Wirklichkeit gar keinen Kreislauf ab. Energie und Materialen treten in das Wirtschaftssystem ein und verlassen es als Abfälle, Emissionen und Abwärme. Aus dem Wirtschaftsprozess kann nur ein Kreislauf werden, wenn keine Materialien aus ihm ausscheiden. Sie müssten nach Gebrauch vollständig wiederverwertet werden. Bei Stoffen scheint das auf den ersten Blick möglich, bei Energie jedoch nicht. Hochwertige Energie mit der Arbeit geleistet werden kann, wird mit ihrer Nutzung zunehmend in Wärme umgewandelt. Sie verteilt sich im System und kann dann keine Arbeit mehr leisten. Ökonomisch gesprochen verliert sie ihren Wert. Eine angestrebte Schließung des Wirtschaftskreislaufs kann sich deshalb nur auf Materie beziehen und nicht auf Energie. Letztendlich geht es darum aus einem sogenannten linearen Prozess, der Rohstoffe entnimmt, verarbeitet und entsorgt einen geschlossenen, zirkulären zu machen (Abb. 8.7). Die Materialien, aus denen Produkte bestehen oder gar die Produkte selbst, dürfen nicht aus dem Wirtschaftsprozess ausscheiden. Stattdessen müssen nach Gebrauch neue aus ihnen gefertigt werden. Inwieweit die Kreislaufführung vollständig sein kann, wird noch Thema von Abschn. 8.7 sein. So viel sei schon vorweggenommen: eine vollständige Kreislaufführung ist auch für Materie nicht möglich.

Was ist eine Kreislaufwirtschaft? Eine Kreislaufwirtschaft wird oft mit der Verwertung von Abfällen oder mit Recycling gleichgesetzt. Motiviert war sie in der Vergangenheit meis-

Abb. 8.7 „Lineares" und „zirkuläres" Wirtschaften. (Bildquelle: [Mar24], S. 30 in Anlehnung an[Sil19], S. 18)

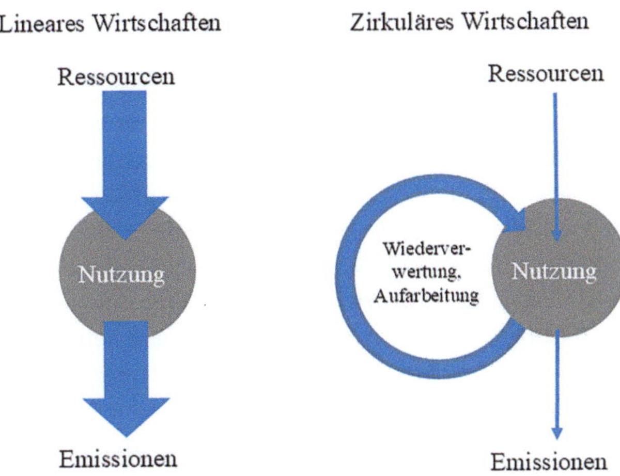

tens durch den mangelnden Zugang zu Ressourcen, hohen Rohstoffpreisen oder fehlenden Entsorgungsmöglichkeiten. Eine Kreislaufwirtschaft im modernen Sinne ist weit mehr als das. Sie hat das Ziel die ökonomische Basis zu sichern und das Erdsystem, möglichst wenig zu belasten. Nimmt man sie ernst, ist eine Kreislaufwirtschaft kein Instrument, dass das aktuelle Wirtschaftssystem effizienter macht. Sie ist ein anderes System, dass auch das Wirtschaftswachstum in Frage stellen muss und hat Auswirkungen auf die Produktion und die Art und Weise unseres Konsums. Eine ernstgemeinte Kreislaufwirtschaft beschränkt sich nicht auf Recyclingtechnologien, sie erfordert auch kulturelle Anpassungen.

Das Wort Kreislaufwirtschaft ist ein Sammelbegriff, der für eine Reihe im Detail unterschiedlicher Konzepte steht. Eines der bekanntesten ist das Cradle-to-Cradle-Konzept, das der Chemiker Michael Braungart und der Architekt William McDonough erdacht haben [Bra14]. Verbindendes Element der Konzepte ist der Übergang von einer linearen Wirtschaftsweise zu zirkulären Strukturen, die Materialien wiederverwerten. Recycling gehört dazu, ist aber nicht alles.

Grundsätzlich sollen Produkte wiederverwertet und ihre Lebensdauer verlängert werden. Die Materialien, aus denen sie bestehen, gilt es zurückzugewinnen. Um das zu erreichen, können unterschiedliche Strategien verfolgt werden. Expertinnen und Experten bezeichnen sie als „r-Prinzipien" oder „r-Frameworks". Sie werden so genannt, weil ihre englischsprachigen Titel alle mit der Silbe „re" beginnen: Reduce, Reuse, Recyle usw. „Re" steht im deutschen für „Wieder-", „Zurück-" oder „Rück-".

Die Prinzipien werden in der Regel durchnummeriert, wobei die Nummerierung die verschiedenen Maßnahmen bewertet. Je niedriger die Zahl, als desto sinnvoller ist die Maßnahme im System einer Kreislaufwirtschaft eingestuft. R3 ist beispielsweise gegenüber R4 zu bevorzugen.

Das nachfolgend skizzierte Schema setzt sich aus 10 R-Prinzipien zusammen. Sie lassen sich in drei Kategorien unterteilen. Die erste Kategorie beinhaltet Strategien, die einen kulturellen Wandel voraussetzen. Zu ihnen gehören das Refuse (R0), Rethink (R1) und Reduce (R3).

R0: Refuse (Weglassen, was nicht nötig ist)

Das Prinzip Refuse gehört zu den sogenannten Suffizienzstrategien. Sie zielen auf eine Veränderung des Lebensstils und sollen den Ressourcen- und Energieverbrauch durch Einsparungen verringern. Ein geringerer Konsum soll trotzdem oder gerade deswegen ein zufriedenstellendes Leben ermöglichen. Letztlich geht es um die Frage, was und wieviel Menschen für ein gutes Leben brauchen. Suffizienzstrategien bauen auf einem Menschenbild auf, das daraufsetzt, dass Menschen aus ökologischer Einsicht oder sozialer Verantwortung zumindest teilweise auf Konsum verzichten.

Refuse kann bedeuten, dass weniger von einem Produkt produziert wird, es kann aber auch heißen, dass ein Produkt gar nicht mehr hergestellt wird, weil es grundsätzlich nicht benötigt wird. Schwierig ist in diesem Zusammenhang, wer festlegt, ob es gebraucht wird oder nicht. Hierzu gibt es sicherlich unterschiedliche Ansichten. Werden Feuerwerkskörper für Sylvester benötigt? Sie sind zumindest nicht lebenswichtig und richten eine Reihe von Schäden an. Trotzdem sind sie vielen Menschen wichtig, die sie ja ansonsten nicht kaufen würden. Innerhalb einer reinen Marktwirtschaft ist der Verzicht auf bestimmte Produkte schwierig durchzusetzen. Es müssen deshalb andere Möglichkeiten zur Regulierung gefunden werden als Angebot und Nachfrage.

R1: Rethink (Umdenken)

Unter Rethink versteht man das Infragestellen der eigenen Konsumgewohnheiten oder neue Produktdesigns und Geschäftsmodelle. Zu ersteren gehören Elemente der der sogenannten Sharing Economy. In einer solchen Ökonomie des Teilens sind Dinge kein persönlicher Besitz. Räume, Maschinen oder Autos werden von mehreren Haushalten genutzt.

Man kauft und besitzt Produkte nicht mehr, sondern nutzt sie wie eine Service-Leistung. Eigentümer bleibt der Hersteller oder Anbieter. Ein Beispiel ist das Geschäftsmodell der Fa. Lorenz GmbH & Co. KG aus Schelklingen, Baden-Württemberg. Das Unternehmen stellt Wasserzähler her. Sie sind so konzipiert, dass sie leicht demontierbar sind. Die Komponenten sind wiederverwendbar. Nach Ablauf einer bestimmten Nutzungsdauer werden die Wasserzähler ausgetauscht. Sie gehen an die Firma zurück, wo sie aufbereitet werden. Die Komponenten werden auf diese Weise mehrfach verwendet. Die Firma spart so jedes Jahr beträchtliche Mengen Messing, Kunststoff und Elektronik ein. Das ist wirtschaftlich vorteilhaft, weil sie auf diese Weise von schwankenden Rohstoffpreisen unabhängiger wird. [MUKE25]

R2: Reduce (Reduzieren)

Beim Reduce geht es um eine Verringerung des Ressourcenverbrauchs durch effizientere Produktherstellung und -nutzung. Auch der Verzicht auf Produkte oder Produktmengen, die hier unter Refuse genannt wurden, kann auch unter dem Themenpunkt Reduce gefasst werden.

Effizienzstrategien bauen hauptsächlich auf technischen Innovationen auf und sind oft mit Kostenersparnissen verbunden. Sie lassen sich deshalb im Rahmen einer Marktwirtschaft am ehesten umsetzen. Theoretisch müsste damit auch ein geringerer Material- und Energieverbrauch einhergehen. Das ist wegen des sogenannten Rebound-Effekts aber oft nicht der Fall. Effizienzmaßnahmen können auch zu einem höheren Verbrauch führen. Das geschieht, wenn der Effizienzgewinn niedrigere Preise zur Folge hat. Es werden dann mehr Produkte gekauft und unter dem Strich mehr Ressourcen verbraucht. Wenn Effizienzmaßnahmen zu einem geringeren Ressourcenverbrauch führen sollen, werden deshalb auch hier Instrumente benötigt, die über eine reine Marktwirtschaft hinausgehen.

Die zweite Kategorie der R-Prinzipien zielt darauf ab, dass ein Produkt möglichst lange verwendet wird. Zu ihr gehören Reuse (R3), Repair (R4) Refurbish (R5), Remanufacture (R6) und Repurpose (R7).

R3: Reuse (Wiederverwenden)

Reuse bedeutet, Produkte oder Komponenten werden in ihrer ursprünglichen Funktion erneut verwendet. Ein Beispiel sind Mehrwegflaschen für Getränke.

R4: Repair (Reparieren)

Beim Repair werden defekte Produkte instand gesetzt, um ihre Nutzungsdauer zu verlängern. Eine EU-Regelung sieht deshalb vor, dass Geräte so gebaut werden, dass sie auch reparierbar sind. Eine solche Regelung setzt aber auch die Bereitschaft und Fähigkeit bei den Menschen voraus, Gebrauchsgegenstände zu pflegen, zu warten und zu reparieren, anstatt sie zu entsorgen und neue zu kaufen [EU24].

R5: Refurbish (Instandsetzen)

Refurbish heißt, dass ein gebrauchtes Produkt technisch und optisch überholt wird, ohne es vollständig zu zerlegen. Beispiele sind gebrauchte Computer, die gereinigt, überprüft und weiterverkauft werden.

R6: Remanufacture (Wiederaufarbeiten)

Von remanufacturing spricht man, wenn ein Produkt in seine Einzelteile zerlegt und komplett neu zusammengesetzt wird. Ein Beispiel sind die oben genannten Wasserzähler der Fa. Lorenz.

R7: Repurpose (Umnutzen)

Ein repurpose liegt vor, wenn ein Produkt für einen neuen Zweck verwendet wird. Das ist beispielsweise der Fall, wenn Europaletten oder Maschinenteile für den Bau von Möbeln verwendet werden.

Die dritte Kategorie R-Prinzipien beinhaltet Maßnahmen zu möglichst effizienten Materialnutzungen. Hierzu gehören das Recycling (R8) und das Recover (R9).

R8: Recycling (Wiederverwenden)

Beim Recycling wird ein Produkt so weit zerlegt, bis ein Material oder Stoff vorliegt. Dieser wird dann aufgereinigt und neu verarbeitet. Beispiele sind Geräte aus Metall, die nicht aufgearbeitet, sondern eingeschmolzen werden. Das Produkt des Recyclingprozesses ist mit einem Rohstoff vergleichbar.

R9: Recover (Energierückgewinnung)

Das Recover ist die letzte und schlechteste Option nach dem Recycling. Wenn etwas nicht mehr als Material genutzt werden kann, soll es zur Energiegewinnung verwendet werden. Beispiele sind Strom- und Fernwärme aus Abfallverbrennungsanlagen oder die Nutzung von anders nicht verwertbaren Kunststoffen als Brennstoff in Zementwerken.

8.7 Lässt sich der Kreislauf vollständig schließen?

Bei der Kreislaufwirtschaft geht es darum, nicht nur den Geld-, sondern auch den Stofffluss in einem Wirtschaftssystem zu schließen. So zumindest die Vision. Manche Protagonisten – beispielsweise die Entwickler des Cradle-to-Cradle-Konzepts – träumen sogar davon, dass der Kreislauf vollständig geschlossen werden kann, sodass es keine Abfälle und Emissionen mehr gibt und keine Rohstoffe mehr von außen in das Wirtschaftssystem eingebracht werden müssen. Und wenn doch, dann nur solche, die nach ihrem Gebrauch freigesetzt werden können, weil sie ökologisch abgebaut und regeneriert werden. Ein Teil der Kreislaufführung soll dann innerhalb und ökologischer Prozesse erfolgen. Die Stoffe sollen beispielsweise zu Kohlenstoffdioxid abgebaut werden, dass dann der Atmosphäre entnommen und in neue Produkte umgewandelt werden soll. Ein solches System ist nach Vorstellungen derjenigen, die es beschreiben selbsterhaltend und erlaubt es, Materie endlos in Kreisläufen zu führen. Manche glauben sogar, in einem solchen System könne das Wirtschaftswachstum weitergehen.

Ein solches System ist ein unerfüllbarer Traum. Wiederverwertung kann nie 100 %ig sein. Ein Teil der Stoffe geht schon bei der Produktion verloren, anderes bei der Aufarbeitung und wieder anderes beim Gebrauch. Beim Autofahren entsteht Reifenabrieb und Kunstrasenplätze verlieren im Laufe der Nutzungsdauer hohe Anteile ihres Materials. Ist es einmal in der Umwelt verteilt, kann es zwar in der Theorie zurückgewonnen werden, wenn ausreichend Energie zur Verfügung steht, in Wirklichkeit aber nicht. Je verteilter ein Stoff ist, desto größer ist die Energiemenge und die Zeit, die erforderlich ist, um ihn aufzukonzentrieren. Die Energie nimmt zu, je kleiner die Konzentration ist. Sie steigt exponentiell an und erreicht schnell astronomische Größenordnungen.

Angaben wieviel Prozent der weltweit eingesetzten Materialien nach ihrer Nutzung wiederverwendet oder recycelt werden kann man im „Circularity Gap Report" nachlesen. Dabei handelt es sich um einen jährlich erscheinenden Bericht der niederländischen Circle Economy Foundation. Er fasst den weltweiten Zustand der Kreislaufwirtschaft zusammen und gibt an wieviel Material wiederverwertet wird. Laut aktuellem Bericht ist die weltweite Kreislaufquote in den letzten fünf Jahren nicht gestiegen, sondern sogar von 9,1 % auf 7,2 % (bezogen auf den Materialinput) gesunken. Dieser Rückgang liegt allerdings nicht daran, dass absolut weniger Material wieder verwendet wird ([CGRI25], S. 8).

Selbst wenn – was unmöglich ist – alle Produkte nach Gebrauch zu 100 % wiederverwertet würden, würden immer noch Ressourcen verbraucht. Grund ist, dass ein großer Teil der Rohstoffe in sogenannte Bestände fließt. Das sind Produkte, die sehr lange in Gebrauch sind: Autos, Maschinen oder Infrastruktur, wie Gebäude, Straßen und Brücken. Sie haben teilweise viele Jahrzehnte Bestand und benötigen zu ihrem Unterhalt, Energie, Material und Arbeitskraft. Wie die Wirtschaft insgesamt, wächst auch die Masse dieser Bestände exponentiell. Laut der in Abschnitt bereits zitierten Studie der Universität für Bodenkultur sind sie zwischen 2002 und 2015 mit einer Rate von 3,5 % gewachsen ([Has20], S. 8). Jedes Jahr werden mehr Ressourcen aufgewendet, um neue Bestände zu schaffen und die bestehenden zu unterhalten.

Bestände, die derzeit aufgearbeitet werden stammen aus einer Zeit, in der weniger Material verbraucht wurde als heute. Ihre Aufarbeitung kann den aktuellen Bedarf also gar nicht decken. Wie die Autorinnen und Autoren des Circularity Gap Reports schreiben, kann die Weltwirtschaft – selbst theoretisch – nicht genug Material zurückgewinnen, um den Kreislauf vollständig zu schließen. Man könne sich deshalb, wie sie es ausdrücken, nicht aus den bestehenden Problemen „herausrecyceln". Die Kreislaufquote wird sich nur verbessern lassen, wenn der Materialumsatz insgesamt geringer wird. Der Report von 2023 geht davon aus, dass dann mit Hilfe der Kreislaufwirtschaft der Ressourcenverbrauch auf 70 % des heutigen Wertes gesenkt werden kann ([CGRI23], S. 8).

8.8   Was ist zu tun?

Das oben Geschriebene hat gezeigt, dass eine Kreislaufwirtschaft nicht alle Probleme lösen kann. Sie kann aber einen wichtigen Beitrag dazu leisten, die Erde als unser aller Zuhause zu erhalten. Das „Haus", in dem wir leben gehört uns nicht. Wir bewohnen es zusammen mit unseren Mitmenschen und anderen Lebewesen, auf die wir Rücksicht zu nehmen haben. Auch gegenüber denen, die nach uns kommen, stehen wir in der Verantwortung.

Vielleicht ist es angebracht, in diesem Zusammenhang, auf das klassische Verständnis des Wortes Ökonomie hinzuweisen. Es leitet sich aus dem griechischen Wort „oîkos" ab, was Haus oder Haushalt bedeutet. Wenn in der Antike oder im Mittelalter von Ökonomie – *Oikonomikos* – die Rede war, dann war damit die vernünftige Leitung und Organisation eines Hauses, Landguts oder Haushalts gemeint. Eine Ökonomie, die dem o.g. klassischen Verständnis folgen würde, müsste ihrer Verantwortung nachkommen und berücksichtigen, dass sie kein „Business as usual", sondern Teil eines größeren Zusammenhangs ist. Aus Sicht des Autors macht es dabei keinen Sinn soziale Aspekte gegen ökologische auszuspielen. Wie wir mit der Natur, anderen Menschen und uns selbst umgehen, hängt zusammen. Die Gewinnung von Metallerzen im Kongo oder die Verhältnisse an deutschen Schlachthöfen zeigen, dass die Ausbeutung von Natur und Menschen oft Hand in Hand gehen ([Pol14], [ZEIT14]). Die Lösung ökologischer Probleme hat auch ganz viel mit Verteilungsfragen zu tun.

Die ökologische Krise ist menschgemacht, also muss sich auch unser Verhalten ändern, wenn sie in ihren Auswirkungen begrenzt werden soll. Der oder die Einzelne wird dabei nicht so weit kommen. Es reicht nicht privat Müll zu trennen und dann ein gutes Gewissen zu haben. Unsere Gesellschaften müssen sich in die richtige Richtung verändern. Es gilt deshalb sich zu organisieren und andere zu überzeugen. Dass das nicht einfach ist, haben die letzten Jahre gezeigt. Menschen sind nicht nur rational denkende Wesen. Es führt aber kein Weg daran vorbei. Ein erster Schritt kann beispielsweise die Mitarbeit in NGO's (non-governmental organizations) oder politischen Parteien sein. Genauso lässt sich an manchen Arbeitsplätzen für die Einführung zirkulärer Geschäftsmodelle werben.

Vielleicht ist die Problematik aber auch viel grundsätzlicher als es zunächst den Anschein hat, und es ist unsere Perspektive, die sich verändern muss. Damals, vor ein paar Jahrhunderten, als unser heutiges Wirtschaftssystem nach und nach Gestalt annahm, entwickelte sich auch ein neues Weltbild. War es Ursache oder Wirkung der Entwicklung? Die Welt anders zu sehen und zu bewerten war jedenfalls ein Schritt in eine neue Zeit. Heute, angesichts der ökologischen Krise, versperrt uns die damals gewonnene Perspektive den Blick. Wir müssen deshalb vielleicht abermals eine neue Sicht gewinnen und anders auf die Natur und uns Menschen schauen als wir das in den letzten Jahrhunderten getan haben. Verändert sich die Perspektive der Menschen, dann werden sie auch anders handeln. Manchmal ändern sich die Dinge dann sehr schnell.

Hrsg.: Die Kreislaufwirtschaft steht in der Kritik, weil sie schon so lange beschlossen ist und die Umsetzung vermeintlich nur mit mehrjähriger Verzögerung umgesetzt wird. In Teilen ist die Kritik berechtigt. Die Maßnahmen erfolgen manchmal einfach auch unbemerkt. Kap. 5 befasst sich mit der Herstellung von Kompost, Kap. 4 mit dessen Nutzung. Warum wird dieser Weg nicht intensiver begangen? Man würde gerne. Mancher Bioabfall ist aber durch Fehlabwürfe in die Mülltonnen unbrauchbar gemacht worden. Glasrecycling funktioniert ebenfalls sehr gut. Und selbst die Wasserwirtschaft hat Fortschritte errungen, Wasser von der einen Nutzungsform zur anderen zu führen (siehe Kap. 12). Stoffe, die nicht weiter stofflich genutzt werden können, werden heute vollständig energetisch in der Müllverbrennung genutzt. Selbst hier werden Fortschritte erzielt, um das Beste daraus zu machen (siehe Kap. 19). Aber ja, am Wirtschaften in Kreisläufen ließe sich an vielen Stellen noch etwas verbessern, wenn nur ein Wille zur Umsetzung vorhanden wäre. Freiwillig? Oder mit Zwang? Es ist die Frage: In was für einer Welt wollen wir leben? Darüber nachzudenken ist ein Weg in eine lebenswerte Zukunft.

Literatur

[Bra14]   Braungart, M.; McDonough, W. : Cradle to Cradle. Einfach intelligent produzieren. EBook (epub), 1. Auflage, 2014, Piper. München, Berlin, Zürich.

[Bur17]   Burns, J. Ayn R.: Trumps Hausintellektuelle. Hg. v. zeit-online. https://www.zeit.de/politik/ausland/2017-02/ayn-rand-donald-trump-usa-libertarismus-bestseller, zuletzt aktualisiert am 27.02.2017, zuletzt geprüft am 05.06.2025.

[CGRI23]   Circularity Gap Reporting Initiative (CGRI) (Hrsg.). The Circularity Gap report 2023. https://www.circularity-gap.world/2023, zuletzt geprüft am 09.05.2023.

[CGRI25]   Circularity Gap Reporting Initiative (CGRI) (Hrsg). The Circularity Gap report 2025. https://www.circularity-gap.world/global, zuletzt geprüft am 03.06.2023.

[Dal02]   Daly, H. E. (2002). Ökologische Ökonomie: Konzepte, Analysen, Politik. Wissenschaftszentrum Berlin für Sozialforschung (WZB). Berlin (WZB Discussion Paper, FS

II 02-410). https://www.econstor.eu/bitstream/10419/49555/1/376731028.pdf, zuletzt geprüft am 01.08.2022.

[Dal15]   Daly, Herman E. (2015): Economics for a Full World. Great Transition Initiative (Hrsg). https://greattransition.org/publication/economics-for-a-full-world, zuletzt geprüft am 16.06.2020.

[EU24]   Europäische Union Richtlinie (EU) 2024/1799 des Europäischen Parlaments und des Rates über gemeinsame Vorschriften vom 13.05.2024 zur Förderung der Reparatur von Waren und zur Änderung der Verordnung (EU) 2017/2394 und der Richtlinien (EU) 2019/771 und (EU) 2020/1828. EU Richtlinie.

[Has15]   Haas, W.; Krausmann, F.; Wiedenhofer, D.; Heinz, M.; How Circular is the Global Economy?: An Assessment of Material Flows, Waste Production, and Recycling in the European Union and the World in 2005. In: Journal of Industrial Ecology 19 (5) 2015, S. 765–777. DOI: https://doi.org/10.1111/jiec.12244.

[Has20]   Haas, W.; Krausmann, F.; Wiedenhofer, D.; Lauk, Chr.; Mayer, A.; Spaceship earth's odyssey to a circular economy – a century long perspective. In: Resources, Conservation and Recycling 163, 2020, S. 1–10. DOI: https://doi.org/10.1016/j.resconrec.2020.105076.

[Mar24]   Marzi, Th.;; Renner, M.; Das Weltbild der Circular Economy und Bioökonomie. Vorbild Natur? 2024, Springer Spektrum., Heidelberg (OpenAccess) https://link.springer.com/book/9783662682296.

[Mea94]   Meadows, D. L.; Meadows, D. H.; Zahn, E.; Milling, P.; Die Grenzen des Wachstums. Bericht des Club of Rome zur Lage der Menschheit. 17. Aufl. 1994, Dt. Verl.-Anst., Stuttgart.

[MUKE25]   Ministerium für Umwelt, Klima und Energiewirtschaft Baden-Württemberg. (Hrsg.) Remanufacturing von gebrauchten Wasserzählern. 2025. https://www.nachhaltigkeitsstrategie.de/wirtschaft/klimaschutz/filter-klimabuendnis-unternehmen/detail-1/remanufacturing-und-refabrikation-von-gebrauchten-wasserzaehlern?, zuletzt geprüft am 04.06.2025.

[Fra16]   Papst Franziskus Enzyklika Laudato Si : Über die Sorge für das gemeinsame Haus: Ante-Matiere. 2016.

[Pol14]   Polke-Majewski, K.; Faigle, P. (2014): Das Kongo-Dilemma. Zeit-online. (Hrsg.) 2014. https://www.zeit.de/wirtschaft/2014-06/kongo-bergbau-konfliktmineralien-dodd-frank-act, zuletzt aktualisiert am 12.06.2014, zuletzt geprüft am 10.11.2022.

[Sch13]   Schlesinger, W. H.; Bernhardt, E. S.: Biogeochemistry. An analysis of global change. 3rd ed. 2013. Waltham, Mass: Academic Press. http://www.sciencedirect.com/science/book/9780123858740.

[Sil19]   Sillanpää, M.; Ncibi, C. : The circular economy. Casestudies about the transition from the linear economy. 2019. Elsevier Academic Press, London.

[Sim81]   Simon, J. L.; The ultimate resource. Princeton, NJ: 1981. Princeton Univ. Press (Princeton paperbacks economics). https://www.degruyter.com/document/doi/10.1515/9780691261201/html, zuletzt geprüft am 20.02.2025.

[Wil15]   Williams, M.; Zalasiewicz, J.; Haff, P. K.; Schwägerl, Chr.; Barnosky, A.D.; Ellis, E. C.: The Anthropocene biosphere. In: The Anthropocene Review 2 (3), 2015, S. 196–219. DOI:https://doi.org/10.1177/2053019615591020.

[ZEIT14]   zeit-online (Hg.) (2014): Schlachthof : Fleischindustrie beutet osteuropäische Arbeiter systematisch aus. https://www.zeit.de/wirtschaft/2014-12/schlachthof-fleischindustrie-arbeiter-osteuropa-ausbeutung, zuletzt aktualisiert am 10.12.2014, zuletzt geprüft am 12.07.2025.

Zukunftsfähigkeit des Waldes durch Baumartenwahl

9

Werner Hartmann

Die jetzige Situation des Waldes wird u. a. durch die vielen trockenen und warmen Jahre in den vergangenen 8 Jahre nach dem Sturm „Friederike" (18.01.2018) geprägt. Dies führte dazu, dass viele Bäume abstarben oder krank wurden. Am deutlichsten war dies bei der Fichte zu sehen. Im östlichen Westfalen starben bis zu 90 % der älteren Fichten durch Trockenheit und Borkenkäferbefall ab.

Aber nicht nur die Fichte war betroffen. Fast alle Laub- und Nadelbäume zeigten Schäden durch Trockenheit und Rekordtemperaturen. Die am häufigsten vorkommende Baumart in Ostwestfalen, die Buche, zeigte schwere Trockenschäden. Besonders auffällig waren diese Trockenschäden bei den älteren Buchen. Trockene Starkäste, geringe Belaubung, Pilzbefall und komplett abgestorbene Bäume konnten beobachtet werden. Fast alle anderen Baumarten haben auch gelitten.

Die Schadenshöhe bei allen Baumarten ist abhängig vom jeweiligen Standort der Bäume. Gut mit Wasser versorgte Standorte, wie zum Beispiel Talauen zeigten geringe Schäden. Flachgründige Standorte mit wenig Bodenauflage und geringem Wasserspeichervermögen dagegen wiesen große Trockenschäden bis zum Totalausfall auf.

Der beschriebene Ausfall fast aller Fichten in Ostwestfalen sorgte nach der Räumung der Flächen für riesige Kahlflächen. Bei jeder einzelnen Kahlfläche muss entschieden werden, was in Zukunft mit ihr geschieht. Diese Entscheidung trifft der Waldbesitzer. Wie sind die Waldbesitzer in den letzten 8 Jahren vorgegangen?

W. Hartmann (✉)
Brakel, Deutschland
E-Mail: wernerhartmann1@gmx.net

J. Dohmann (Hrsg.), *Umweltimpulse – 19 Wege in eine lebenswerte Zukunft*, SDG - Forschung, Konzepte, Lösungsansätze zur Nachhaltigkeit, https://doi.org/10.1007/978-3-662-72198-8_9

Der Waldbesitzer hat die gesetzliche Verpflichtung diese Kahlflächen wieder zu bewalden. Eine Möglichkeit ist es, die Kräfte der Natur für sich arbeiten zu lassen und gar nichts zu tun. Auf sehr vielen Flächen, auf denen keine weiteren forstlichen Maßnahmen erfolgen, entsteht ein sogenannter Pionierwald. Hier sind vielfach Birken und Fichten aus Naturverjüngung zu finden. Fichte deshalb, weil große Mengen Fichtensamen aus dem Vorbestand auf der Fläche vorhanden sind und die Birken deshalb, weil sich der leichte Samen durch den Wind gut verbreiten kann. Theoretisch sollten sich noch viele andere Baum- und Straucharten in der Verjüngung finden. In der Praxis aber dezimiert das Schalenwild (Rehe, Hirsche) die Baumarten auf die Birken und Fichten. Je nach Höhe der Wildbestände sind aber auch fast baumlose Kahlflächen mit Gräsern und Brombeeren zu finden. Ein artenreicher Wald entsteht so nicht.

Ein weiterer großer Nachteil des „Nichtstun" ist, das man mit der Baumart Fichte eine Baumart auf die Fläche bekommt, die erstens nicht standortgerecht ist und zweitens bei den nächsten Trockenjahren oder bei den nächsten Stürmen wieder ausfallen könnte. Eine langfristige Lösung ist die Fichte nicht. Das Risiko wieder großflächig auf die Fichte zu setzen ist den ostwestfälischen Waldbesitzern einfach zu groß. Deshalb wird sie so gut wie gar nicht mehr aktiv gepflanzt.

Das „Nichtstun" hat aber auch Vorteile. Erstens ist es sehr kostengünstig, weil keine Pflanzkosten entstehen. Zweitens erhöht es unter Umständen die Baumartenvielfalt. Drittens ist der Waldboden bedeckt (Bodenschutz, Wasserschutz, Erosionsschutz). Viertens: Birken lassen sich als Vorwald für nachfolgende Baumarten nutzen. Aufgrund dieser Vorteile gehört das „Nichtstun" zu den normalen forstlichen Werkzeugen. Es wird freundlicherweise im Forst „Abwarten" genannt. Geschätzt 25–35 % der Kahlflächen werden auf diese Weise teilweise oder ganz wiederbewaldet. Häufig wird eine vorhandene Naturverjüngung mit den anderen gewünschten Baumarten ergänzt.

Welche Art der Wiederbewaldung gewählt wird, hängt auch von der Waldbesitzart ab. Die Waldbesitzer kann man grob in drei Gruppen einteilen:

- Privatwald. Dieser stellt mit 44 % der deutschen Waldfläche den größten Teil.
- Kommunalwald
- Staatswald

Je nach Waldbesitzart sind auch die Ansprüche an den Wald sehr unterschiedlich. Grundsätzlich erfüllen alle drei Waldbesitzarten drei Funktionen. Dies sind die Nutzfunktion, die Schutzfunktion und schließlich die Erholungsfunktion. Prinzipiell erfüllen alle drei Waldbesitzarten die drei Waldfunktionen, allerdings ist die Gewichtung sehr unterschiedlich. So ist z. B. im Kommunalwald die Erholungsfunktion häufig am wichtigsten. Dies führt dazu, dass auch die Baumartenwahl für einen zukünftigen Wald sehr unterschiedlich ausfallen wird. In Naturschutzgebieten z. B. bestimmt die Naturschutzgebietsverordnung, welche Baumarten gepflanzt werden dürfen. Nicht heimische Baumarten wie Douglasie, Küstentanne, Roteiche sind dort meist nicht erlaubt, was die Baumartenauswahl einschränkt. Im Nutzwald hingegen haben sich diese drei Baumarten als relativ sturmfest und trockenheitsunempfindlich erwiesen und werden auch empfohlen.

Noch wesentlich komplizierter wird die Baumartenwahl, wenn man die forstlichen Standorte betrachtet. In NRW gibt es mehr als 70 Standorttypen mit der jeweiligen Baumartenempfehlung. Diese verschiedenen Standorte unterscheiden sich in Bodenart (Sand, Ton, Lehm), Bodentyp (Braunerde, Aueböden), Wasserversorgung, Nährstoffversorgung , pH-Wert, Wasserspeicherkapazität, Hangneigung, Exposition u. v. a. Die Baumarten müssen auf den Standort passen. Dies ist eine der wichtigsten forstlichen Grundlagen. Von allen Kriterien, die bei der Baumartenauswahl eine Rolle spielen, ist die standortsgerechte Baumartenauswahl die wichtigste. Fehler sollten aufgrund der Langfristigkeit der Entscheidung unbedingt vermieden werden. Bäume die heute gepflanzt werden sollen alt werden können. Bei den Eichen kann dies einem Zeitraum von 250 Jahren entsprechen, für Buchen ist 150 Jahre ein normales Alter.

Die Standortsfaktoren ändern sich. Es sind in den letzten Jahrzehnten höhere Temperaturen zu beobachten. Dies geht einher mit immer längeren Trockenphasen gerade im Sommer. Dies führt zu einer Veränderung der Waldökosysteme. Mit höheren Durchschnittstemperaturen verlängert sich die Vegetationsdauer und damit steigert sich auch der Wasserverbrauch der Bäume. Tendenziell werden aber die Niederschlagsmengen in der Vegetationszeit zurückgehen. Wie das Klima sich in Zukunft entwickeln wird, wissen wir nicht genau. Hier helfen Prognosemodelle. In diesem Fall das Modell der Lanuv NRW 2016b. Dies Modell basiert auf Klimadaten der letzten 150 Jahre. Die Durchschnittstemperaturen sind in diesem Zeitraum um 1,5 K gestiegen. Für die Zukunft werden mehrere Szenarien betrachtet, die dann erhebliche Auswirkungen für die Baumartenauswahl haben werden. Im ersten Szenarium wird die nahe Zukunft bis 2050 betrachtet. Der prognostizierte Temperaturanstieg beträgt 1,1–1,2 K. Die Niederschlagsmengen werden um 0–12 % steigen. Im zweiten Szenarium wird der Zeitraum bis zum Jahr 2100 prognostiziert. Der Temperaturanstieg beträgt dann im günstigsten Fall 2,5 K, im ungünstigsten Fall aber schon 3,4 K. Die Niederschlagsmengen werden in diesem Zeitraum um 1–25 % steigen.

Die Prognosen zeigen, dass sich die Temperaturen in den nächsten 25 Jahren fast so stark erhöhen werden wie in den 150 Jahren zuvor. Die wirklich starke Temperaturerhöhung findet in den letzten 50 Jahren des Jahrhunderts statt. Die prognostizierte Erhöhung der Niederschlagsmengen wirkt beruhigend, bezieht sich aber auf Jahressicht. Für die Bäume ist die Regenmenge in der Vegetationszeit entscheidend. Für den Sommer werden sich die Niederschläge bis 2050 von − 7,5–17 % im Vergleich zu den heutigen Werten verändern. Die Prognose der Niederschlagsentwicklung ist sicherlich schwierig.

Was passiert, wenn die Prognosen sich als richtig erweisen sollten, konnte in den letzten Jahren beobachtet werden. Beginnend mit den beiden extrem warmen und trockenen Jahren 2018 und 2019 bis zum Frühjahr 2025 mit starker Dürre. Einige Sommer in diesem Zeitraum mit Rekordtemperaturen und Regendefizit entsprachen den prognostizierten Bedingungen des Jahres 2100 relativ genau. Wir können uns also sehr gut vorstellen was in 80 Jahren normal sein wird.

Seit 2018 bis heute haben sich durch die extremen Wetterbedingungen im Wald gewaltige Veränderungen ergeben. Sie sind für jedermann gut sichtbar. In NRW sind durch den großflächigen Ausfall der Fichte ca. 140.000 ha Kahlflächen entstanden. Bei fast allen anderen Baumarten konnte Anzeichen von großen Trockenstress beobachtet werden. Die Bäume bilden weniger Laub/Nadeln, wiesen viele trockene Äste auf, abgestorbene Baumkronen, sehr früher Laub-und Nadelabfall, Insekten und Pilzbefall , abgestorbene Feinwurzeln und viele abgestorbene Bäume waren zu beobachten. Die Bäume waren zum Teil so geschwächt, das sie sich nicht mehr gegen Pilze und Insekten wehren konnten. Der größte Teil der Fichten ist dem Borkenkäfer zum Opfer gefallen. Die in Ostwestfalen am häufigsten vorkommende Buche wurde, besonders auf wenig gut wasserversorgten Standorten, ebenfalls stark geschädigt. Hier sind insbesondere bei sehr alten Buchen flächige Totalausfälle und viele Buchen mit abgestorbenen Kronen gefunden worden. Diese Erkenntnisse sind für die zukünftige Baumartenwahl auf diesen Standorten von großer Bedeutung. Den nur die Baumarten, die auf diesen Standorten mit wenig Wasser nicht so große Probleme haben, sind anbauwürdig. Hierzu gehören Traubeneiche, Kiefer, Schwarzkiefer, Robinie und Birke.

Grundsätzlich gilt, dass verschiedene Baumarten in Mischung gepflanzt werden sollen. Wünschenswert und in der Praxis auch oft so durchgeführt sind mindestens 4 verschiedene Baumarten, die dann gruppenweise gepflanzt werden. Mit der Naturverjüngung zusammen sind dann oft mehr als 7 verschiedene Baumarten auf der Fläche zu finden. Die Wahrscheinlichkeit das mindestens 1–2 Baumarten bei extremen Bedingungen überleben werden ist groß. Welche Baumarten es am Ende sein werden, ist auch für uns Förster schwer vorherzusagen. Die Baumartenwahl für unterschiedliche Standorte ist seit langen das am häufigsten diskutierte Thema. Die Meinungen gehen weit auseinander. Darüber, dass sich die forstlichen Standorte verändern, ist man sich weitgehend einig. Die Vielfältigkeit der Lösungen beim notwendigen Waldumbau in der Praxis ist beindruckend. Wichtig ist aus meiner Sicht, dass nicht alle das gleiche machen.

Die am häufigsten gepflanzten Baumarten der letzten Jahre sind Buche, Eiche, Douglasie und Lärche. Weitere Baumarten sind Bergahorn, Spitzahorn Hainbuche, Vogelkirsche, Linde, Walnuss, Esskastanie, Roteiche, Küstentanne, Weißtanne, Kiefer, Lebensbaum und viele andere. Es werden in kleinen Mengen auch sogenannte „Exoten" angebaut. Dies sind z. B. Atlaszeder, Libanonzeder, Mammutbäume, Scheinzypressen, Baumhasel und viele andere. Sie erhöhen die Artenvielfalt, werden auf speziellen Standorten eingesetzt und dienen dazu Erfahrungen zu sammeln. Die bisher gesammelten Erfahrungen mit vielen dieser Baumarten sprechen allerdings nicht für eine Intensivierung des Anbaues.

Die Baumarten für die prognostizierten Verhältnisse des Jahres 2100 müssen den höheren Temperaturen, der verlängerten Vegetationsdauer und dem tendenziell weniger werdenden Wasser im Sommer trotzen. Dies sind Verhältnisse, wie man sie heute am Mittelmeer findet. Die meisten der dort angebauten Baumarten sind für den Anbau bei uns nicht geeignet, da ihnen oft die nötige Frosthärte fehlt. Baumarten wie Esskastanie und Walnuss werden bei uns in geschützten wärmerem Lagen angebaut, Spätfröste mögen sie nicht. Bewährt hat sich die Schwarzkiefer. Sie wird seit Jahrzehnten auf trockenen Standorten bei uns angebaut. Potenziell sind auch Atlaszeder und Libanonzeder gut geeignet.

Die meisten bisherigen Erkenntnisse für die Baumartenwahl beziehen sich auf die Wiederbewaldung der ca. 130.000 ha Kahlfläche in NRW. Diese 130.000 Ha sind von der Gesamtwaldfläche von ca. 935.000 ha nur 14 %. Der Rest des Waldes unterliegt aber auch den Veränderungen der Standorte. In den vorhandenen jungen bis alten Waldbeständen gilt es ebenso, das gemischte Bestände entwickelt werden müssen. Das Ziel, gemischte Bestände zu entwickeln ist nichts Neues. Seit Jahrzehnten wird dies bereits praktiziert. Hierzu gibt es eine Vielzahl von Möglichkeiten. Eine einfache Art ist zum Beispiel junge Buchen unter alten Fichten zu pflanzen. Eine andere Möglichkeit ist es, vorhandene Mischbaumarten gezielt zu fördern indem man störende Nachbarbäume entfernt. Dieser Baum kann alt werden und mit seinen Samen eine immer weitere Anreicherung des Bestandes erreichen.

Eine andere Möglichkeit gemischte Bestände zu erzeugen ist die fortwährende Entmischung zu stoppen. Zum einen erfolgt eine Entmischung durch das Schalenwild. Diese fressen die Terminalknospen von seltenen Mischbaumarten mit Vorliebe. Der Vergleich mit geschützten Pflanzen im Zaun und ungeschützten Pflanzen außerhalb bringt einen zum Staunen. Im Zaun finden sich teilweise 10 Baumarten, außerhalb je nach Höhe des Wildbestandes 1–2. Ein angepasster Wildbestand schützt vor einer Entmischung.

Eine andere Form von Entmischung findet u. a. in Buchenbeständen statt. Die Buchen sind sehr dominant im Wuchsverhalten. Andere Baumarten haben neben ihr langfristig kaum eine Chance. Es bilden sich in alten Buchenbeständen fast immer Reinbestände (Monokultur ist negativ konnotiert, ist aber das gleiche) mit fast ausschließlich Buche. Um dies zu verhindern werden in der Buche regelmäßig Durchforstungen durchgeführt. Das dichte Kronendach wird dadurch durchlässiger für das Licht und andere lichtliebende Baumarten haben so eine Chance sich zu etablieren. Das anfangs propagierte Abwarten (Nichtstun) und die Kräfte der Natur arbeiten zu lassen, führt bei der Buche leider nicht zum Ziel.

Hat man jetzt mit viel Mühe einen gemischten Bestand etablieren können, muss laufend darauf geachtet werden, dass dieser auch gemischt bleibt. Jede Baumart hat unterschiedliche Wuchsdynamiken. Lichtbaumarten wie z. B. die Lärche erreichen in 4 Jahren über 2 m Höhe. Eine Buche erreicht manchmal nur die halbe Höhe. Wenn dann, was häufig vorkommt, noch Birkensamen die Pflanzflächen erreichen und zehntausendfach aus dem Boden sprießen ist aktives Handeln gefragt. Die Birken würden die jungen Bäume überwachsen und der Bestand würde nach wenigen Jahren überwiegend aus Birken bestehen. Einen gemischten Bestand zu erzeugen ist leichter als ihn langfristig zu erhalten. Dies ist nur mit ausgebildeten Personal möglich.

Im deutschen Wald des Jahres 2100 werden die jetzigen drei Hauptbaumarten Fichte, Kiefer und die Buche immer noch den größten Anteil am Gesamtwald haben. Ihr Anteil wird aber geringer sein als 2025. Ursache ist die nicht aufhaltbare Standortsveränderung. Andere Baumarten wie z. B. die Douglasie werden einen größeren Anteil haben. Die Douglasie wird aber sicherlich nie die Fichte mit einem ehemaligen Flächenanteil von ca.

30 % in NRW erreichen. Der Wald wird bunter, baumartenreicher und hoffentlich auch stabiler als heute. Ein Fast-Totalausfall einer Baumart, so wie wir es bei der Fichte gesehen haben, wird auch in Zukunft passieren. Die Auswirkungen dieser potenziellen Ausfälle sollten aber nicht mehr so gravierend sein, wie wir es gerade erleben.

Das allgemeine Ziel für Waldbau ist die Entwicklung standortgerechter und gemischter Bestände. Diese Mischbestände sind widerstandsfähiger gegenüber den sich verändernden Standsortsverhältnissen. Diese Erkenntnis ist den meisten Waldbesitzern bekannt und wird in der Praxis auch umgesetzt. Die Zukunftsfähigkeit des Waldes ist eng mit der Baumartenwahl verbunden.

Hrsg.: Zur Zielsetzung, warum Bäume angepflanzt werden sollen, hat sich in den letzten 80 Jahren ein Paradigmenwechsel vollzogen. Zu Beginn dieser Zeitspanne lag der Fokus darauf, möglichst schnell an gutes Bauholz zu kommen. Der Bestand an Bauholz war bereits kurz vor dieser Zeitspanne ins Hintertreffen geraten. Bei der Wiederaufforstung der Wälder war die Fichte die bevorzugte Baumart. Aber wie sich sehr viel später herausstellte war dies nicht die beste Wahl. Vor allem nicht in der Anbauform „Monokultur". Ende der 1970er-Jahre traten dann erhebliche Waldschäden auf. Ursache war der sogenannte „saure Regen". Schwefeldioxid aus der Kohlenutzung in Kraftwerken verbindet sich mit Wasser aus der Atmosphäre zu schwefeliger Säure, einem Baumgift. Dies wirkte sich sehr nachteilig auf die weit verbreiteten Fichtenmonokulturen aus. In dieser Zeit wurde der Begriff Waldsterben geprägt. Das Problem ist allerdings durch große Anstrengungen gelöst worden: Die Kraftwerke bekamen Entschwefelungsanlagen, der Regen war anschließend nicht mehr sauer. Jetzt gibt es wieder ein Baumsterben. Der aktuelle Waldschadensbericht offenbart, dass 4 von 5 Bäumen gesundheitliche Beeinträchtigungen haben. Die Ursache liegt heute anders als in den 1970er-Jahren – in den Kapiteln 9 und 10 wird dies erklärt. Es liegt an der Kombination aus hohen Temperaturen, einer Zunahme der Spitzengeschwindigkeiten des Windes und der größer gewordenen Dauer der Dürrephasen. Die verschiedenen Baumarten kommen an ihren Standorten mit diesen Bedingungen verschieden – man muss sagen – schlecht zurecht. Die Fichte scheidet je nach Standort oftmals aus der Gruppe geeigneter Baumarten aus. Überspitzt gesagt liegt der Fokus bei der Wahl der Bäume heute darin, überhaupt Bäume im Wald zu haben, die mit den heutigen und zukünftigen klimatischen Anforderungen zurecht zu kommen. Die Förster halten professionell Ausschau nach besser geeigneten Arten. Das vorliegende Kapitel 9 berichtet davon. Wir können es als Vorteil betrachten, dass es den mediterranen Süden gibt. Dort herrschen heute bereits genau jene Bedingungen, die uns hier voraussichtlich in wenigen Jahrzehnten erwarten. Es ist Zeit, sich die Vegetation dort anzusehen. Es ist Zeit hinzufahren, um dort etwas über unsere Zukunft zu erlernen und unser Wissen über exotische Bäume zu erweitern.

Wasser im Wald 10

Gebhard Schüler

Eine der größten Herausforderungen des Wald- und Wassermanagements in unserer Zeit ist die permanente Anpassung der Waldwirtschaft und ihrer zu erbringenden Ökosystemdienstleistungen an einen sich dynamisch entwickelnden Klimawandel mit unkalkulierbaren Wetterextremen. Hitze, Dürre und Starkregen kennzeichnen zur Zeit das Wettergeschehen und werden in Zukunft weiter zunehmen. Wälder und ihre Bewirtschaftung werden in besonderem Maße betroffen sein, denn die Vitalität von Wäldern hängt einerseits unmittelbar vom Klima ab, andererseits sollen die Wälder Ökosystemdienstleistungen zur Risikovorsorge gegen Sturzfluten und Hochwasser und zur Grundwasserneubildung für eine nachhaltige Trink- und Brauchwasserversorgung erbringen.

10.1 Ausgangssituation

Das westeuropäische Klima, war noch bis zur letzten Jahrtausendwende durch gemäßigte Sommer und ausgeglichene jährliche Niederschlagsmengen gekennzeichnet. Mit der klimawandelbedingten Temperaturerhöhung kam es jedoch in den letzten 25 Jahren, ins-

---

Waldbewirtschaftung gegen die Entstehung von Sturzfluten, zur Unterstützung der Wasserversorgung der Wälder und für eine nachhaltige Grundwasserneubildung

---

G. Schüler (✉)
Trippstadt, Deutschland

© Der/die Autor(en), exklusiv lizenziert an Springer-Verlag GmbH, DE, ein Teil von Springer Nature 2026
J. Dohmann (Hrsg.), *Umweltimpulse – 19 Wege in eine lebenswerte Zukunft*, SDG - Forschung, Konzepte, Lösungsansätze zur Nachhaltigkeit, https://doi.org/10.1007/978-3-662-72198-8_10

besondere in den Trockenjahren 2003, 2018 bis 2020 und 2022 zu längeren Trockenperioden innerhalb der Vegetationsperioden mit negativen Folgen für die klimatische Wasserbilanz in den Waldgebieten. Die Kombination aus höheren Lufttemperaturen und Trockenperioden erhöhte die potenzielle Evapotranspiration. Im Zuge dieser Entwicklung sind die Infiltrationsraten für Sickerwasser und infolge dessen der Bodenwassergehalt permanent zurückgegangen ([Rie21], https://www.ufz.de/index.php?de=37937). Selbst die Winterniederschläge haben nicht mehr ausgereicht, um das jeweilige Wasserdefizit der Vorjahre auszugleichen und die pflanzenverfügbare Feldkapazität der Böden aufzufüllen (https://www.kwis-rlp.de/daten-und-fakten/waldklimastationen-umweltkontrollstationen/bodenfeuchte-smt100/).

Damit haben auch die Grundwasserneubildungsraten regional unterschiedlich stark um bis zu 25 %, zum Teil um 40 % signifikant abgenommen (z. B. [Mül22]). Zunehmend häufiger, auch unter der Berücksichtigung pessimistischer und optimistischer Klimaprojektionen (RCP2.6 und RCP8.5), treten in den Sommermonaten auch immer öfter stabile, sogenannte Omega-Wetterlagen mit anhaltenden Trockenperioden oder mit konvektiven Niederschlagsereignissen und Starkregen auf, die insbesondere, wenn sie längere Zeit an einem Ort niedergehen, vermehrten Oberflächenabfluss, Erosionen und Sturzfluten, z. T. sogar Erdrutsche und menschengefährdende Überschwemmungen zur Folge haben [Rei20], [Sch23b], (https://wasserportal.rlp-umwelt.de/servlet/is/10080/, http://www.kwis-rlp.de/en/daten-und-fakten/klimawandel-zukunft). An diese Gefährdungen müssen sich künftige Waldbewirtschaftungsmaßnahmen zum Wasserrückhalt unter Berücksichtigung der Risikovorsorge anpassen, um beschleunigten, anthropogen bedingten Wasserabfluss möglichst im Wald zurückzuhalten einerseits als Vorsorge gegenüber Hochwasser- und Sturzflutentstehung und andererseits zur Unterstützung der Wasserversorgung nicht nur der austrocknenden und dann waldbrandgefährdeten Wälder sondern insbesondere der Trink- und Brauchwasserversorgung über die Förderung der Grundwasserneubildung ([Mül22], [Sch07a], [Sch23b]). Daher muss möglichst jeglicher Oberflächenabfluss, bevor er richtig Fahrt aufnimmt, kontrolliert im Wald zurückgehalten werden, insbesondere aus von Menschen geschaffenen Infrastruktureinrichtungen, sodass das Wasser dort als Teil des naturnahen Wasserkreislaufes versickern oder sich in bereitgestellten Retentionsräumen verteilen kann. Der signifikante Einfluss menschlicher Aktivitäten auf wasserbezogene Waldfunktionen, macht also die Auseinandersetzung und Überprüfung der waldwirtschaftlichen Eingriffe im Hinblick auf die Erbringung von wasserbezogenen Ökosystemdienstleistungen (ÖSDL) des Waldes unabdingbar ([Sch21], [Sch23c], [Sch24]).

10.2 Management der regulativen Ökosystemdienstleistungen „Wald für Wasser"

Regional herunterskalierte Klimaprojektionen sind mit vielen Unsicherheitsquellen durch die unterschiedlichen Emissionsszenarien, die gewählten Konfigurationen der Klima-Modelle, die interne Klimavariabilität auf verschiedenen Skalen und die regionalen Klima-

Downscaling-Methoden behaftet [Knu11]. Daher bedarf es eines konkreten und gleichzeitig effizienten Managements der ÖSDL des Waldes für die kostbare und endliche Resource „Wasser". Insbesondere vier Prinzipien müssen daher dem künftigen nachhaltigen Waldmanagement zugrunde gelegt werden [Sch23c]:

1. Es sollten nur Entscheidungen getroffen werden, die später nicht zu Nachteilen führen, das sind **„Decisions of No-Regret"**.
2. Wegen der großen Unsicherheitsspanne der Zukunftsprojektionen muss allen Entscheidungen das **Prinzip der Risikostreuung** zu Grunde gelegt werden.
3. Da das Management von Wasser – Wasserreserven, Wasserversorgung, und Gefahren durch Wasser – in alle Bereiche des menschlichen Lebens und in die Existenz der Natur und der Erde, so wie wir sie kennen, eingreift, muss diesem Management **eine holistische Betrachtungsweise** zugrunde gelegt werden.
4. Es gilt auch bei allen Maßnahmen zur Stabilisierung des Wasserhaushaltes das **„Eiserne Gesetz des Örtlichen"**.

Unter der Beachtung der vorgenannten Prinzipien müssen beim Wasser- und Waldmanagement alle natur- und geländebedingten Möglichkeiten ausgenutzt werden, um nicht-natürlichen Abfluss zu verhindern und eine hohe Effizienz beim Wasserrückhalt zur Risikovorsorge gegen Sturzfluten, zur Förderung der Versickerung zur Grundwasserneubildung und zur Erhaltung des Kleinklimas zu erreichen. Dabei müssen Abfluss-Spitzen durch ein entsprechendes Wassermanagement bei der Waldbewirtschaftung gebrochen und verzögert werden ([Sch06], [Sch07b]).

Wassermanagement im Wald bedeutet [Sch23c]:

- naturnaher und klimaangepasster Waldbau
- unbedingter Bodenschutz
- kein unkontrollierter Wasserabfluss an Waldwegen, Rückegassen, und in Gräben
- bodenschonender Einsatz schwerer Forstmaschinen bis hin zum Verzicht auf den Maschineneinsatz
- Bach- und Flussauen dienen vorrangig dem durch die Fließgewässer geprägten Wasserhaushalt
- Wald kann sich in Retentionsräumen zum „Schwamm-Wald" entwickeln.

10.2.1 Waldbau

Waldbaulich dienen dauerwaldartige, gut strukturierte, ökologisch stabile, naturnahe, möglichst standortsangepasste und klimaresiliente Wald-Mischbestände den ÖSDL Wald für Wasser am besten. Wälder mit vertikal strukturiertem Kronendach brechen die Niederschlagsenergie im Kronenraum und gewährleisten zusammen mit günstigen Bodeneigenschaften ein substratabhängiges Wasserrückhaltevermögen und über eine nachhaltige Infiltration und Tiefensickerung einen Beitrag zur Grundwasserneubildung ([Bot02], [Pec96], [Sch02], [Sch06], [Sch23c]). Waldbestände aus winterkahlen Laubbäumen ermöglichen im Winter einen besseren Wasserzutritt zum Waldboden, und sie erlauben wegen der verminderten Interzeption außerhalb der Vegetationsperiode eine höhere Grundwasserneubildungsrate. Kahllagen, Kalamitäts- oder Katastrophenflächen sollten möglichst zeitnah wiederbestockt werden unter Ausnutzung der natürlichen Sukzession. Labile Waldbestände sind im Voraus junge Pflanzen zu unterbauen bzw. zu verjüngen, um ggf. im Katastrophen- oder Kalamitätsfall bereits einen Grundbestand an Vegetation zu haben und um rasch in eine initiale Wiederbewaldungsphase einzutreten (siehe Abb. 10.1).

Dabei muss auf schattenertragende Baumarten zurückgegriffen werden. Das sind im Wesentlichen die Buche und die Weißtanne. Beide Baumarten sind allerdings nicht unproblematisch im Hinblick auf den Klimawandel. So wurden Buchen infolge der letzten trockenen Jahre geschädigt. Allerdings waren eher starke, u. U. durch die waldbauliche Behandlung vorbelastete Altbuchen und nicht die Buchenverjüngung betroffen (siehe Abb. 10.2).

Für die Weißtanne spricht, dass sie durch die genetische Veranlagung zur Ausbildung eines Pfahlwurzelsystems [Kös68] befähigt ist, auch tiefere Waldbodenbereiche zu erschließen, und somit selbst unter schwierigen atmosphärischen Bedingungen ausreichend Wasser aus Boden und Gesteinsklüften zur Eigenversorgung erschließen kann. Gegen die Weißtanne als resiliente Baumart im Klimawandels sprechen allerdings alte Beobachtungen und Untersuchungen zur Vitalitätsminderung in Trocken- und Dürreperioden [May24], [Sch82], [Wac79], [Wie25].

Abb. 10.1 Unterbau von Buchen unter einem Waldbestand

Abb. 10.2 Geschädigte Altbuchen infolge des angespannten Wasserhaushaltes im Klimawandel

10.2.1.1 Baumarten und Waldgesellschaften unter den Bedingungen des Klimawandels

Der Klimawandel wird die (Über)-Lebensbedingungen der Wälder entscheidend beeinflussen [Gar07]. Während Trockenheit und/oder höhere Temperaturen einerseits die Waldvitalität vermindern [Big06], [Bred06], [Raf02], verlängern höhere Temperaturen anderseits die Vegetationsperiode [Chm01] und damit auch die Zeit für Assimilation und Verdunstung [Lan20b], was einen stärkeren jährlichen Wasserverbrauch durch die Waldbestände bedeutet.

Erhöhte Temperaturen und Trockenstress beeinflussen damit die Abundanzdynamik innerhalb von Waldpflanzengesellschaften und die künftige Artenverteilung [Sou13] bei Baumarten mit ähnlichen Standortsansprüchen. Die Hauptbaumarten unserer Wälder in Deutschland, also Rotbuchen, Stiel- und Traubeneichen, Kiefern, Fichten, Europäische Lärchen und auch die bereits etablierten Douglasien weisen entsprechend ihrer Empfindlichkeit gegenüber Klimaveränderungen sehr unterschiedliche ökologische Amplituden im Hinblick auf deren Klimaresilienz, sowie die Produktivität der Holz- und Biomasseerzeugung auf.

Neben der baumartspezifischen Klimatoleranz und -resilienz kann aber auch eine waldbaulich angepasste Behandlung Trockenstress steuern. So nimmt die Evapotranspiration zunächst mit der Stärke von Durchforstungseingriffen ab. Aber bei stärkeren Durchforstungseingriffen mit Unterbrechung eines geschlossenen Kronendaches steigt die Gesamtverdunstung wieder wegen der durch die zunehmende Strahlungsenergie und der größeren Windbewegung erhöhten Evapotranspiration auch in der dann, wegen zu-

nehmendem Lichtgenuss, üppigeren Waldbodenvegetation und am Waldboden an. Nach
Regenfällen wäre in Bestandeslücken eigentlich eine höhere Bodenfeuchte durch eine geringere Interzeption zu erwarten, aber auf Kahlflächen oder unter sehr stark aufgelichtetem
Kronendach erfolgt eine besonders starke Austrocknung [Mit71], da insbesondere auch in
vergrasten Bestandeslücken der oberen Bodenschicht mehr Feuchtigkeit entzogen wird
[Bau79], [Ott94], [Pec96]. Während die potenzielle Evapotranspiration in Perioden mit
stark erhöhter Temperatur ansteigt, kann aber die aktuelle Evapotranspiraton von isohydri-
schen Wäldern in Trockenperioden aufgrund der Stomataregulierung der Bäume sogar zurückgehen. Der Wald hat also eine wichtige ausgleichende Funktion für den Wasserhaushalt, indem er die Verdunstung während Trockenperioden einschränkt. Wenn Trockenperioden allerdings lange anhalten, sich wiederholen und wenn insgesamt über Jahre
hinweg weniger Niederschlag fällt und wegen höherer Temperaturen mehr Wasser verdunstet, können selbst Waldstandorte mit hohen nutzbaren Feldkapazitäten austrocknen.

Kann Wasser längerfristig nicht aus dem Boden in die Wurzel nachgeliefert werden,
weil das Boden-Matrixpotenzial sich einem kritischen Wert annähert oder den sogenannten
permanenten Welkepunkt im Boden sogar überschreitet, so besteht bei einer unserer wichtigsten Baumart, der Buche, die Gefahr, dass ein Lufteintritt eine Embolie in den xylem-
saftführenden Leitungsbahnen verursacht [Oer93]. Die Wahrscheinlichkeit des Auftretens
von Embolien in den Wasserleitgefäßen steigt je schneller der Baum wächst und je dicker
und je höher er ist, da dann die Leitgefäße weitlumiger und länger und damit embolie-
anfälliger werden [Sch24].

Embolien führen zu Trockenschäden in den Buchenkronen [Coc04], [Joh12],
[McD08], [Nar01], [Sch24], [Tom19], [Tyr02]. Diese Erkenntnis mag einen Hinweis auf
die waldbauliche Behandlung der Buche geben. Diese sollte sich in der Dimensionierungs-
phase an der Bestandesdynamik von natürlichen Buchenbeständen mit geschlossenem
Kronendach orientieren [Sch24]. Damit sind moderatere Freistellungseingriffe unter Erhaltung eines seitlichen Konkurrenzdruckes mit einem weniger schnellen Dicken-
wachstum angezeigt [Geß04]. Waldbauliche Strategien widersprechen dem Prinzip „**De-
cision of No-Regret“**, wenn sie alleine die Leistung und das Wachstum von Bäumen, wie
der Buche, unter warm-trockenen Bedingungen forcieren.

Man könnte meinen, dass bei starken Durchforstungen der reichlicher durchtropfende
Bestandesniederschlag einen möglichen Trockenstress durch ein höheres und vielleicht
ein länger andauerndes Wasserangebot im Boden entschärfen könne. Allerdings zeigten
Trockenexperimente gerade für Buchen auf vom Bestandesniederschlag abgeschirmten
Plots eine höhere Kavitationsresistenz, also eine geringere Embolieneigung, als Buchen
auf Standorten mit höherem Bestandesniederschlag [Deb01], [Mah04], [Tom17]. Dies wiederum lässt den Schluss zu, dass eine Buchennaturverjüngung, welche unter trockenen
Bedingungen aufwächst, eine höhere Kavitationsresistenz ausbilden kann. Buchen werden also auch unter Klimawandelbedingungen nicht zwingend aus den hiesigen Wäldern
verschwinden, wenn sie sich strukturell und/oder funktionell innerhalb ihrer Lebens-
spanne an die sich rasch verändernden Umweltbedingungen anpassen [Bei13], [Tai10]. Insbesondere bei natürlich verjüngten Buchen gibt es gute Chancen, dass sich wegen der

Spreite des genetischen Ausgangsmaterials bei hohen Pflanzenzahlen ausreichend Exemplare finden, die sich an die geänderten Temperatur- und Wasserhaushaltsbedingungen im Klimawandel anpassen können (**Prinzip der Risikostreuung**).

10.2.1.2 Verschiebung der natürlichen Verbreitungsgrenzen von Baumarten

Die oben beschriebenen hydraulischen Dysfunktionen beeinflussen die Abundanzdynamik innerhalb von Waldpflanzengesellschaften und damit die künftige Artenverteilung unter Klimawandelbedingungen [Sou13]. Die außergewöhnliche Trockenheit und Hitze in den Sommern 2018 bis 2020 und 2022 hat zum Beispiel die klimatische Anfälligkeit der Buche in ihrem „natürlichen" mitteleuropäischen Verbreitungsgebiet gezeigt [Hau20], [Sch20b], [Sch24]. Dort ist die Konkurrenzkraft der Buche gegenüber wärme- und trockenheitsangepassten Laubaumarten zurückgegangen (siehe Abb. 10.3) [Hoh20], [Pel01], [Raf02].

Die Buche ist dann nicht mehr in der Lage, ihre Konkurrenten durch Überkronung und Beschattung erfolgreich zu verdrängen [Hau20], [Hoh20]. Je intensiver sich der Klimawandel auswirkt desto stärker wird die Grenzlinie zwischen dominanten Buchen- und mehr wärmeaffinen Waldgesellschaften in höhere kühlere Lagen und in Regionen mit höheren Niederschlägen verschoben [Fri19], [Hoh20], [Mei19], [Met13], [Sch04]. So wird für planare und kolline Lagen ein vermehrtes Vorkommen von wärme- und trockenheitsangepassten oder sogar xerophilen Baumarten und in submontanen Lagen Eichen-dominierte Waldgesellschaften prognostiziert [Leu17]. Für Buchenwälder wurden bereits Arealverluste in Südwestdeutschland bestätigt und für planare und kolline Lagen Zwangsnutzungen und ein beschleunigte Verjüngungsvorgänge mit anderen wärmeangepassten und weniger Trockenstress-empfindlichen Mischbaumarten diskutiert [Sch20a]. Damit hat eine wissenschaftliche Debatte über die Eignung der Buche als wichtigste Laubbaumart in bewirtschafteten Wäldern im atlantisch geprägten Mitteleuropa begonnen [Amm05]. Auch für Traubeneiche, Fichte, Waldkiefer und Lärche wurden Veränderungen in den potenziellen Verbreitungsgebieten prognostiziert [Köl07], [Vas13].

10.2.1.3 Ergänzende Baumarten zur Förderung der Anpassungsfähigkeit unserer Wälder im Klimastress

Bei der Suche nach Baumarten und Artenzusammensetzungen, die gegenüber dem prognostizierten Klimawandel resilient reagieren, darf es nicht darum gehen, den Waldbau flächendeckend auf „neue" Baumarten umzustellen. Das Baumartenspektrum zur Förderung der Anpassungsfähigkeit der Wälder im Klimastress kann jedoch ergänzt werden [Kle20], [Lan20a]. Es gibt bereits Erfahrungen mit „neuen" Baumarten, wie zum Beispiel mit der Esskastanie, die bereits von den Römern an Rhein und Mosel mitgebracht wurde. Auch die Silberlinde ist nicht unbekannt und verträgt sich mit Mischbaumarten wie verschiedenen Eichenarten (Stieleiche, Ungarische Eiche und Zerr-Eiche), Feldahorn, Hainbuche, Feldulme, Blumenesche und Wildbirne. Mit Wildobstarten, wie der Wildbirne gibt es aus der Nahtstelle zwischen Waldbau, Landschaftsbau und Landwirtschaft bereits Erfahrungen. Bei anderen Baumarten, wie Baumhasel, Zürgelbaum, Blau-

Abb. 10.3 Gestresste Altbuchen in Konkurrenz zu noch vitalen Traubeneichen

Glockenbaum oder Atlas-Zeder, die in Landschaften, z. B. dem Balkan, heimisch sind, deren heutiges Klima dem Klima ähnelt, dass Zukunftsprojektionen für unsere Landschaft als wahrscheinlich erachten, muss noch erprobt werden, ob sie sich unter den tatsächlich künftig zu erwartenden klimatischen Verhältnissen eignen, welche Ansprüche sie an die Standorte haben, wie sich ihre Wuchs- und Ökosystemleistungen gestalten, ob biotische oder abiotische Risiken eingegangen werden und ob sie Potenziale für Naturschutz und Biodiversität aufweisen. Daher sollten fremde Baumarten erst einmal nur punktwirksam und in überschaubaren und damit recht gut zu sichernden Einmischungsformen eingebracht werden.

10.2.2 Bodenschutz

Wälder mit einem vielfach strukturiertem Kronendach verhindern durch ihre schattenbringende und kühlende Wirkung, dass Böden austrocknen. Wenn sich organische Überzüge eng an austrocknende Bodenpartikel anlagern, werden Waldböden hydrophob und die Infiltration von Wasser in die Waldböden wird gehemmt. Dies geschieht insbesondere auch auf ausgehagerten Kahl- und Katastrophenflächen. Bei der Waldbewirtschaftung ist daher darauf zu achten, nicht zu stark in die Wälder einzugreifen und auf jeden Fall ein geschlossenes, schattenbringendes und kühlendes Kronendach zu erhalten.

Biologisch aktive und durch Befahrung unbelastete Böden besitzen ein wasseraufnehmendes primäres Porensystem [Mit71], [Sch84]. Dieses Porensystem ist durch umfangreiche Bodenschutzmaßnahmen vordringlich zu erhalten [Sch23c]. Böden dürfen daher, auch bei Aufräumungsarbeiten von Borkenkäferkalamitäten, nicht flächig befahren werden, um die dadurch bedingte Porenzerstörung zu verhindern.

Bei Holzerntemassnahmen sollte auch möglichst viel Totholz, Ast- und Reisigmaterial auf der Fläche verbleiben, welches den Oberflächenabfluss zumindest teilweise abbremsen kann. Besteht allerdings die Gefahr, dass stärkeres Totholz bei Starkregen in nahegelegene Bäche und Flüsse geschwemmt werden kann, so sollte dieses wegen möglicher Verklausungsgefahren an Brücken und ähnlichen Hindernissen bei und nach Sturzfluten aus der Fläche entfernt werden.

10.2.3 Walderschließung

Eine andere Maßnahmengruppe betrifft die Basiserschließung von Waldgebieten, also das Waldwege- und Rückegassennetz sowie alle potenziell wasserführenden Gräben [Bac07], [Lan18]. Gerade bei Starkniederschlägen steigt der Oberflächenabfluss in einem von Waldwegen erschlossenen und von Drainagegräben durchzogenen Gebiet extrem an. Der in die nächsten Wegebegleitgräben und Vorfluter fließende Oberflächenabfluss, birgt ein erhebliches Risiko, dass sich bei Extremniederschlägen Sturzfluten entwickeln können [Mül22].

Abb. 10.4 Wegerundprofil zur breitflächige Entwässerung von Oberflächenabfluss in den angrenzenden Wald

10.2.3.1 Forstlicher Wegebau

Ggf. sind nicht benötigte Wege aufzulassen und, wenn sie eine Wassersammelfunktion aufweisen, auch zurückzubauen. Beim Wegeneubau, oder überall dort, wo neue Wegestrukturen geschaffen werden, sind Einwirkungen auf das Grundwasser und die Wasserführung im Einzelfall zu prüfen [Lan18]. Voraussetzung für Waldwege, die dem Wasserrückhalt dienen, ist ein erhöhtes Wegerundprofil, welches – auch bei Gefälle – eine breitflächige Entwässerung in den angrenzenden Wald ermöglicht (siehe Abb. 10.4) [Lan18].

Auch ein einseitiges Wegequerprofil kann Wasser sehr effektiv vom Wegekörper flächig in den talseitigen Wald leiten. Diese Wege sind jedoch zeitweise bei Frost und Eis nicht befahrbar.

10.2.3.2 Entwässerungsgrabensysteme

Grundsätzlich sollte zur Disposition stehen, ob überhaupt tiefere wegebegleitende Gräben zur Entwässerung der Waldwegekörper benötigt werden, um eine ganzjährige Befahrung der Wege zu gewährleisten. Denn solche Gräben, insbesondere trapezförmige Wegebegleitgräben, können sehr viel Wasser aufnehmen, und damit konzentrieren sie den Oberflächenabfluss von Waldwegen und leiten diesen in Abflussspitzenwellen ab.

Fließendes Wasser auf der Bergseite der Wege lässt sich schonend und naturnah in breiten diagonalen Vertiefungen oder auch durch Furten über den dort zusätzlich befestigten Wege-

Abb. 10.5 Aufbau einer Wege-Entwässerungsrigole

körper auf die Talseite leiten und flächig im angrenzenden Waldbestand verteilen [Bac07]. Dann muss aber der Weg mit entsprechendem grobem Wegebaumaterial zusätzlich befestigt werden, um die Bildung von linearen Abfluss- und Erosionsrinnen zu verhindern.

Geradezu kontraproduktiv sind Wasserableitungen vom Berg- auf die Talseite durch Rohrdurchlässe unter den Wegekörpern, sogenannte Dolen. Denn diese konzentrieren rasch fließendes Oberflächenwasser in linearen Abflüssen oft auch mit rückschreitender Tiefenerosion in das Gelände und den Wegekörper.

Hydrologisch deutlich sinnvoller sind Wegeentwässerungs-Rigolen, die das Wasser durch den aus Grobschlag aufgebauten Wegeunterbau hindurchführen und dann hangabwärts breit im Wald versickern lassen (siehe Abb. 10.5).

Dazu wird im Wegebegleitgraben auf der Bergseite am vorgesehenen Einlass der Rigole eine einfache Sedimentationsmulde (Tiefe ca. 1,5 m, also tiefer als der Wege- und Rigolenunterbau!) angelegt. Das Weiterfließen des Wassers wird im bergseitigen Wegebegleitgraben durch eine Erdplombe mit Material aus dem Sedimentationsbecken verhindert. Die Rigole selbst sollte den Wegeverlauf in Richtung der Hangneigung diagonal schneiden und nicht im 90° Winkel aus dem Wegebegleitgraben abzweigen. Um das angesammelte Wasser aus dem Sedimentationsbecken durch den Wegeunterbau hindurchzuleiten und dann hangabwärts breit im Wald versickern lassen, wird der Wegekörper am Einlass auf einer Strecke von 5 bis 10 m Metern, und am Auslass 10 bis 20 m breit und einer Tiefe von bis zu einem Meter ausgebaggert und mit Grobschlag ohne feinere Korngrößen (50/100), bei hohem Wasserangebot auch mit Wasserbausteinen im Untergrund, aufgefüllt.

Darüber kann dann eine Tragdeckschicht aufgebracht werden, sofern diese Wege nicht nur als reine Maschinenwege benötigt werden. Bei reinen Maschinenwegen kann auf die Tragdeckschicht verzichtet werden.

Solche Entwässerungsrigolen entsprechen auch viel mehr dem natürlichen durch Interflow geprägten Bodenwasserhaushalt. In Feuchtgebieten, z. B. Hangmoorbereichen, die sehr stark vom Interflow geprägt sind, können auch ganze Wegekörper als Entwässerungsrigole ausgebaut werden, insbesondere wenn die Wege hangparallel angelegt wurden und damit den natürlichen Interflow auf großer Strecke unterbrochen haben.

10.2.3.3 Versickerungs- und Verdunstungsmulden

Zusätzlich können Versickerungs- und Verdunstungsmulden auf weniger durchlässigen Böden überschüssiges Wasser aus bergseitigen Spitzgräben aufnehmen. Solche bis 1 m tiefe und 3–6 m^3 Oberflächenwasser-fassende Mulden müssen jedoch in sehr kurzem Abstand angelegt werden, um deren Aufnahmekapazität nicht zu überschreiten. Da diese Mulden bei Starkregenereignissen überborden können, sollte nach Möglichkeit ein breitflächiger Überlauf in den angrenzenden Waldbestand angelegt werden. Solche Versickerungs- und Verdunstungsmulden bieten auch Lebensraum für an zeitweilig offene Wasserflächen angepasste Lebewesen.

10.2.3.4 Befahrung von Waldböden durch schwere Forstmaschinen

Grundsätzlich sollten Waldböden nicht flächig befahren werden, um eine flächige Bodenverdichtung und Schädigung des wasseraufnehmenden Bodenporensystems zu vermeiden [Hil02]. Selbst eine Befahrung von festen Linien, wie Maschinenwege und Rückegassen, mit schweren Forstmaschinen zur Holzernte und zum Vorliefern von Holz verursacht substratabhängig Oberflächenabflüsse, die sich örtlich und zeitlich zu Spitzenabflusswellen konzentrieren können [Mül22], da in den Fahrspuren die hydraulische Leitfähigkeit und damit die Wasserrückhaltefunktionen nachhaltig stark eingeschränkt sind [Kla16]. Man kann die Wassersammel- und –leitfunktion von Rückegassen unschwer erkennen, wenn

- die Bodenstruktur durch plastisches Bodenfließen verändert wird,
- in den Fahrspuren Wasser steht, und
- bei Erosionen in den Fahrlinien.

Gerade in Hanglagen ist damit die „technische" Befahrbarkeit von Rückegassen oft nicht mehr gegeben [Lan18].

Gravierend ist zudem, dass Maschinenwege und Rückegassen in einem Waldbestand in einem Netz von Linienstrukturen münden, welche meistens von Berg zu Tal führen, und das damit die Ursache von Spitzen-Abflusswellen ist.

Bei der Beibehaltung von hoch-mechanisierten Waldarbeiten ist daher immer die neueste bodenschonende Technik einzusetzen. Besteht dennoch die Gefahr von linienhaftem Oberflächenabfluss und von Erosion in stark geneigtem Gelände muss auf alternative Holzernte-

Abb. 10.6 Erprobung von Bodenschutzmatten zur Vermeidung von befahrungsbedingten Bodenschäden

und Rücketechniken, z. B. motor-manuelle Holzaufarbeitung und Seilkräne, oder Einsatz von Bodenschutzmatten (siehe Abb. 10.6), ausgewichen werden [Gau91], [Sie23].

Grundsätzlich sind nach jeder Holzernte- und bringung in einer gesonderten Maßnahme auf Rückegassen Spurgleise zu beseitigen und im hängigen Gelände Wasserrückleitungsvertiefungen diagonal durch die Rückegasse in den benachbarten Wald anzulegen, um so Erosionen oder Oberflächenabfluss zu vermeiden. Dies kann mit dem Polterschild eines Forstschleppers geschehen oder unter zusätzlichem Einsatz eines raupenbestückten Kleinbaggers [Sch23c].

10.2.4 Wasserrückhalt in Schwammwäldern

Da Hochwasserwellen auch in unbewirtschafteten Wäldern – in Abhängigkeit von den auslösenden meteorologischen Ereignissen und den Standortsbedingungen – entstehen können, und weil auch die beste Waldbewirtschaftung starke Abflusspeaks nicht verhindern kann, muss dem abfließenden Wasser Platz gegeben werden, wo es möglich ist.

10.2.4.1 Strukturgebende Bach- bzw. Flussrenaturierung

Abflusswellen müssen in ausreichend dimensionierte Retentionsräumen, wie Bachtäler und -auen, geleitet werden. Im Falle von Sturzfluten sollte sich der Oberflächenabfluss so

Abb. 10.7 Gelungenes Beispiel einer Renaturierung der zuvor kanalisierten Lauter in der Nordpfalz

verteilen können, dass Abflussspitzen gebrochen und zeitlich verzögert werden [Sar07], [Seg07]. Die natürliche Struktur von Waldbächen, Flüssen und Bach- wie Flussauen muss daher geschützt und gefördert werden (siehe Abb. 10.7). Damit können Auen als natürliche Retentionsräume für Oberflächenwasser wiederhergestellt werden.

Die Bepflanzung mit Weiden als Wellenbrecher und in Buhnen als Fließhindernis und Strömungslenker zur Unterstützung der Mäandrierung von Bächen und Flüssen ist eine biologisch-technische Maßnahme, um Täler und den Uferbereich von Fließgewässern als Retentionsraum zurückzugewinnen [Sch03]. Jedoch bedürfen renaturierende Maßnahmen an Fließgewässern einer wasserrechtlichen Genehmigung, auch wenn sie durch die EU-Wasserrahmenrichtlinie gefordert werden.

Waldwege in potenziellen Überschwemmungsgebieten und Bachauen schränken deren Retentionsvermögen ein. Wenn neue Straßen oder Waldwege entlang von Bach- und Flussläufen gebaut werden, sollten sie weit genug vom Fließgewässer entfernt sein, um einen Konflikt zwischen Aue und Wege- und Straßenbau zu vermeiden [Lan18]. Alte Wege entlang von Fließgewässern sind zu deaktivieren oder sogar zurückzubauen, um dem abfließenden Wasser während Hochwasserentstehungsphasen Raum in der Talsohle zu geben.

10.2.4.2 Künstlich angelegte Kleinretentionsräume in Verbindung mit Schwammwäldern

Gegen Oberflächenabflusswellen, die Sturzfluten auslösen können, zur Unterstützung der Wasserversickerung, zur Förderung der Grundwasserneubildung und zur Verdunstung für

Abb. 10.8 Sukzession zum Schwammwald im Kolbenwoog

ein kühleres Kleinklima, in Abhängigkeit der Geländemorphologie gezielt Retentionsräume [Sch23c] gefördert oder auch künstlich angelegt werden. Bewaldete Retentionsräume werden sich dann zu Schwammwäldern weiterentwickeln, wenn man der natürlichen Sukzession freien Lauf lässt (siehe Abb. 10.8).

Dazu duldet oder fördert man in den Schwammwaldarealen in Abhängigkeit der mikrostandörtlichen Geländereliefoberfläche eine Sukzession in der Baum- und Strauchartenzusammensetzung mit höheren Anteil aus überflutungstoleranten Baumarten, wie zum Beispiel Weiden, Schwarzerlen, verschiedenen Pappelarten, Amberbaum, und im Randbereich auch Felsenbirnen, Stieleichen, Gleditschien, oder Urweltmammutbäume.

Um dies zu erreichen, müssen kleinere Fließgewässer im Oberlauf an Strömungslenkern aus gut verankerten Stammbarrieren, wofür Lerchenholz im Übrigen sehr geeignet ist, oder auch mit entsprechenden Wehren in den Fließgewässern so gelenkt werden, dass sich überschießendes Wasser in natürlichen geländebedingten Auffangmulden zunächst beruhigt, bevor es sich wieder in das ursprüngliche Bach- oder Flussbett ergießt. Die Entwicklung von Schwammwäldern kann insbesondere auch in Talauen gefördert werden, in welchen zum Beispiel Wegedämme Fließgewässer kreuzen, oder wenn sich in Talauen ehemalige, aufgelassene Fischteiche aneinanderreihen [Mut01], [Wes04]. Gerade in engen Kerbtälern bietet es sich auch an, wiederholt standfeste Dämme als Querriegel Dämme in einem systematischen Abstand aufzubauen oder zu erhalten, um terrassenartig immer wieder neue Überflutungsbereiche entstehen zu lassen. Diese Überflutungsbereiche müssen sich allerdings über einen oder mehrere ungesteuerte Abläufe auch immer wieder antizyklisch zu auftretenden Hochwasserwellen entleeren können. So ein ungesteuerter Ablauf kann durch die Durchlässigkeit der Dämme selbst gewährleistet sein [Ass99]. Dazu wird die Basis der Querdämme abgedichtet, um permanent eine gewisse Wassermenge zurückzuhalten, die dann versickern und zur Grundwasserneubildung beitragen kann, oder die verdunsten kann, um das Kleinklima in der näheren Umgebung zu verbessern. Der obere Teil der Querdämme wird dagegen z. B. aus Wasser-Bausteinen durchlässig aufgebaut. Wenn, wie es häufig der Fall ist, in der Talaue Fließgewässer betroffen sind, sollten die Retentionsbecken allerdings zwingend einen permanenten Durchlass für die Durchgängigkeit aufweisen. Die Durchgängigkeit ist so zu bemessen, dass ein Grund-Durchfluss gewährleistet bleibt, dass aber das Wasser einer Hochwasserwelle zurückgehalten wird [Sar07].

In einer größeren Anzahl terrassenartig hintereinandergeschaltete Schwammwälder, aus denen eine Abflusswelle jeweils in den nächsten Retentionsraum überborden kann, verzögern somit den ansonsten ungebremsten Abfluss einer Hochwasserspitzenwelle [Sch23c]. Die Standfestigkeit der Dämme und das jeweilige Wasseraufnahmevermögen muss im Anhalt an das betroffene Einzugsgebiet und an die im Katastrophenfall mögliche Starkregenmenge nach Sartor und Kreiter [Sar07] berechnet werden

10.2.4.3 Vom Keyline-Design zu den Kaiser-Wannen

Keyline-Design (dt. auch „Haupt- oder Schlüssellinien-Gestaltung") bezeichnet eine Landschaftsgestaltungstechnik des Waldfeldbaus, ursprünglich in der Landwirtschaft zur Optimierung der Wasserressourcen eines Landstrichs entwickelt, zu dessen Bewässerung, zur Verstärkung der Tiefensickerung und zur Vorbeugung gegenüber Dürren und Erosionen [Rya10], [Yeo54]. Die „Keylines" bzw. „Schlüssellinien" folgen dabei zunächst weitgehend dem Verlauf der jeweiligen Höhenschichtlinien, um Wasser mit einem Gefälle von 1 bis 1,5 % zum Scheitelpunkt der nächst unterhalb gelegenen Höhenschichtlinie zu leiten. Auch im Wald können wasserführende Wannen, die sogenannten Kaiserwannen, ähnlich wie beim Keyline-Design angelegt werden. In den Wannen kann das aufgefangene Oberflächenwasser entlang der Geländekontur geführt und bei langsamer Versickerung im Boden gespeichert werden, damit es den Bäumen länger zur Verfügung steht. Die Seitenbereiche der Versickerungsgräben sollten durch ankommende Kraut- und Straucharten (Weide) natürlich befestigt werden. Positive Rückwirkungen gibt es dadurch auch auf das im Klimawandel immer wichtiger werdende Kleinklima und die Versickerung zur Förderung der Grundwasserneubildung.

10.3 Holistische Betrachtung

Zur Ausnutzung eines effektiven Wasserrückhalte- und –speichervermögens im Wald müssen alle örtlich möglichen Maßnahmen ergriffen werden – und zwar beginnend nahe am Ort der Abflussentstehung. Das Risiko von Sturzfluten kann dann reduziert werden, wenn alle Teileinzugsgebiete eines größeren Einzugsgebietes im Hinblick auf den Wasserrückhalt bewirtschaftet werden,. Es ist jedoch zu beachten, dass großräumige extremklimatische Situationen Hochwasserwellen auslösen können, die die Aufnahmekapazitäten der betroffenen Landschaften übersteigen. Daher müssen auch bei hinreichender Berücksichtigung des dezentralen Wasserrückhaltes durch eine angepasste Landnutzung übergeordnete räumliche und wasserbau-technische Hochwasserschutzeinrichtungen und ggf. Vorwarnsysteme und Katastrophenhilfseinsätze den letztendlichen Schutz der Bevölkerung sicherstellen. Eine Beurteilung von Katastrophen auslösenden Schwellenwerten hängt von der meteorologischen Situation, vom Standort und seiner Wasserspeicherkapazität, damit vom Boden, von der Geologie, von der vorhandenen Landnutzung und der Landschaftsmorphologie ab [Sch06].

Hrsg.: Es ist ein Phänomen, wie unterschiedlich sich ein Waldboden unter den eigenen Füßen anfühlen kann. Mal fühlt er sich weich und elastisch an, z. B. dann, wenn er mit Moosen bewachsen ist. Ein anderes Mal erscheint er matschig nachgiebig. Aber er kann sich auch hart anfühlen. Dieses Gefühl vermittelt, in welchem Zustand sich der Waldboden befindet. Ein normaler Zustand eines Laubwaldes ist ein mit altem Laub vollständig bedeckter Boden. Unbedecktes Erdreich ist nur in Ausnahmen sichtbar. Die oberen Zentimeter sind essenziell wichtig für die Bäume, vollzieht sich hier der Abbau der „alten" Biomasse, die Bildung von Humus und die Mineralisation, d. h. die Umwandlung von Nährstoffen in eine Form, die von den Bäumen aufgenommen werden kann. Kap. 4 berichtet davon. Es kann im Wald zu unerwünschten Störungen kommen. Wenn lokal zu viel Wasser vorhanden ist, kann diese Schicht abgetragen werden. Hier reicht anschließend das Erdreich an die Oberfläche heran und die Gefahr von Erosion ist gegeben. Ist z. B. in Folge einer langen Dürreoperiode viel zu wenig Wasser im Wald vorhanden und der Boden auch in den tieferen Schichten austrocknet, dann stagniert auch die Mineralisation. Ohne Wasser kann ein Baum keine Nährstoffe aufnehmen. Jetzt fühlt sich der Waldboden hart an und das aufliegende Laub raschelt unverkennbar. Es ist sehr lohnenswert sich diese Unterschiede gelegentlich bewusst zu machen. Dabei lernt man ganz nebenbei auf die Dinge zu achten, die den jeweiligen Zustand herbeigeführt haben. Falsch angelegte Wege oder Gräben, fehlende Wasserrückhalte, Fahrspuren von Forstmaschinen, Wetterereignisse. Und man lernt, wie wichtig das Wasser für den Wald ist. Kap. 10 berichtet davon.

Literatur

[Amm05]   Ammer, C., L. Albrecht, H. Borchert et al. (2005): Zur Zukunft der Buche (Fagus sylvatica L.) in Mitteleuropa – Kritische Anmerkungen zu einem Beitrag von RENNENBERG et al. (2004). Allg. Forst Jagdztg. 176:60–67.

[Ass99]   Assmann, A.; Gündra, H. (1999): Die Bedeutung integrierter Planungsverfahren für die Umsetzung dezentraler Hochwasserschutzmaßnahmen. Hydrologie und Wasserbewirtschaftung, 43, 160–164.

[Bac07] Backes, C., Gallus, M., Schubert, D., Schüler, G.; Vasel, R. (2007): Entschärfung von lineren Abflüssen durch vorsorgende Wegebautechnik. In: Schüler, G., Gellweiler, I., Seeling, S. (eds.): Dezentraler Wasserrückhalt in der Landschaft durch vorbeugende Maßnahmen der Waldwirtschaft, der Landwirtschaft und im Siedlungswesen. Mitt. a.d. Forschungsanstalt für Waldökologie und Forstwirtschaft Rheinland-Pfalz, Nr. 64/07, 51–60. https://fawf.wald.rlp.de/de/veroeffentlichungen/mitteilungen-aus-der-fawf/.

[Bau79] Baumgartner, A. (1979): Verdunstung im Walde. Wald und Wasser, H. 7, 39–53.

[Bei13] Beikircher, B., De Cesare, C., Mayr, S. (2013): Hydraulics of high-yield orchard trees: a case study of three Malus domestica cultivars. Tree Physiol., 33, 1296–1307.

[Big06] Bigler, C., Braker, OU., Bugmann, H., Dobbertin, M., Rigling, A. (2006): Drought as an inciting mortality factor in Scots pine stands of the Valais, Switzerland. Ecosystems 9, 330–343.

[Bot02] Bott, W. (2002): Prozessorientierte Modellierung des Wassertransports zur Bewertung von Hochwasserschutzmaßnahmen in bewaldeten Entstehungsgebieten. PhD thesis, Univ. Mainz, pp 114.

[Bred06] Breda, N., Huc, R., Granier, A., Dreyer, E., 2006. Temperate forest trees and stands under severe drought: a review of ecophysiological responses, adaptation processes and long-term consequences. Annals of Forest Science 63, 625–644.

[Chm01] Chmielewski FM., Rötzer T. (2001) Response of tree phenology to climate change across Europe. Agric For Meteor 108:101–112

[Coc04] Cochard, H., Froux, F., Mayr, S., Coutand, C. (2004): Xylem wall collapse in water-stressed pine needles. Plant Physiol., 134, 401–408.

[Deb01] Debat, V., David, P. (2001): Mapping phenotypes: canalization, plasticity and developmental stability. Trends Ecol. Evol., 16, 555–561.

[Fri19] Friedrich, K., Kaspar, F. (2019): Rückblick auf das Jahr 2018 – das bisher wärmste Jahr in Deutschland. DWD, Offenbach https://www.dwd.de.

[Gar07] Garcia-Gonzalo, J., Peltola, H., Briceno-Elizondo, E., Kellomäki, S. (2007) Effects of climate change and management on timber yield in boreal forests, with economic implications: A case study. Ecological Modelling 209: 220–234.

[Gau91] Gaumitz, B. (1991): Festlegung von Seil(kran)trassenabständen bei der Walderschließung. Beiträge für die Forstwirtschaft, Bd. 25, 185–188.

[Geß04] Geßler, A., Keitel, C., Nahm, M., Rennenberg, H. (2004): Water Shortage Effects and Nitrogen Balance in Central European Beech Forests. Plant Biology, 6, 289–298.

[Hau20] Hauck, M., Leuschner, C., Homeier, J. (2020) Klimawandel und Vegetation – Eine Globale Übersicht. Springer Spektrum, Berlin. 364 S.

[Hil02] Hildebrand, E.E. (2002): Forstliche Bodennutzung – aktuelle Bodengefährdungen und langfristige Ziele. In: Blum, W.E.H., Kaemmerer, A., Stock, R. (eds.): Neue Wege zu nachhaltiger Bodennutzung. E. Schmidt-Verlag, 47–59.

[Hoh20] Hohnwald, S., Indreica, A., Walentowski, H., Leuschner, C. (2020): Microclimatic Tipping Points at the Beech-Oak Ecotone in the Western Romanian Carpathians. Forests, 11, 919; https://doi.org/10.3390/f11090919.

[Joh12] Johnson, D.M., McCulloh, K.A., Woodruff, D.R., Meinzer, F.C. (2012): Evidence for xylem embolism as primary factor in dehydration-induced declines in leaf hydraulic conductance. Plant Cell Environ., 35, 760–769.

[Kla16]   Klaes, B., Struck, J., Schneider, R., Schueler, G. (2016): Middle-term effects after timber harvesting with heavy machinery on a fine-textured forest soil. European Journal of Forest Research. https://doi.org/10.1007/s10342-016-0995-2.

[Kle20]   Kleber, A., Reiter, P., Ehrhart, H.-P., Matthes, U. (2020): Steckbriefe Ergänzende Baumarten als Maßnahme zur Förderung der Anpassungsfähigkeit unserer Wälder im Klimastress. Hinweise zur Handhabung der „Artensteckbriefe ergänzende Baumarten". FAWF/ RLP Kompetenzzentrum für Klimawandelfolgen

[Knu11]   Knutti, R., Furrer, R., Tebaldi, C., Cermak, J., Meehl, G.A. (2011): Challenges in combining projections from multiple climate models. Journal of Climate, 23, 2739–2758.

[Köl07]   Kölling, C., L. Zimmermann. 2007. Die Anfälligkeit der Wälder Deutschlands gegenüber dem Klimawandel. Gefahrst. Reinhalt. Luft 67:259–268.

[Kös68]   Köstler, J.N., Brückner, E., Bibelriether, H. (1968): Die Wurzeln der Waldbäume. Hamburg. P.Parey Verlag.

[Lan18]   Landesforsten RLP (2018): Handbuch Walderschließung. Az. 64 250. 73 S.

[Lan20a]   Landesforsten RLP (2020a): Grundsatzanweisung Waldverjüngung im Klimawandel. Wiederbewaldung, Vorausverjüngung und Jungwaldpflege, Vers. 1.1, 40 S.

[Lan20b]   Landesforsten RLP (2020b): Wald im Klimastress Ursachen, Folgen, Maßnahmen. Präsentation zur Öffentlichkeitsarbeit.

[Leu17]   Leuschner, C., Ellenberg, H. (2017): Ecology of Central European forests: Vegetation Ecology of Central Europe, Version 6th. Springer Nature: Cham Switzerland, Vol. I., 971 S.

[Mah04]   Maherali, H., Pockman, W.T., Jackson, R.B. (2004): Adaptive variation in the vulnerability of woody plants to xylem cavitation. Ecology, 85, 2184–2199.

[McD08]   McDowell, N., W.T. Pockman, C.D., Allen et al. (2008): Mechanisms of plant survival and mortality during drought: why do some plants survive while others succumb to drought? New Phytol. 178:719–739.

[May24]   Mayer (1924): Die wirtschaftliche Bedeutung und waldbauliche Behandlung der Weißtanne. Ber. d. dt. Forstver., Bamberg, 85–111.

[Mei19]   Meinert, T., Becker, A., Bissoli, P., Daßler, J., Breidenbach. J.N. Ziese, M. (2019): Ursachen und Folgen der Trockenheit in Deutschland und Europa. DWD, Offenbach. https:// www.dwd.de.

[Met13]   Mette, T., Dolos, K., Meinardus, C., Bräuning, A., Reineking, B., Blaschke, M., Pretzsch, H., Beierkuhnlein, C., Gohlke, A., Wellstein, C. (2013): Climatic turning point for beech and oak under climate change in Central Europe. Ecosphere, 4, 12.

[Mit71]   Mitscherlich, G. (1971): Wald Wachstum und Umwelt. Zweiter Bd.: Waldklima und Wasserhaushalt. J-D. Sauerländer's Vlg. Frankfurt a.M., 365 S.

[Mül22]   Müller, E.V. (2022): Analysis of forest specific ecosystem services with regard to water balance components: runoff and groundwater recharge in the forest. Diss. a.d. Univ. Trier, 211 S. + Anhang.

[Mut01]   Muth, W., Armbruster-Veneti, H., Biedermann, R. (2001): Hochwasserrückhaltebecken. Renningen, Expert-Verlag. 273 pp.

[Nar01]   Nardini, A., Tyree, M., Salleo, S. (2001): Xylem cavitation in the leaf of Prunus laurocerasus and its impact on leaf hydraulics. Plant Physiol., 125,1700–1709.

[Oer93]   Oertli, JJ. (1993): Abschiedsvorlesung an der ETH-Zürich.

[Ott94]   Otto, H. J. (1994): Waldökologie. Ulmer Vlg. Stuttgart, 391 S.

[Pec96] Peck, A.K., Mayer, H. (1996): Einfluss von Bestandesparametern auf die Verdunstung von Wäldern. Forstw. Cbl., 115, 1–9.

[Pel01] Peltzer, D., Polle, A. (2001): Diurnal fluctuations of antioxidative systems in leaves of fieldgrown beech trees (Fagus sylvatica): Responses to light and temperature. Physiol. Plant. 2001, 111, 158–163.

[Raf02] Raftoyannis, Y., Radoglou, K. (2002): Physiological responses of beech and sessile oak in a natural mixed stand during dry summer. Ann. Bot. 2002, 89, 723–730.

[Rei20] Reiter, P., Sauer, T., Voigt, M., Zimmer, M. (2020): Klimawandel in Rheinland-Pfalz. Themenheft Klimawandel – Entwicklungen in der Zukunft. Kompetenzzentrum für Klimawandelfolgen Rheinland-Pfalz.

[Rie21] Riedel, T., Nolte, C., aus der Beek, T., Liedtke, J., Sures, B., Grabner, D. (2021): Niedrigwasser, Dürre und Grundwasserneubildung – Bestandsaufnahme zur gegenwärtigen Situation in Deutschland, den Klimaprojektionen und den existierenden Maßnahmen und Strategien. Abschlussbericht. UBA-Texte 174/2021. Hrsg. Umweltbundesamt. 310 S.

[Rya10] Ryan, J., McAlpine, G., Clive, A., Ludwig, J. A. (2010): Integrated vegetation designs for enhancing water retention and recycling in agroecosystems. Landscape Ecology. 25, 2010, S. 1277–1288.

[Sar07] Sartor, J., Kreiter, T. (2007): Hochwasserrückhalt durch naturnahe Waldwirtschaft und Kleinrückhalte. In: Schüler, G., Gellweiler, I., Seeling, S. (eds.): Dezentraler Wasserrückhalt in der Landschaft durch vorbeugende Maßnahmen der Waldwirtschaft, der Landwirtschaft und im Siedlungswesen. Mitt. a.d. Forschungsanstalt für Waldökologie und Forstwirtschaft Rheinland-Pfalz, Nr. 64/07, 61–72.

[Sch20a] Schabel, A. (2020a): Arealveränderungen bei Buche und Eiche in Südwestdeutschland und damit einhergehende strukturelle und waldbauliche Auswirkungen. Präsentation bei der online Fachtagung des BfN „Natura 2000 – Waldlebensraumtypen im Klimawandel".

[Sch84] Schachtschabel, P., Blume, H.P., Hartge K.H., Schwertmann, U. 1984: Lehrbuch der Bodenkunde. 11. Aufl., F. Enke Vlg. Stuttgart. 442 S.

[Sch04] Schär, C., Vidale, P., Lüthi, D., Frei C., Häberli, C., Liniger, M.A., Appenzeller C. (2004): The role of increasing temperature variability in European summer heatwaves. Nature. 427, 332–336.

[Sch82] Schüler, G. (1982): Krankheitserscheinungen der Wurzeln von Abies alba MILL. Und ihre Beziehung zum Tannensterben. Diss. a.d. Albert-Ludwigs-Univ. Freiburg, 336. S.

[Sch02] Schüler, G., Bott, W., Schenk, D. (2002): Hochwasservorsorge durch Waldbewirtschaftung. Forst und Holz, 57, Nr. 1/2.

[Sch03] Schüler, G. (2003): Hochwasservorsorge in Waldgebieten Südwestdeutschlands. Berichte Freiburger Forstliche Forschung, Bd. 49, 177–194.

[Sch06] Schüler, G. (2006): Identification of flood-generating forest areas and forestry measures for water retention. For.Snow Landsc. Res., 80, 1: 99–114.

[Sch07a] Schüler, G. (2007a): Das INTERREG IIIB NWE Projekt WaReLa – Verminderung der Hochwassergefahr durch Landnutzung. In: Schüler, G., Gellweiler, I., Seeling, S. (eds.): Dezentraler Wasserrückhalt in der Landschaft durch vorbeugende Maßnahmen der Waldwirtschaft, der Landwirtschaft und im Siedlungswesen. Mitt. a.d. Forschungsanstalt für Waldökologie und Forstwirtschaft Rheinland-Pfalz, Nr. 64, 3–6.

[Sch07b] Schüler, G. (2007b): Wasserrückhalt im Wald – ein Beitrag zum vorbeugenden Hochwasserschutz. In: Schüler, G., Gellweiler, I., Seeling, S. (eds.): Dezentraler Wasserrückhalt in der Landschaft durch vorbeugende Maßnahmen der Waldwirtschaft, der Landwirtschaft und im Siedlungswesen. Mitt. a.d. Forschungsanstalt für Waldökologie und Forstwirtschaft Rheinland-Pfalz, Nr. 64/07, 7–20.

[Sch20b]   Schüler, G. (2020b): Trockenstress bei stark freigestellten (Alt)Buchen (Fagus syvatica). Arbeitspapier an der Forschungsanstalt für Waldökologie und Forstwirtschaft Rheinland-Pfalz, 16 S.

[Sch21]   Schüler, G. (2021): Fünf Fragen zum Thema Klimakrise: Wie kann der Wald zum Wasserrückhalt beitragen. Wald.Werte.Wir 03/2021, 2–8

[Sch22]   Schüler, G. (2022): Wasserrückhalt im Wald – Vorsorge gegen Hochwasser und Dürre. Vortrag bei einer Fortbildungsveranstaltung „FAWF aktuell" von Landesforsten RLP, Emmelshausen 17./18.05.2022.

[Sch23b]   Schüler G., Müller E.V. (2023b): Bedeutung des Wasserrückhaltes im Wald für die Risikovorsorge gegen die Entstehung von Sturzfluten und für eine nachhaltigere Grundwasserneubildung. Der Dauerwald, Zeitschrift für Naturgemäße Waldwirtschaft, 67, 22–31.

[Sch23c]   Schüler, G. (2023 und 2024): Wassermanagement im Wald (Teil 1 und 2). AFZ DerWald Nr. 21/2023, 42–45 und Nr. 2/2024, 12–15

[Sch24]   Schüler, G. (2024): Altbuchen im Trockenstress. AFZ DerWald, Nr. 14, 18–21 und Nr. 15, 43–46

[Seg07]   Segatz, E. (2007): Die Renaturierung eines Teilstückes der Lauter – eine Maßnahme des vorsorgenden Hochwasserschutzes im Bereich des Oberlaufes von Flüssen. In: Schüler, G., Gellweiler, I., Seeling, S. (eds.): Dezentraler Wasserrückhalt in der Landschaft durch vorbeugende Maßnahmen der Waldwirtschaft, der Landwirtschaft und im Siedlungswesen. Mitt. a.d. Forschungsanstalt für Waldökologie und Forstwirtschaft Rheinland-Pfalz, Nr. 64/07, 73–82.

[Sie23]   Siebert, I., , Schüler, G., Schneider, R. (2023): Bodenschutz bei der Holzernte auf natürlich gelagerten Waldböden mittels portablem Bodenschutzplattensystem. Mitt. der DBG, Kom VI Bodenschutz und Bodentechnologie

[Sou13]   Soudzilovskaia, N.A., Elumeeva, T.G., Onipchenko, V.G., Shidakov, I.I., Salpagarova, F.S., Khubiev, A.B., Tekeev, D.K., Cornelissen, J.H. (2013): Functional traits predict relationships between plant abundance dynamic and long-term climate warming. Proc Natl Acad Sci USA, 110, 18180–18184.

[Tai10]   Taiz, L., Zeiger, E. (2010): Plant physiology, 5th edn. Sinauer Associates Inc., Sunderland, MA.

[Tom17]   Tomasella, M., Beikircher, B., Häberle, K.-H., Hesse, B., Kallenbach, C., Matyssek, R., Mayr, S. (2017): Acclimation of branch and leaf hydraulics in adult Fagus sylvatica and Picea abies in a forest through-fall exclusion experiment. Tree Physiol., 38, 198–211. https://doi.org/10.1093/treepyhs/tpx140.

[Tom19]   Tomasella, M., Nardini, A., Hesse, B.D., Machlet, A., Matyssek, R., Häberle, K.H. (2019): Close to the edge: effects of repeated severe drought on stem hydraulics and non-structural carbohydrates in European saplings. Tree Physiol., 00, 1–12. https://doi.org/10.1093/treephys/tpy142.

[Tyr02]   Tyree, M.T., Zimmermann, M.H. (2002): Xylem Structure and the Ascent of Sap, 2nd edn. Berlin etc.: Springer.

[Vas13]   Vasconcelos, A.C. (2013): Wälder im Klimawandel – Grundlagen für Anpassungsoptionen in Rheinland-Pfalz. PhD diss., Faculty of Environment and Natural Resources, University of Freiburg.

[Wac79]   Wachter, A. (1979): Untersuchungen zum Weißtannensterben in Baden-Württemberg, AFJZ, 150, 196–203.

[Wes04]   Westrich, B., Siebel, R. (2004): Neue naturnahe Bauweisen für überströmbare Dämme an dezentralen Hochwasserrückhaltebecken. Forschungsberichte Forschungszentrum Karlsruhe. BWPLUS-Berichtsreihe. 73 pp.

[Wie25]   Wiedemann, E. (1925): Über das Tannensterben. Kranke Pfl., 2, 2–3.

[Yeo54]   Yeomans, P. A. 1954. The Keyline Plan. Sidney

Wie Waldverlust zu einem Problem für unser Trinkwasser werden kann

11

Carolin Winter, Teja Kattenborn, Kerstin Stahl, Kathrin Szillat, Markus Weiler und Florian Schnabel

Die wichtigste Quelle für unser Trinkwasser in Deutschland ist das Grundwasser. Etwa 70 % des Trinkwassers werden daraus gewonnen [UBA19]. Grundwasser entsteht aus Wasser das im Boden versickert, bis es auf eine undurchlässige Schicht trifft und sich in Poren und Klüften im Untergrund ansammelt. In der Regel hat dieses Wasser eine gute Qualität, da es beim Versickern auf natürliche Weise gefiltert wird. Wenn jedoch an der Oberfläche vermehrt Schadstoffe eingetragen werden, können diese ins Grundwasser gelangen.

Um zu Trinkwasser zu werden, wird Grundwasser aus Brunnen herausgepumpt, sorgfältig kontrolliert und, falls es stofflich belastet ist, wird es entsprechend aufbereitet. Desto sauberer das Wasser, desto weniger muss es aufbereitet werden, was uns als Verbrauchenden Kosten spart.

Um das Grundwasser vor Verunreinigungen zu schützen, gibt es Wasserschutzgebiete (Abb. 11.1). In diesen Gebieten gelten strenge Regeln, z. B. für die Landnutzung und für den Transport von gefährlichen Stoffen. Um unsere Trinkwasserversorgung zu sichern,

C. Winter (✉)
Albert-Ludwigs-Universität Freiburg, Freiburg, Deutschland
E-Mail: carolin.winter@hydrology.uni-freiburg.de

T. Kattenborn · K. Stahl · K. Szillat · M. Weiler · F. Schnabel
Universität Freiburg, Freiburg, Deutschland
E-Mail: Teja.Kattenborn@geosense.uni-freiburg.de; Kerstin.Stahl@hydrology.uni-freibnurg.de;
Kathrin.Szillat@hydrology.uni-freiburg.de; Markus.Weiler@hydrology.uni-freiburg.de;
Floarian.Schnabel@waldbau.uni-freiburg.de

© Der/die Autor(en), exklusiv lizenziert an Springer-Verlag GmbH, DE, ein Teil von Springer Nature 2026
J. Dohmann (Hrsg.), *Umweltimpulse – 19 Wege in eine lebenswerte Zukunft*, SDG - Forschung, Konzepte, Lösungsansätze zur Nachhaltigkeit, https://doi.org/10.1007/978-3-662-72198-8_11

Abb. 11.1 Straßenschild, welches ein Wasserschutzgebiet ausweist. (© Carolin Winter. Copyright 2025. All rights reserved.)

sind ca. 15 % der Fläche von Deutschland Wasserschutzgebiete. Deren Definition und Einschränkungen sind je nach Bundesland etwas unterschiedlich geregelt.

Von diesen Wasserschutzgebieten sind ein großer Teil bewaldet – etwa 43 % – und das hat einen guten Grund: Zum einen fallen in Wäldern weniger Schadstoffe an, wie z. B. landwirtschaftlicher Dünger oder städtische Abwässer. Zum anderen nehmen Wälder Nährstoffe, wie z. B. Stickstoff (N) auf und verhindern somit, dass dieser in Form von Nitrat (NO_3^-) mit dem Sickerwasser in das Grundwasser gelangt. Hohe Nitratkonzentrationen in der Umwelt können zu Algenblüte und Sauerstoffmangel in Gewässern führen, was schlecht für aquatische Ökosysteme ist. Im Trinkwasser sind hohe Nitratkonzentrationen vor allem für junge Säuglinge gefährlich, da sie bei diesen zu einer verminderten Sauerstoffaufnahme im Blut führen können. Deshalb gibt es strikte Nitratgrenzwerte für unser Trinkwasser.

Wälder schützen also unserer Grundwasser vor der Verunreinigung mit Nitrat. Mit zunehmendem Klimawandel nimmt jedoch auch der Stress für unsere Wälder zu. Trockenheit und hohe Temperaturen schwächen die Bäume und machen sie so anfälliger für Schädlinge, wie z. B. den Borkenkäfer. Insbesondere die Dürre in den Jahren 2018 bis 2020 ging als außergewöhnlich lange und heiße Dürre in die Geschichtsbücher ein [Rak22]. In einer Studie konnten wir zeigen, dass zwischen 2018 und 2021 ca. 5 % der Wälder in deutschen Wasserschutzgebieten abgestorben sind [Win25]. Das mag nach gar nicht so viel klingen, wenn man aber bedenkt, dass jedes dieser Wasserschutzgebiete für die Trinkwasserversorgung der umgebenden Gemeinden wichtig ist und die Baumarten hierzulande normalerweise Umtriebszeiten (die Zeit bis ein Baum erntereif ist) von

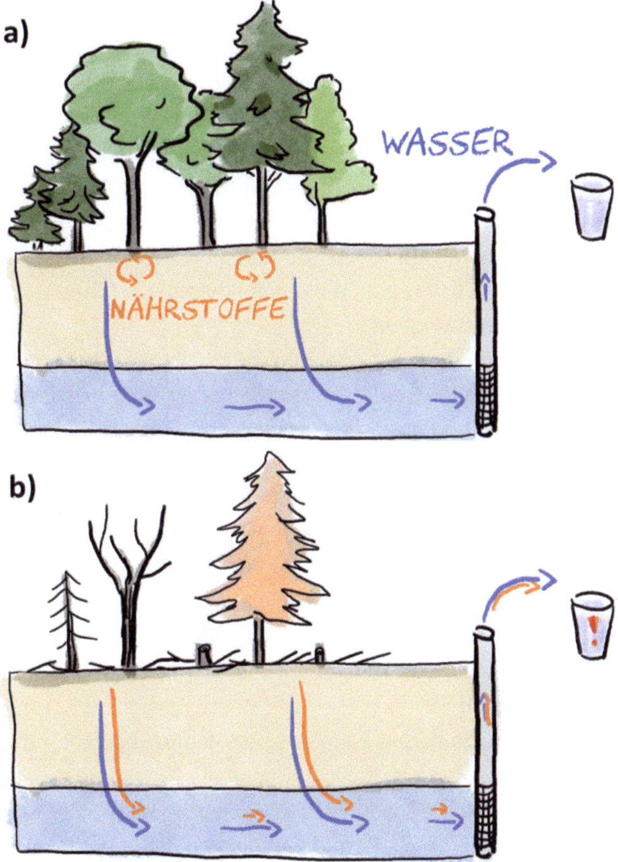

Abb. 11.2 Schematische Darstellung des Einflusses von Wäldern und Waldsterben auf die Grundwasserqualität. In abgeänderter Form entnommen aus [Win25]. (**a**) ohne nennenswerten Waldverlust (**b**) mit starkem Waldverlust. (© Carolin Winter. Copyright 2025. All rights reserved)

60–160 Jahren haben, dann sind 5 % doch beunruhigend viel. [Sch24] zeigen zudem mit hochaufgelösten Drohnen- und Satellitenbildern, dass das Ausmaß des Waldverlustes höher sein könnte als bisher für Deutschland angenommen.

Wenn der Wald verloren geht, kann sich dies auch auf seine Funktion als „Hüter des Grundwassers" auswirken (Abb. 11.2). Wir wollten daher in unserer Studie [Win25] verstehen, was der Einfluss dieses Waldsterbens auf das Grundwasser und damit auf unser Trinkwasser ist. Dafür analysierten wir Zeitreihen zu Nitratkonzentrationen im Grundwasser von 13 bewaldeten Wasserschutzgebieten mit starkem Waldverlust (> 25 %) und in 6 Referenzgebieten ohne nennenswerten Waldverlust (< 3 %).

Während in den Referenzgebieten kein Anstieg in den Nitratkonzentrationen seit Start der Dürre verzeichnet werden konnte, so sahen wir eindeutige Anstiege in den Nitratkonzentrationen von 6 der 13 Wasserschutzgebiete mit starkem Waldverlust. Im Mittel über alle Gebiete mit Waldverlust, haben sich die Nitratkonzentrationen von 5 mg/L auf 11 mg/L mehr als verdoppelt.

Dieses Ergebnis lässt zwei Rückschlüsse zu: Einmal, dass starker Waldverlust schon in kurzer Zeit zu einer Verschlechterung der Grundwasserqualität führen kann. Aber auch, dass es deutliche Unterschiede zwischen den Wasserschutzgebieten gibt.

Für Letzteres gibt es mehrere Erklärungsansätze: Zum einen kann es sehr lange dauern bis Wasser von der Oberfläche in das Grundwasser gelangt. Je nachdem, wie durchlässig der Untergrund ist, wieviel es regnet und wie tief der Grundwasserspiegel liegt, kann es also sein, dass der Anstieg in einigen Gebieten zur Zeit der Messungen noch gar nicht angekommen war und erst in der Zukunft sichtbar wird.

Es kann aber auch sein, dass spezifische Eigenschaften z. B. des Waldes, des Bodens oder des zugrunde liegenden Gesteins das Grundwasser schützen. Zum Beispiel kann der Stickstoffeintrag je nach Baumart variieren [Bor04], oder im Untergrund können Bedingungen herrschen, die einen Abbau von Nitrat und dessen Freisetzung als Luftstickstoff (N_2) ermöglichen.

Dies zeigt, dass wir erst am Anfang stehen. Wir wissen durch unsere neue Studie, dass durch den Klimawandel bedingtes vermehrtes Waldsterben, die Grundwasserqualität bedrohen kann und dass dies zu einem Problem für unsere Trinkwasserversorgung werden kann. Jedoch ist deutlich mehr Forschung nötig um die Unterschiede zwischen Wasserschutzgebieten besser zu verstehen und Lösungsansätze zu entwickeln.

Eine mögliche Lösung stellt eine angepasste Waldbewirtschaftung dar, die darauf abzielt die Trinkwasserschutzfunktion der Wälder zu erhöhen. Insbesondere klimastabile Mischwälder sind hier ein zentraler Baustein der Anpassung von Wäldern an den Klimawandel, da sie besser gegen Klimaextreme wie Dürren gewappnet sind [Sch21]. Außerdem ist es wichtig bereits unter dem Kronendach der Altbäume eine neue Waldgeneration heranzuziehen die im Falle eines Baumsterbens schnell aufwachsen kann. Umso gesünder der Wald, desto besser kann er seiner Rolle als „Hüter des Grundwassers" gerecht werden.

Zu guter Letzt ist zu sagen, dass die Nitratkonzentrationen, die wir bisher beobachtet haben, alle unter dem deutschen und europäischen Trinkwassergrenzwert von 50 mg/L liegen. Allerdings wird Grundwasser aus Wäldern mit niedrigen Nitratkonzentrationen oft verwendet um Wasser mit höheren Konzentrationen, z. B. aus landwirtschaftlich genutzten Gebieten zu verdünnen, was schon durch geringe Konzentrationsanstiege erschwert wird. Außerdem könnten die Konzentrationen durch die Zeitverzögerung und mögliches zusätzliches Waldsterben noch weiter ansteigen. Sehr wichtig ist: Aufgrund der sorgfältigen Kontrollen und Reinigungsschritte ist und bleibt Leitungswasser in Deutschland eine sichere und sehr nachhaltige Trinkwasserressource. Wir sollten jedoch darauf achten diese wertvolle Ressource zu schützen, um sie auch für die Zukunft zu bewahren.

Hrsg.: Das chemische Element Stickstoff ist für das Leben auf der Erde mindestens ebenso wichtig wie das Element Kohlenstoff. Stickstoff ist beispielsweise in Chlorophyl enthalten, jenem Farbstoff, der für die Photosynthese verantwortlich ist. Außerdem ist Stickstoff am Aufbau von Aminosäuren beteiligt, die wiederum Bausteine aller lebenden Zellen sind. So findet sich Stickstoff im Holz, vor allem aber in der Rinde von Bäumen. Stickstoff kommt mit etwa 0,1 % im Holz vor. Rinde kann etwa fünffach höhere Werte aufweisen. Wenn Bäume absterben und ihre Biomasse durch natürliche Vorgänge abgebaut wird, dann wird der darin enthaltene Stickstoff umgesetzt. Was mit diesem Stickstoff im einzelnen geschieht ist Gegenstand der aktuellen Forschung. Ein Teil dieses Stickstoffs wird in die anorganische Verbindung Nitrat umgewandelt. Wie im vorliegenden Kap. 11 berichtet wird, gelangt dieses Nitrat in der im Wasser gelösten Form in die unterirdischen Wasserströmungen unseres Grundwassers. Damit ist eine von mehreren Erklärungen gefunden, warum wir Nitrat in unserem Trinkwasser finden. Diese Überlegungen klingen vielleicht plausibel. Eine konkrete wissenschaftliche Untersuchung, wie sie dem Kap. 11 zugrunde liegt, wandelt eine Vermutung in eine Erkenntnis um. Dieser Erkenntnisgewinn hat einen hohen Wert. Unsere Entscheidungen fußen darauf, etwa zur Feststellung der Notwendigkeit der Stilllegung von Brunnen. Unser Wasser ist nicht nur dem Wald sehr wichtig, sondern ebenso uns Menschen. Es ist eine Empfehlung, regelmäßig einen Blick auf die Inhaltstoffe unseres Wassers zu werfen. Stadtwerke veröffentlichen diese Daten zum Trinkwasser oder geben auf Nachfrage Auskunft dazu. Auch auf Wasserflaschen sind die Analysen abgedruckt. Einige Inhaltsstoffe fördern die Gesundheit, andere hingegen sind eher unerwünscht. Achtet auf die Analysen und trinkt Euch gesund. Mit Wasser!

Literatur

[Bor04]   Borken, W. and Matzner, E.: Nitrate leaching in forest soils: an analysis of long-term monitoring sites in Germany, J. Plant Nutr. Soil Sci., 167, 277–283, https://doi.org/10.1002/jpln.200421354, 2004.

[Rak22]   Rakovec, O., Samaniego, L., Hari, V., Markonis, Y., Moravec, V., Thober, S., Hanel, M., and Kumar, R.: The 2018–20 multi-year drought sets a new benchmark in Europe, Earths Future, e2021EF002394, https://doi.org/10.1029/2021EF002394, 2022.

[Sch24]   Schiefer, F., Schmidtlein, S., Hartmann, H., Schnabel, F., and Kattenborn, T.: Large-scale remote sensing reveals that tree mortality in Germany appears to be greater than previously expected, For. Int. J. For. Res., cpae062, https://doi.org/10.1093/forestry/cpae062, 2024.

[Sch21]   Schnabel, F., Liu, X., Kunz, M., Barry, K. E., Bongers, F. J., Bruelheide, H., Fichtner, A., Härdtle, W., Li, S., Pfaff, C.-T., Schmid, B., Schwarz, J. A., Tang, Z., Yang, B., Bauhus, J., von Oheimb, G., Ma, K., and Wirth, C.: Species richness stabilizes productivity via asynchrony and drought-tolerance diversity in a large-scale tree biodiversity experiment, Sci. Adv., 7, eabk1643, https://doi.org/10.1126/sciadv.abk1643, 2021.

[UBA19]   Umweltbundesamt – UBA (2019): Trinkwasser. https://www.umweltbundesamt.de/themen/wasser/trinkwasser (letzter Aufruf: 04.06.2025)

[Win25]   Winter, C., Müller, S., Kattenborn, T., Stahl, K., Szillat, K., Weiler, M., and Schnabel, F.: Forest Dieback in Drinking Water Protection Areas—A Hidden Threat to Water Quality, Earths Future, 13, e2025EF006078, https://doi.org/10.1029/2025EF006078, 2025.

Der Wettbewerb um Wasser – Wasserrecycling in industriellen Symbiosen als Lösung?

12

Robert Lutze

12.1 Einleitung

Die Verfügbarkeit von Wasser ist ein Schlüsselfaktor für die Gesundheit des Menschen, eine ausreichende Ernährung und die Produktion von Gütern in jeder Region der Welt. Weltweit werden in 2050 rund 40 % der Weltbevölkerung in Regionen leben, die von Wasserknappheit betroffen sind. Auch in Deutschland steigen die Trockenperioden, die Grundwasserspiegel sinken und an den Küsten droht salzhaltiges Meerwasser in die Grundwassserleiter einzudringen und die Trinkwasseraufbereitung zu erschweren.

Der steigende Wasserbedarf durch Klimawandel, Bevölkerungswachstum und die Decarbonisierung der Wirtschaft unter Einsatz von Wasserstoff anstelle von fossilen Brennstoffen intensivieren die Verteilungskonflikte um Trinkwasser. Für den Elektrolyseprozess werden etwa 10 L Wasser pro kg Wasserstoff als Ausgangsstoff (= 0,3 L Wasser/kWh Energieinhalt H_2) und bis zu 70 L pro kg Wasserstoff für den gesamten Prozess (= 2,1 L Wasser/kWh Energieinhalt H_2) abhängig von den eingesetzten Elektrolyseuren und klimatischen Bedingungen nötig [IEA24]. Bei einem prognostizierten Wasserstoffbedarf in 2030 von 95 – 130 TWh Wasserstoff, wovon 28 TWh in Deutschland produziert werden sollen [BMWK23], entspricht dies einem zusätzlichen Wasserbedarf dieser Branche in Deutschland dem Wasserbedarf von bis zu 1,4 Mio. Einwohnern $\left(120\,\dfrac{L}{E \cdot d}\right)$.

R. Lutze (✉)
EnviroChemie GmbH, Rossdorf, Deutschland
E-Mail: robert.lutze@envirochemie.com

J. Dohmann (Hrsg.), *Umweltimpulse – 19 Wege in eine lebenswerte Zukunft*,
SDG - Forschung, Konzepte, Lösungsansätze zur Nachhaltigkeit,
https://doi.org/10.1007/978-3-662-72198-8_12

Zur CO_2-Neutralität werden ca. 800 TWh gebraucht, was trotz massiver Importe den „Wasserdruck" deutlich steigern wird.

Während private Haushalte und die Landwirtschaft oft im Fokus der öffentlichen Wahrnehmung stehen, ist es auch die Industrie, die mit 20 % einen erheblichen Anteil des Wasserverbrauchs in Deutschland entnimmt. Wasser ist dabei weit mehr als nur ein Betriebsmittel; es ist eine unverzichtbare Ressource für nahezu alle industriellen Prozesse – sei es als Kühlmittel in Produktionsanlagen, als Lösungsmittel in der chemischen Industrie, als Bestandteil von Produkten oder für Reinigungszwecke. Die Verfügbarkeit und Qualität von Wasser sind somit entscheidende Faktoren für die Wettbewerbsfähigkeit und Innovationskraft deutscher Unternehmen. Private Haushalte, Industrie und Landwirtschaft stehen folglich im Wettbewerb um die knappe Ressource Wasser.

In der Industrie gibt es jedoch auch große Potenziale zur Reduzierung des Trinkwasserbezugs, da viele Prozesse mit Trinkwasser betrieben werden, dieser hohen Qualität aber gar nicht bedürfen. Angesichts des steigenden „Drucks" auf die essenzielle Ressource Wasser, wird es immer deutlicher, dass die Sicherstellung einer nachhaltigen Wasserversorgung in Deutschland nicht ohne Etablierung eines industriellen Wassermanagements durch innovative Ansätze zur Wassereinsparung, -wiederverwendung und -aufbereitung in der Industrie gelingen kann.

12.2　Trinkwasser aus industriellem Abwasser – Geht das?

Der entscheidende Punkt ist: Alle notwendigen Technologien zur hochwirksamen Abwasserbehandlung und zur Bereitstellung von Trinkwasser sind bereits vorhanden und etabliert. Von bewährten mechanisch-biologischen Verfahren über fortschrittliche Membrantechnologien (Ultrafiltration, Nanofiltration, Umkehrosmose), die selbst kleinste Partikel, Viren und gelöste Salze zurückhalten können, bis hin zu Oxidationsverfahren (Ozonung, Advanced Oxidation Processes – AOPs) zur Eliminierung von Spurenstoffen – das technologische Portfolio ist breit und ausgereift [Eng20] (Abb. 12.1).

Diese Technologien ermöglichen es nicht nur, Abwasser in umweltgerechter Qualität abzugeben, sondern auch, gereinigtes Abwasser bis hin zu einer Qualität aufzubereiten, die der von Trinkwasser ebenbürtig ist. Dies eröffnet immense Potenziale für die Wiederverwendung von Wasser in industriellen Prozessen, wodurch die Abhängigkeit von Frischwasserressourcen erheblich reduziert und ein wichtiger Beitrag zum nachhaltigen Umgang mit der knapper werdenden Ressource Wasser geleistet werden kann. Die technischen Herausforderungen liegen nun darin, diese Technologien sinnvoll miteinander zu kombinieren, um Synergien zu nutzen und Ressourcen wie Energie, Einsatz von Betriebsmitteln und Personal zu schonen. Dabei unterscheidet sich jedes Abwasser aus einem industriellen Gewerbe von allen anderen. So sind Abwässer aus der Automobilindustrie vor-

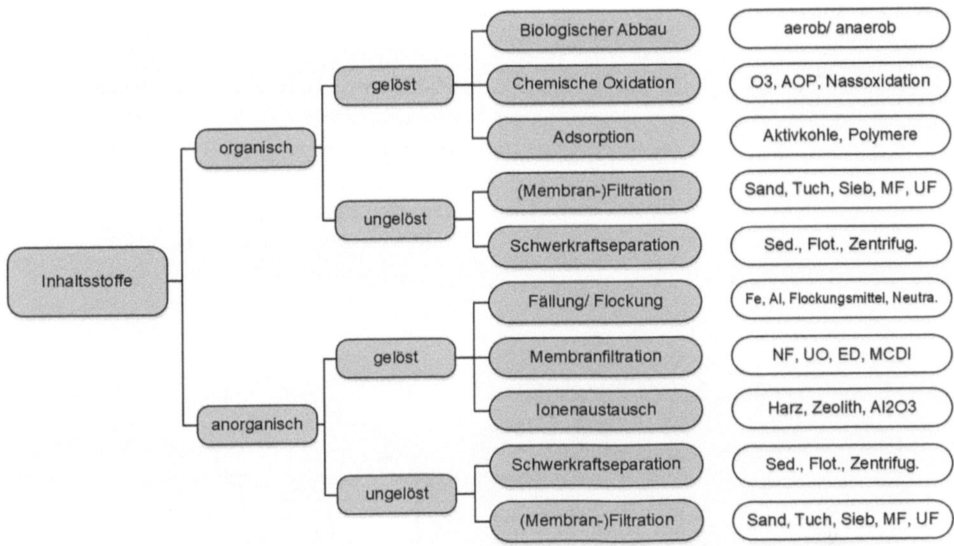

Abb. 12.1 Wasseraufbereitungsverfahren und ihre Einsatzzwecke. (Siehe [Eng20])

nehmlich mit Ölen, Schwermetallen, Phosphorverbindungen und organischen Verbindungen verunreinigt. Abwässer der Milchindustrie hingegen müssen vornehmlich von Fetten, organischen Verbindungen, Stickstoff und Phosphor befreit werden. Unterschiede bestehen ebenfalls innerhalb einer Branche, da die Verschmutzung des Abwassers stark an die Herstellung der Produkte gekoppelt ist.

Trotz dieser Komplexität gibt es bereits großtechnische Umsetzungen zum industriellen Wasserrecycling, bei denen aus Abwasser Trinkwasserqualität erzeugt wird. Zwei Best-Practice-Beispiele werden im folgenden vorgestellt.

12.2.1 Aufbereitung eines Brüdenkondensats aus der Milchindustrie auf Trinkwasserqualität

In der Milchverarbeitung entsteht Brüdenkondensat bei der Verdampfung von Milch oder Molke zur Herstellung trockener Milchprodukte wie Milchpulver. Brüdenkondensat enthält Spuren an Milchbestandteilen gilt jedoch als gering belastet und ist nährstoffarm. Lutze et al. [Lut22] berichten, dass in einem deutschen Milchwerk durch die Kombination bestehend aus einer biologischer Stufe zur Entfernung organischer Bestandteile, einer mehrstufigen Filtrationsstufe zum Rückhalt von Keimen, einer Umkehrosmose zur Reduzierung von gelösten Spurenstoffen sowie einer UV-Desinfektion zur Keimfreiheit, eine Qualität erreicht wurde, die Trinkwasser im Werk ersetzt. Jährlich können dadurch rund 200.000 m^3/a eingespart werden. Der Energieaufwand von 1,2 kWh/m^3 liegt höher als bei konventioneller Wasseraufbereitung aber deutlich unterhalb einer alternativen Meerwasserentsalzung (siehe Tab. 12.1 und Abb. 12.2).

Tab. 12.1 Energieaufwand zur Erzeugung von Trinkwasser aus unterschiedlichen. (Quellen (erweitert von [Sch15]))

Wasserquelle	Energiebedarf [kWh/m³]
Oberflächenwasser	0,37
Grundwasser	0,48
Meerwasser	2,58 … 8,5
Abwasserrecycling Kartoffelverarbeitung	3,5 … 3,7
Brüdenkondensataufbereitung	1,2

Abb. 12.2 3D-Zeichnung der Wasseraufbereitung von Brüdenkondesnat auf Trinkwasserqualität. (© EnviroChemie GmbH. Copyright 2025. All rights reserved)

Im Rahmen des Forschungsprojekts B-WaterSmart wurde eine vergleichbare Anlage für einen Milchbetrieb erfolgreich untersucht. Die erreichte Qualität war ebenfalls ausreichend, um Trinkwasser im Werk zu ersetzen. In diesem Fall können bei großtechnischer Umsetzung bis zu 600.000 m³/a an Trinkwasser eingespart werden, was den Trinkwasserbedarf halbieren wird [Krö22] (Abb. 12.3).

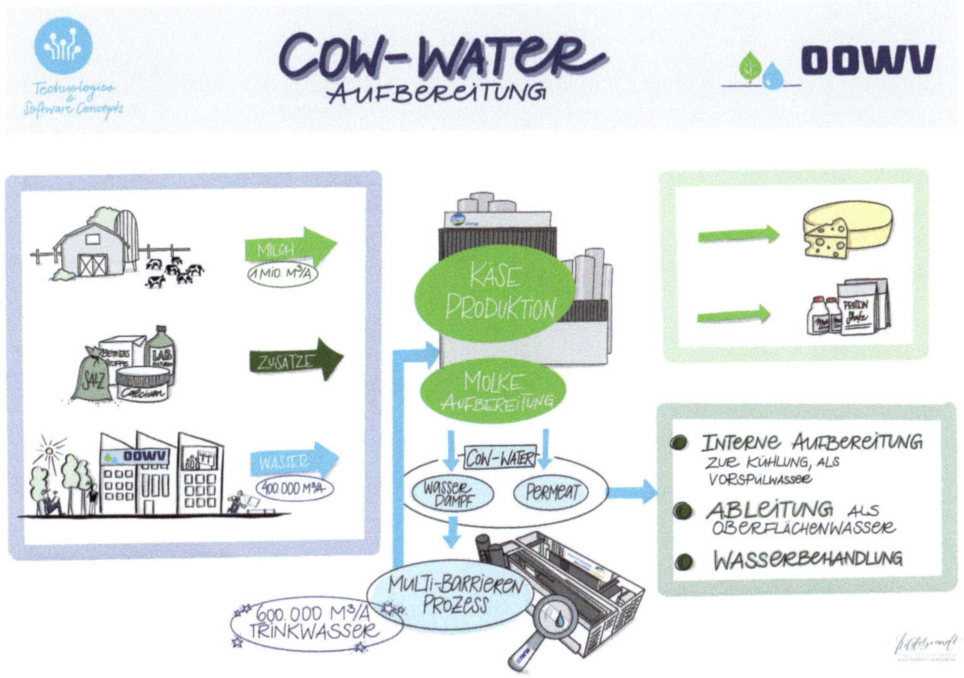

Abb. 12.3 Schematische Darstellung der Trinkwassersubstitution durch Brüdenkondensataufbereitung im von der EU geförderten Projekt B-WaterSmart. (Quelle OOWV, siehe [Krö22])

12.2.2 Aufbereitung eines Abwassers aus der Kartoffelverarbeitung auf Trinkwasserqualität

An einem Standort eines Lebensmittelherstellers in Deutschland werden 30 % des behandelten Abwassers wiederverwendet. Die bereits bestehende Abwasserreinigungsanlage zur Direkteinleitung kombiniert eine Flotationsstufe zur Entfernung von Ölen- und Fetten, eine anaerobe biologischen Stufe zur Reduzierung organischer Stoffe unter Erzeugung von Biogas und eine aerobe Nachbehandlung zur Entfernung der Restorganik, Stickstoff und Phosphor. Für die Implementierung eines Abwasserrecyclings wurde diese Anlage um eine Wasseraufbereitung erweitert. Rund 30 % bis 40 % des gereinigten Abwassers werden über eine Ultrafiltration zur Entfernung von Reststoffen und Keimen und einer Umkehrosmose inkl. Desinfektion zur Reduzierung von Spurenstoffen, Salzen und Keimen aufbereitet. Das aufbereite Wasser wird anschließend mit Trinkwasser versetzt, um die Mineralisierung zu sparen und anschließend in Waschprozessen des Werks wiederverwendet. Circa 150.000 m³/a Trinkwasser können dadurch eingespart werden.

Der Energieaufwand für die gesamte Abwasserbehandlung und Wasseraufbereitung auf Trinkwasserqualität liegt mit 3,5 kWh/m³ etwas höher als bei der Meerwasserentsalzung als alternative Wasserressource. Circa 2/3 der Energie entfallen jedoch auf die ohnehin notwendige Abwasserbehandlung (Abb. 12.4).

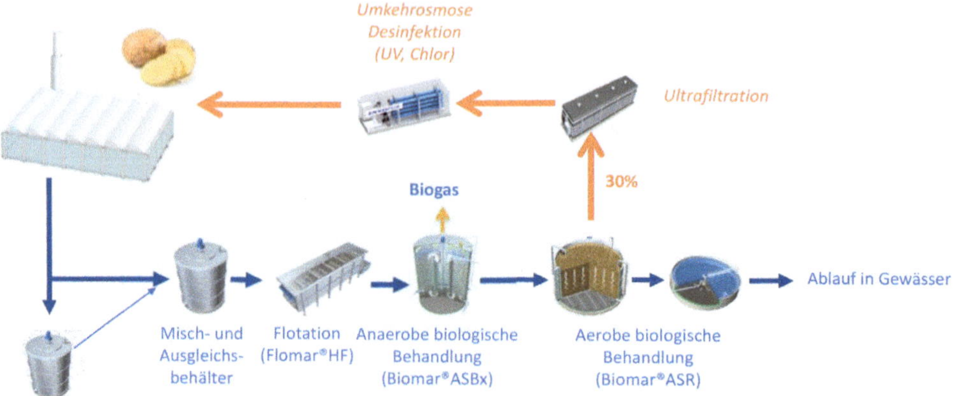

Abb. 12.4 Abwasserrecycling am Beispiel einer kartoffelverarbeitenden Industrie. (© Robert Lutze. Copyright 2025. All rights reserved)

12.3 Fit-for-Purpose als Erfolgsfaktor für industrielles Wasserrecycling am Beispiel der Milchindustrie

Angesichts der umfassenden Verfügbarkeit von Aufbereitungstechnologien stellt sich die Frage nach der optimalen Strategie für die industrielle Wasserwiederverwendung. Hier kommt das Konzept der „Fit-for-Purpose"-Aufbereitung ins Spiel. Es besagt, dass die Qualität des aufbereiteten Wassers genau an den jeweiligen Verwendungszweck angepasst werden sollte und nicht zwangsläufig die aufwendigste Trinkwasserqualität erreicht werden muss. Diese intelligente Ressourcennutzung ermöglicht erhebliche Einsparungen bei Energie und Kosten und optimiert dennoch den gesamten Wasserfußabdruck eines Unternehmens.

Der traditionelle Ansatz der zentralen „End-of-Pipe"-Abwasserbehandlung, bei dem alle Abwasserströme eines Betriebs gesammelt und gemeinsam gereinigt werden, ist oft ineffizient für die Wiederverwendung. Er führt dazu, dass auch gering belastete Teilströme mit hoch konzentrierten Abwässern vermischt werden, was die gesamte Aufbereitung komplexer und teurer macht. Eine weitaus effektivere Strategie ist die dezentrale Aufbereitung von Teilströmen direkt an ihrem Entstehungsort. Durch die Trennung und spezifische Behandlung von Abwässern unterschiedlicher Qualität lassen sich maßgeschneiderte Lösungen entwickeln. Gering belastete Abwässer erfordern weniger intensive Behandlungsverfahren und können oft mit minimalem Aufwand für Zwecke wiederverwendet werden, die keine Trinkwasserqualität erfordern (Abb. 12.5).

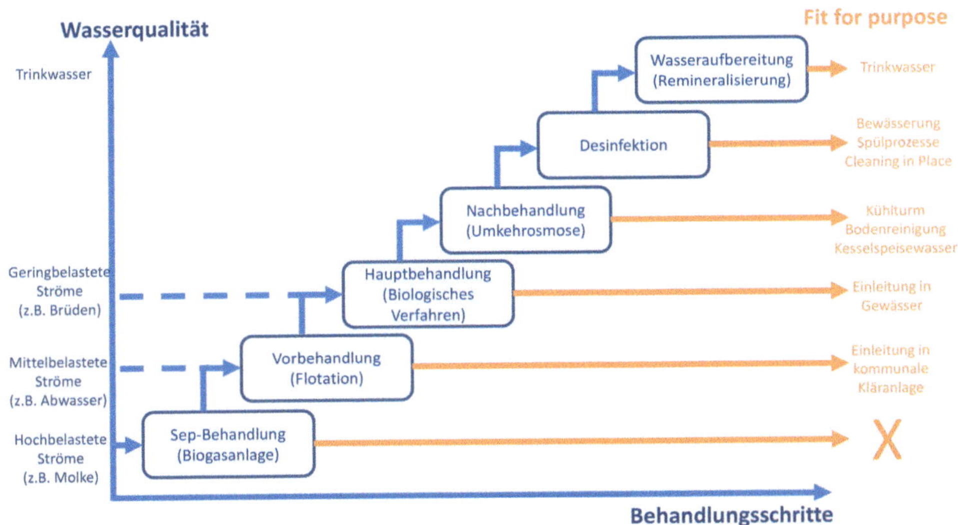

Abb. 12.5 Fit-for-purpose-Ansatz für industrielles Wasserrecycling am Beispiel eines milchverarbeitenden Betriebs. (© Robert Lutze. Copyright 2025. All rights reserved)

Ein typischer Milchverarbeitungsbetrieb zeichnet sich durch einen hohen Wasserverbrauch und vielfältige Abwasserströme aus, die sich hinsichtlich ihrer Zusammensetzung und Belastung stark unterscheiden.

Hochbelastete Abwässer stammen typischerweise aus Prozessen wie der Reinigung von Molkekonzentraten, der Käseproduktion (Molkewasser) oder der Produktverlustbehandlung. Sie enthalten hohe Konzentrationen an organischen Stoffen (Proteine, Fette, Laktose) und erfordern eine intensive Behandlung, oft eine anaerobe Vorbehandlung zur Biogasproduktion, gefolgt von einer aeroben biologischen Stufe. Das aufbereitete Wasser aus diesen Strömen wird in der Regel nicht für die direkte Wiederverwendung im Werk genutzt, könnte aber nach weitergehender Aufbereitung (z. B. Membranfiltration) für die Kesselwasseraufbereitung oder Kühltürme geeignet sein.

Zu mittelstark belasteten Abwässern zählen Abwässer aus der allgemeinen Anlagenreinigung (CIP – Cleaning in Place) und Spülwasser nach ersten Reinigungsschritten. Sie enthalten Reinigungs- und Desinfektionsmittel sowie organische Reste. Für diese Ströme könnte eine optimierte biologische Behandlung, eventuell gefolgt von einer Ultrafiltration, ausreichend sein, um Wasser für weniger sensible Anwendungen zu gewinnen. Auch ein end-of-pipe Abwasserstrom fällt in diese Kategorie.

Gering belastete Abwässer fallen beispielsweise bei der Vorklärung von Milchprodukten, Kondensat aus Dampfsystemen oder als Spülwasser nach dem Vorreinigen von Tanks und Rohrleitungen an. Oft handelt es sich hier um Wasser, das nur geringfügig mit organischen Stoffen oder Schwebstoffen belastet ist. Eine einfache Filtration, gefolgt von einer UV-Desinfektion, könnte bereits ausreichen, um diese Ströme als Spülwasser für die erste Reinigungsphase (Vorspülung) oder für die allgemeine Anlagenreinigung außerhalb des direkten Produktkontakts (z. B. Bodenreinigung) wiederzuverwenden.

12.4 Industrielle Symbiose als unternehmensübergreifendes fit-for-purpose Konzept

Das Konzept der Industriellen Symbiose ist ein Paradebeispiel für innovative Ansätze im Wassermanagement, die über die Grenzen einzelner Unternehmen hinausgehen [Che00]. Ein weltweit bekanntes und führendes Beispiel hierfür ist der Industriepark in Kalundborg, Dänemark. In Kalundborg sind verschiedene Unternehmen aus unterschiedlichen Branchen miteinander vernetzt, darunter ein großes Kraftwerk (Asnæs Power Station), eine Raffinerie (Equinor Refining Denmark), ein Pharmaunternehmen (Novo Nordisk), ein Gipsplattenhersteller (Gyproc) und eine Bodenreinigungsanlage [KAL25]. Hier werden seit Jahrzehnten Abfallprodukte und Nebenströme eines Unternehmens als wertvolle Ressourcen für ein anderes Unternehmen genutzt, wodurch ein Netzwerk aus gegenseitigen Abhängigkeiten und Synergien entsteht [Che00] (Abb. 12.6).

Im Zentrum dieser Symbiose steht auch das Thema Wasser, das in verschiedenen Qualitäten zwischen den Partnern ausgetauscht wird, um den Frischwasserverbrauch der gesamten Region signifikant zu reduzieren. Die „Fit-for-Purpose"-Strategie wird in Kalundborg somit auf einer überbetrieblichen Ebene gelebt. Anstatt Wasser nach einmaliger Nutzung als Abwasser abzuleiten, wird es – je nach erforderlicher Qualität – aufbereitet und

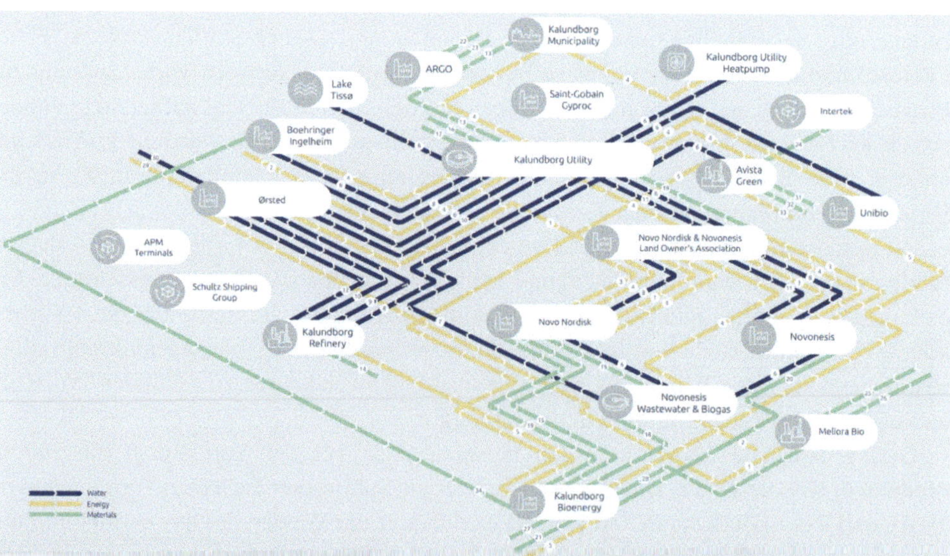

Abb. 12.6 Industrielle Symbiose in Kalundborg – Unternehmensübergreifender Austausch von Stoffströmen [KAL25]

an einen anderen Partner geliefert, der es für seine Prozesse nutzen kann. Dies maximiert die Effizienz der Wassernutzung und minimiert den Aufwand für die Aufbereitung.

Beispielsweise wird das gereinigte Abwasser eines Pharmaunternehmens nicht vollständig in die Umwelt entlassen, sondern teilweise an das Kraftwerk geliefert, wo es als Kühlwasser oder zur Dampferzeugung eingesetzt wird [KAL25]. Dies reduziert den Frischwasserbedarf des Kraftwerks erheblich. Das Kühlwasser und Prozesswasser vom Kraftwerk wird nach der Nutzung ebenfalls nicht einfach in den Fjord zurückgeleitet, sondern teilweise an andere Unternehmen abgegeben. Beispielsweise nutzt die Raffinerie Equinor dieses erwärmte Wasser für ihre Prozesse, was den eigenen Frischwasserbedarf reduziert und gleichzeitig die Abwärme des Kraftwerks sinnvoll nutzt [KAL25].

Die Vorteile dieser industriellen Symbiose im Bereich Wasser sind vielfältig:

- Reduzierter Frischwasserbezug
- Geringere Abwassermengen
- Kosten bzw. Ressourceneinsparungen
- Erhöhte Versorgungssicherheit

Das Beispiel Kalundborg zeigt eindrucksvoll, dass ein integriertes, sektorübergreifendes Wassermanagement nicht nur ökologisch sinnvoll, sondern auch ökonomisch vorteilhaft ist. Es ist ein Modell, das weltweit als Best Practice Beispiel für eine nachhaltige industrielle Entwicklung dient und aufzeigt, wie durch Kooperation und Ressourceneffizienz die Herausforderungen des Klimawandels und der Wasserknappheit gemeistert werden können.

12.5   Ist eine Industrielle Symbiose zwischen Unternehmen der Milchverarbeitung und der Landwirtschaft denkbar?

Das Modell der industriellen Symbiose aus Kalundborg ist nicht nur übertragbar, sondern birgt gerade zwischen einem Milchverarbeitungsbetrieb und der umliegenden Landwirtschaft enorme Potenziale für eine nachhaltige Kreislaufwirtschaft. Derzeit werden Abfallprodukte wie Molke oder das bei der Reinigung anfallende Abwasser oft aufwendig behandelt oder entsorgt, obwohl sie wertvolle Ressourcen enthalten. Eine Symbiose könnte hier bedeuten, dass der Milchbetrieb gereinigtes Abwasser – eventuell in „Fit-for-Purpose"-Qualität – für die Bewässerung von Ackerflächen zur Verfügung stellt. Dies würde den Frischwasserbedarf der Landwirtschaft reduzieren und gleichzeitig die Ableitung von gereinigtem Abwasser in Gewässer minimieren.

Darüber hinaus könnten Nährstoffströme intelligent verknüpft werden. Molke, ein Nebenprodukt der Käseherstellung, ist reich an organischen Stoffen und Nährstoffen. Statt sie aufwendig zu entsorgen, könnte sie nach einer geeigneten Vorbehandlung in der Landwirtschaft eingesetzt werden. Ähnlich verhält es sich mit Gärresten aus Biogasanlagen, die Molkereiabfälle verarbeiten: Diese Gärreste sind ein hervorragender, nährstoffreicher Dünger, der den Einsatz von mineralischen Düngern reduzieren könnte, deren Produktion energieintensiv ist.

12.6 Zusammenfassung

Die Transformation unserer Wirtschaft in eine echte Kreislaufwirtschaft verlangt einen grundlegenden Perspektivwechsel, insbesondere beim industriellen (Ab-)wasser. Es ist an der Zeit, dieses nicht mehr als bloßes Entsorgungsproblem zu definieren. Vielmehr müssen wir erkennen und nutzen, dass Wasser unsere vielleicht wertvollste Ressource ist. Daraus folgt die zwingende Notwendigkeit, Wasser konsequent wiederzuverwenden und die im Abwasser enthaltenen wertvollen Rohstoffe aktiv zurückzugewinnen.

Die für eine effektive Wasserwiederverwendung erforderlichen Technologien und Referenzen sind bereits umfassend vorhanden. Neben dem notwendigen Mut zur Zusammenarbeit und dem Vertrauen zwischen den Akteuren bedarf es jedoch auch einer klaren Unterstützung durch angepasste gesetzliche Rahmenbedingungen. Aktuell bremsen das Fehlen einheitlicher Regelungen für den Einsatz von aufbereitetem (Ab-)Wasser als Trinkwasser sowie starre, konzentrationsbasierte Grenzwerte für die Einleitung in kommunale Kläranlagen die Implementierung innovativer industrieller Wasserrecyclinglösungen erheblich.

Hrsg.: Unser Wasser gewinnen wir durch Brunnen. Meist, aber nicht ausschließlich, wird dort Grundwasser gefördert. Das hat in der Vergangenheit immer funktioniert. Warum müssen wir uns Gedanken zur Wasserversorgung machen? Die Frage ist berechtigt. Alles Wasser war zu irgendeinem Zeitpunkt einmal Regen. Fällt zu Boden. Im Normalfall sickert es in die Erde ein, wird zu Grundwasser und später zu Trinkwasser. Die Herausforderungen ergeben sich dadurch, dass der Regen vermehrt als Starkregen fällt. Das führt dazu, dass ein Teil des Wassers direkt in unsere Flüsse abgeleitet wird und nicht Grundwasser werden kann. Durch erhöhte Temperaturen verdunstet ein größerer Teil. Die Grundwasserneubildungsrate wird durch derartige Effekte geringer. Gleichzeitig steigt der Wasserverbrauch, etwa weil Landwirte zunehmend Wasser für die Bewässerung ihrer Felder brauchen. Geringere Grundwasserneubildung zusammen mit steigendem Verbrauch lässt die Grundwasserpegel fallen. Bäume haben zuweilen ein Problem damit, wenn sie artbedingt nicht tief genug wurzeln. Damit die Pegel wieder steigen können muss der Verbrauch gesenkt werden. Hier genau setzt die Abwasseraufbereitung an, wie im vorliegenden Kapitel beschrieben. Die dahinter steckende Technik ist absolut vielfältig und interessant. Aber es ist auch eine verantwortungsvolle Technik, da nicht nur die Mengen passend bereit gestellt werden. Es muss auch die Qualität passen. Wie in Kap. 11 erwähnt, ist es wichtig auf die Inhaltsstoffe zu achten. Aus einem vielleicht wahrgenommenen Problem mit dem Wasser ist eine anspruchsvolle Aufgabe geworden, die unsere Existenz absichert. Die gute Nachricht ist im vorliegenen Kap. 12 zu lesen: Alle notwendigen Techniken sind vorhanden und etabliert.

Literatur

[BMWK23] Bundesministerium für Wirtschaft und Klimaschutz Fortschreibung der nationalen Wasserstoffstrategie – NWS 2023.

[Che00] Chertow, M. Industrial symbiosis: Literature and taxonomy. DOI: 10.1146/annurev.energy.25.1.313.

[Eng20] Engelhart, M. Entsalzungstechnologien und Wasserkreislaufführung. In: Rosenwinkel, K.-H., Austermann-Haun, U., Köster, S., Beier, M. (Eds.), Taschenbuch der Industrieabwasserreinigung, 2. Auflage, Vulkan Verlag, Essen.

[IEA24] International Energy Agency (IEA). Global Hydrogen Review. www.iea.org (abgerufen am 10.12.2024).

[KAL25] Kalundborg Symbiosis. Offizielle Website: https://www.symbiosis.dk/en/ (abgerufen am 30.06.2025).

[Krö22] Krömer, K.; Tiemann, Y.; Nahrstedt, A.; Zimmermann, B.; Scheipers, E.; Krumrey, D.; Lutze, R.; Masch, M.; Cow-Water als Trinkwasserersatz in der Molkereiwirtschaft. Gwf-Wasser | Abwasser, 03/2022, Seite 30–33.

[Lut22] Lutze, R.; Weisser, Th.; Poertner, N.; Kieferle, J.; Sustainable Processing: Water Reuse in Dairy Processing. In: McSweeney, P.L.H., McNamara, J.P. (Eds.), Encyclopedia of Dairy Sciences, vol. 4. Elsevier, Academic Press (2022), S. 855–873.

[Sch15] Schaum, C.; Lensch, D.; Cornel, P.; Water reuse and reclamation: a contribution to energy efficiency in the water cycle. Journal of Water Reuse and Desalination, 05.2, 2015, S. 83–94.

Phosphor-Elimination in stehenden Gewässern mit dem PeliCon-Verfahren

13

Sonja Meiwes und Andreas Stein

13.1 Problemdarstellung

Eine hohe Nährstoffkonzentration, zunehmende Nutzungsintensität sowie die Folgen des Klimawandels prägen die Gewässersituation vieler stehender Gewässer, wie Seen, Weiher und Teiche, negativ. Lediglich etwa 25 % der stehenden Gewässer entsprechen den EU-Kriterien der Wasserrahmenrichtlinie für einen guten oder sehr guten Zustand [UBA22].

Die Relevanz von Seen für die Biodiversität sowie die Regulierung des Wasserkreislaufs und der Trinkwasserversorgung macht sie zu essenziellen Ökosystemen, die unter Schutz zu stellen sind. Ein stehendes Gewässer ist ein Lebensraum, der von einer Vielzahl an Organismen bewohnt wird und sich aus verschiedenen Zonen zusammensetzt, darunter die Uferzone, der Wasserkörper und der Seeboden. Das Gewässer ist ein wichtiger Lebensraum für zahlreiche Arten und sollte daher geschützt werden. Dennoch werden gleichzeitig Gewässer in vielfältiger Weise auch vom Menschen genutzt. Die Funktionen dieser Gewässer umfassen die Bereitstellung von Erholungsgebieten und die Trinkwassergewinnung. In Anbetracht der gegebenen Diversität an Interessengruppen ist ein Nutzungskonflikt zu konstatieren. Die Bewältigung der Konflikte erfordert eine sorgfältige Planung, um eine nachhaltige Nutzung der Gewässer zu gewährleisten.

S. Meiwes (✉) · A. Stein
enviplan Ingenieurgesellschaft mbH, Lichtenau, Deutschland
E-Mail: sonja.meiwes@enviplan.de

© Der/die Autor(en), exklusiv lizenziert an Springer-Verlag GmbH, DE, ein Teil von Springer Nature 2026
J. Dohmann (Hrsg.), *Umweltimpulse – 19 Wege in eine lebenswerte Zukunft*,
SDG - Forschung, Konzepte, Lösungsansätze zur Nachhaltigkeit,
https://doi.org/10.1007/978-3-662-72198-8_13

133

Um den problematischen Zustand vieler Gewässer zu verbessern und die Ziele der Wasserrahmenrichtlinie zu erreichen, müssen die hauptsächlich anthropogen bedingten Prozesse reduziert werden. Insbesondere die zusätzliche Anreicherung von Pflanzennährstoffen, wie Phosphor- und Stickstoffverbindungen in Ökosystemen, beispielsweise in Form des zusätzlichen Nährstoffeintrags aus Siedlungs- und landwirtschaftlichen Flächen, führen zu signifikanten Beeinträchtigungen. Durch den zusätzlichen Nährstoffeintrag erhöht sich die Biomasseproduktion sowie die Sedimentation von Mineralien und organischen Stoffen am Grund. Das führt wiederum zu einer Verringerung der Tiefe und Fläche des Sees. Dieser Prozess endet in der sogenannten Verlandung des Sees. In der Folge kommt es zu einer Alterung des Gewässers, die wiederum mit einer Zunahme der Produktion von Biomasse einhergeht. Sedimente am Gewässergrund fungieren als Reservoir für verschiedene Schadstoffe, die bei bestimmten Bedingungen mobilisiert werden können und somit die Gewässerqualität negativ beeinflussen. In tiefen Gewässerabschnitten bildet sich im Hypolimnion während der stratifikationsbedingten Stagnation häufig Sauerstoffmangel. Unter diesen Bedingungen lösen Redox-Reaktionen das im Sediment gebundene Phosphat, welche nach Herbst- und Frühjahrszirkulation wiederholt im gesamten Wasserkörper freigesetzt werden. Der durch den Menschen verursachte Eingriff, resultiert in einer Beschleunigung derartiger Prozesse, die in der Regel über größere Zeiträume hinweg ablaufen.

Das Bestreben der Gewässerentwicklung liegt in der Reduzierung anthropogener Einflüsse, insbesondere der Nährstoffzufuhr, um einen natürlichen Zustand zu erreichen. Die Höhe des Aufwands sowie die zu erzielende Erfolge werden durch verschiedene Faktoren bestimmt, welche vor einer Renaturierung des Gewässers zu erfassen sind. Zu den relevanten Faktoren zählen das Einzugsgebiet, die morphologischen und hydrologischen Gegebenheiten des stehenden Gewässers sowie die angestrebte Nutzung und die finanziellen Möglichkeiten.

13.2   Renaterierungsmöglichkeiten

Aufgrund ihrer vielseitigen Nutzung erfahren Gewässer diverse Beanspruchungen. Um die ursprüngliche Dynamik des stehenden Gewässers wiederherzustellen und die Biodiversität zu fördern, gibt es nun unterschiedliche Maßnahmen. Zu den etablierten Methoden gehören Biomanipulation, Entschlammung, Belüftung und Nährstoffreduktion.

Nach der Analyse der Gewässerbelastungen kann die Biomanipulation als Maßnahme zur ökologischen Stabilisierung eingesetzt werden. Dabei wird die Zusammensetzung der Lebensgemeinschaft gezielt verändert, etwa durch den Einsatz von Raubfischen zur Reduktion zooplanktivorer Arten. Es konnte festgestellt werden, dass das Wachstum von Zooplankton durch diese Maßnahme indirekt gefördert wird. In der Folge wird wiederum die Algenpopulation reguliert [Win23]. Die Reduktion der Algenblüte verbessert die Wasserqualität erheblich. Dies führt zu einer Reduktion der Trübung des Wassers, einer geringeren Sedimentation organischer Substanzen und einer verringerten Sauerstoffzehrung.

Bei der Entschlammung werden nährstoffreiche Sedimentschichten mechanisch entfernt, meist mit Baggern. Der Prozess zielt darauf ab, die Nährstoffkonzentration im Gewässer zu verringern und somit die Wasserqualität zu verbessern. Diese Maßnahme ist jedoch mit einem hohen Kostenfaktor verbunden [Dit03].

Belüftungsverfahren wie Oberflächen- oder Tauchwasserbelüfter fördern die Sauerstoffanreicherung in den tieferen Gewässerschichten. Dies ist besonders relevant für tiefe Seen, in denen die Sprungschicht den Sauerstoffaustausch zwischen oberen und unteren Wasserschichten verhindert. Sinkende Sauerstoffkonzentrationen im Wasser können anaerobe Bedingungen fördern und die Freisetzung gebundener Nährstoffe wie Phosphor begünstigen. Erhöhter Nährstoffgehalt fördert die Algenbildung im Gewässer. Diese Zersetzungsprozesse resultieren wiederum eine erhöhte Sauerstoffzehrung (vgl. [UBA19], [Dit03]).

Nährstoffreduktionsmaßnahmen in stehenden Gewässern umfassen unter anderem Tiefenwasserableitung, Entschlammung und chemische Fällung. Die Maßnahmen zielen sowohl auf die Verringerung der punktuellen (durch die kommunalen Kläranlagen), als auch der Diffusen (durch Abschwemmungen der Landwirtschaft, Erosion usw.) Nährstoffeinträge. Sie sind allerdings z. T. mit erheblichen Kosten verbunden. Ein weiterer Ansatz ist die Phosphatfällung mithilfe chemisch-physikalischer Anlagen. Jede Verminderung der Phosphatbelastung bringt eine Verbesserung der Gewässerqualität (vgl. [UBA19], [Dit03]).

13.3   Das Pelicon-Verfahren

Ziel von Sanierungsstrategien bei Gewässereinzugsgebiete ist die langfristige Reduktion des Nährstoffeintrags – allen voran Phosphate. Diese Nährstoffe fördern das Wachstum von Algen und führen langfristig zur Eutrophierung.

Im Verlauf eines Jahres lagern sich Phosphate im Sediment eines Sees ab. Unter sauerstoffarmen Bedingungen, wie sie häufig im tiefen Wasser während der Sommermonate entstehen, können diese Verbindungen instabil werden. Infolge chemischer Reaktionen wird das gebundene Phosphat aus dem Sediment gelöst und gelangt über das Porenwasser wieder in die Wassersäule – mit der Folge, dass die Nährstoffbelastung erneut ansteigt. Ein maßgeblicher Einflussfaktor ist der Sauerstoffgehalt, denn dieser bestimmt die Stabilität der Phosphatbindungen an Eisenverbindungen.

Zur gezielten Reduktion dieser Belastung kann das sogenannte Pelicon-Verfahren (siehe Abb. 13.1) eingesetzt werden. Dabei handelt es sich um ein Verfahren, das sich besonders für stark belastete Tiefenwasserbereiche eignet. Das zu behandelnde Wasser wird durch eine Unterwasserpumpe aus dem hypolimnischen Bereich entnommen und der Anlage zugeführt.

In der Pelicon-Anlage wird das Wasser durch chemische Fällung und Flockung und durch die Mikroflotation gereinigt. Während der Fällung werden gelöste Stoffe, vor allem Phosphate, in schwer lösliche Partikel überführt. Im Anschluss entstehen durch Zugabe eines Flockungsmittels größere Partikelverbände, die sich in der Mikroflotationsanlage abtrennen lassen.

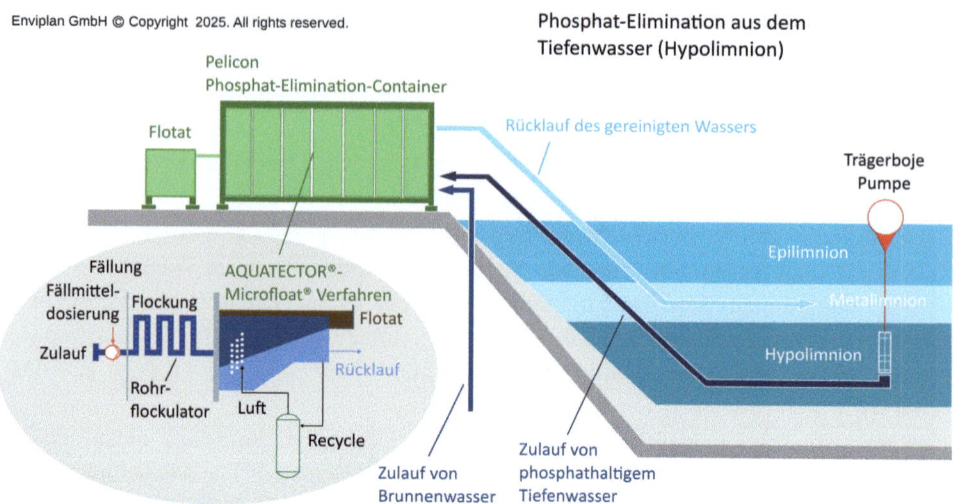

Abb. 13.1 Verfahrensschema Phosphat-Elimination aus dem Tiefenwasser

Das Pelicon-Verfahren erweitert den Einsatzbereich der AQUATECTOR® Microfloat® Technik. Diese Anlage erzeugt im Flotationsbecken ein dichtes Mikroblasenbild (30–50 µm), das die über eine vorangegangene Flockung gebildeten Komplexe an die Oberfläche bringt.

Die an der Wasseroberfläche flotierten Feststoffe werden dann mit Hilfe eines Kettenräumers in die Flotatkammer geleitet und dort mittels Pumpe in einen weiteren Container gefördert um den Schlamm ordnungsgemäß zu beseitigen. Ein Teilstrom des von Feststoffen befreiten Wassers wird wieder zurück zu einem Drucksättigungssystem geleitet, dem patentierten AQUATECTOR®-System. Im AQUATECTOR® wird das Wasser durch ein verbautes Reaktorventil zerstäubt, um die Grenzoberfäche Luft-Wasser zu erhöhen. Durch den zusätzlichen Druck von 2,5 bis 3,5 bar wird die vorhandene Luft im AQUATECTOR® im Wasser gelöst. Durch diesen Prozess wird das Wasser mit Luft gesättigt. Das mit Luft gesättigte Wasser fließt dann vom AQUATECTOR® zu den am Becken verbauten patentierten iFloat Entspannungsventilen. Dort wird das mit luftgesättigtem Wasser über den Ringspalt der Ventile auf Normdurck entspannt. Sodass dadurch die Mikroblasen, welche für den Flotationsprozess benötigt werden, freigesetzt werden.

Nach der Reinigung wird das aufbereitete Wasser rückgeführt und verbleibt oberhalb der hypolimnischen Schicht – damit wird eine unerwünschte Vermischung mit stark belastetem Tiefenwasser vermieden. Da das System ohne herkömmliche Filter oder Rückspülung auskommt, ist ein kontinuierlicher Betrieb möglich, und Filterwechsel entfallen. In Abb. 13.1 ist der Verfahrensprozess dargestellt.

Das Verfahren nutzt gezielt die natürlichen Schichtungseigenschaften vieler Seen, indem es nur das nährstoffkonzentrierte Tiefenwasser behandelt. Dadurch eignet es sich nicht nur für tiefere Schichtgewässer, sondern kann auch ergänzend bei der Entschlammung flacherer Gewässer eingesetzt werden. Die Mikroflotation zeichnet sich zudem durch hohe Abscheideleistung, geringen Wartungsbedarf und Kosteneffizienz aus.

Die Vorteile des Verfahrens:

- Langfristige Verminderung der Nährstoffbelastung durch gezielte Tiefenwasserbehandlung
- Reduktion des Algenwachstums und dadurch Sicherstellung der Wasserqualität der EU-Badegewässerrichtlinie
- Stabilisierung der Sauerstoffverhältnisse im Hypolimnion
- Erhöhte Sichttiefe und verbesserte Wasserqualität
- Verringerung des Risikos für Fischsterben
- Wiederherstellung der Nutzbarkeit für Freizeit- und Fischzwecke
- Wartungsarm (kein Filterwechsel, keine Rückspülung)

13.4 Sauerstoffanreicherung als Sofortmaßnahme

Eine erfolgreiche Gewässertherapie setzt voraus, dass externe Phosphatzufuhr durch Sanierungsmaßnahmen im Einzugsgebiet reduziert oder vermieden wird. Diese Eingriffe sind essenziell, reichen jedoch häufig nicht aus, weil im Gewässer existierende Phosphate durch Sediment-Wasser-Kopplung weiterhin im System zirkulieren. Aus diesem Grund bedarf es ergänzender Restaurierungsmaßnahmen, die gezielt den inneren Nährstoffkreislauf unterbrechen und zusätzlich zur Stabilisierung des Sauerstoffniveaus beitragen.

In stark genutzten Gewässern, etwa Badeseen, ist eine regelmäßige Gewässerunterhaltung erforderlich, um wesentliche Qualitätsziele – insbesondere erhöhte Sauerstoffkonzentrationen – sicherzustellen. Neben herkömmlichen Sanierungsmaßnahmen, die externe Phosphatzuflüsse minimieren, dient das Pelicon-Verfahren selektiv zur Behandlung stärker belasteter Wasserschichten.

13.5 Anlagenaufbau

Pelicon-Anlagen sind in standardisierten Container-Einheiten verbaut, was ihre logistische Handhabung deutlich erleichtert. Durch diese modulare Bauweise ist lediglich die Anbindung an Zu- und Ablaufleitungen sowie eine Stromquelle erforderlich. Dadurch lassen sich die Anlagen schnell montieren, an verschiedenen Orten in Betrieb nehmen und bei Bedarf ebenso effizient demontieren sowie versetzen.

Die Systeme sind so konzipiert, dass sie Wasserzu- und -abflüsse von 10 m^3/h bis 120 m^3/h bewältigen können – auf Wunsch sind auch größere Kapazitäten realisierbar, wenn räumliche und infrastrukturelle Voraussetzungen dies zulassen. Der Stromverbrauch liegt zwischen 0,12 und 0,15 kWh pro Kubikmeter behandeltem Wasser, was im Vergleich eine geringe Energiebilanz darstellt. Zur Phosphatfällung wird Poly-Aluminiumchlorid eingesetzt, dessen Mengenbedarf zwischen 0,025 und 0,080 L pro Kubikmeter aufbereiteten Wassers variiert. Die modularen Containerlösungen erlauben eine flexible Wahl

Abb. 13.2 PeliCon-Anlage am See

des Einsatzortes und tragen so zu einer adaptiven Renaturierungsstrategie bei. Die technischen Eckdaten hinsichtlich Durchsatz, Energie- und Chemikalienverbrauch ermöglichen eine fundierte ökologisch-ökonomische Bewertung und unterstützen die Planung einer effizienten Gewässerbehandlung. Die Abb. 13.2 veranschaulicht den Aufbau der PeliCon-Anlage, welche sich an einem See befindet.

13.6   Zusammenfassung

Für die Durchführung von Restaurierungsmaßnahmen steht eine Vielzahl unterschiedlicher Verfahren zur Auswahl. Es ist anzumerken, dass zahlreiche dieser Verfahren lediglich eine zeitlich begrenzte Symptombehandlung darstellen, wie beispielsweise die Gewässerbelüftung oder die Zwangszirkulation. Ein Fokus auf die eigentlichen Ursachen der Rückdüngung bleibt dabei häufig aus. Eine langfristig erfolgversprechende Strategie zur Restaurierung des Gewässers besteht in der dauerhaften Elimination von Phosphat aus dem Nährstoffkreislauf durch dessen Entnahme. Im Rahmen der Nährstoffentnahme werden diverse Methoden und Verfahren angewendet, darunter Tiefenwasserableitung, Entschlammung sowie chemische Fällung. Es ist jedoch zu bedenken, dass mit diesen Maßnahmen teilweise signifikante Kosten einhergehen. Das Pelicon-Verfahren, stellt in diesem Zusammenhang eine kostengünstige Alternative dar. Das Pelicon-Verfahren beschreibt eine Anlage zur Phosphat-Elimination, welche in einem transportablen Container installiert ist. Das mit Nährstoffen angereicherte Wasser wird zur Pelicon-Anlage gefördert, wo es durch Fällung, Flockung und ein AQUATECTOR®-Microfloat®-Verfahren gereinigt wird. Im Anschluss wird es wieder in das Gewässer rückgeführt.

Die enviplan Ingenieurgesellschaft mbH offeriert Testanlagen und mobile Pilotanlagen, die eine Durchführung von Betriebsversuchen unter realen Praxisbedingungen vor Ort ermöglichen. Die Anlagen zeichnen sich durch ihre Kompaktheit aus und können auf Anfrage in Containern geliefert werden. Ihre universelle Einsetzbarkeit wird durch Standardanschlüsse gewährleistet. Die enviplan Ingenieurgesellschaft mbH stellt das erforderliche Engineering-Know-how bereit und übernimmt die Planung, Konstruktion sowie den Bau einer Großanlage.

Übersicht

Hrsg.: Zum Schutz der Umwelt wird meist versucht, unerwünschte Stoffe erst gar nicht in die Umwelt gelangen zu lassen. Beispiele sind Kläranlagen (siehe Kap. 12) oder Anlagen zur Luftreinhaltung (Kap. 17). Hier werden potenzielle Emittenten von Schadstoffen daran gehindert, diese in die Umwelt zu entlassen. Ein anderes Beispiel sind die in Kap. 9 erwähnten (Rauchgas-) Entschwefelungsanlagen für z. B. Kohlekraftwerke, die die Emission von SO_2 in die Atmosphäre begrenzen.

Sehr selten hingegen sind Verfahren, bei denen ein unerwünschter Stoff, der sich bereits in der Umwelt befindet, wieder „zurückgeholt" wird, also aus der Umwelt abgeschieden wird. Im vorliegenden Kap. 13 wird ein solches Verfahren beschrieben. Es ist in der Lage, Phosphat aus stehenden Gewässern zu entfernen. Phosphor bzw. Phosphat zählt zu den essenziellen Nährstoffen für Pflanzen. Durch die Entfernung dieses Nährstoffs wird die Bildung von Algen reduziert mit großen Vorteilen für den Zustand der Gewässer. Eine überreichliche Konzentration dieses Stoffs kann als Überdüngung (Eutrophierung) bezeichnet werden mit dem unerwünschten Nebeneffekt des übermäßigen Wachstums von Algen, das zu weiteren Problemen im Gewässer führt. Mit dem beschriebenen Verfahren kann der Phosphor-Eutrophierung entgegen gewirkt werden. Ein Gewinn für das Gewässer, das sich damit erholen und eine erhöhte Gewässergüte erlangen kann.

Literatur

[Dit03]   Dittmann, E.; König, F.; Vogt, Ph.; Seenrestaurierung – Eine Übersicht über interne Maßnahmen in stehenden Gewässern zur Reduzierung der Nährstoffgehaltes und zur Erhöhung des Sauerstoffgehaltes. Projehtseminar „Umweltplanung und Bürgerbeteiligungsprojekte". Albert-Ludwigs Universität Freiburg 2003. https://www.flueckiger-see.de/wasser/seenrestaurierung.pdf. letzer Aufruf 22.07.2025

[UBA19]   Umweltbundesamt. Wie verbessern wir den Zustand unserer Seen? 2019. https://www.umweltbundesamt.de/themen/wasser/gewaesser/seen/nutzung-belastungen#eutrophierung-hauptursache-des-unbefriedigenden-oder-schlechten-okologischen-zustands-der-seen. letzter Aufruf: 22.07.2025

[UBA22]   Umweltbundesamt. Die Wasserrahmenrichtlinie – Gewässer in Deutschland 2021- Fortschritte und Herausforderungen, Okt. 2022.

[Win23]   Winkelmann C.; Mewes D.; Worischka S.; Hübner D.; Fricke R.; Fetthauer M. Anwenderleitfaden Biomanipulation in Fließgewässern: Möglichkeiten und Grenzen. 2023. Universität Koblenz. https://www.uni-koblenz.de/de/mathematik-naturwissenschaften/ifin/abt_biologie/ag-winkelmann/copy_of_medien-und-dateien/medien/bioeffekt/anwenderleitfadenbiomanipulation.pdf. letzter Aufruf: 22.07.2025

Naturnahe Bäche und Flüsse initiieren 14

Bernd Schackers

Bäche und Flüsse kennt jeder von uns. Wir begegnen ihnen fast täglich. Sie sind Bestandteil der uns umgebenden Lebenswelt, ob in der Stadt, oder auf dem Lande. Die meisten Menschen bauen über die Jahre eine besondere Beziehung zu ihnen vertrauten Fließgewässern auf, denn Wasser in seiner fließenden Form zieht uns magisch an.

Vor allem in unserer Freizeit stehen sie hoch im Kurs: Wege entlang der Ufer sind beliebte Teile von Spazier-, Rad-, Jogging- oder Walkingstrecken, Uferplätze mit Blick auf das Wasser laden zum Ausruhen, manche Flüsse sogar zum Baden ein (vgl. Abb. 14.1). Selbst beim Überqueren einer Brücke folgen Augen und Gedanken kurz dem vorbeiströmenden Wasser. Einen direkteren Kontakt bieten die unterschiedlichen Wassersportarten. Sehr beliebt ist beispielsweise das Kanuwandern auf unseren Flüssen, aber auch das Angeln.

Die Beispiele zeigen, dass wir uns emotional auf sehr unterschiedlichen Wegen unseren Fließgewässern nähern und diese wahrnehmen.

Ich selber bin in der Nähe des Rheins in Meerbusch aufgewachsen. Der regelmäßige Besuch dieses großen Flusses und das kilometerweit hörbare Tuckern der Schiffsmotoren, gerade bei nebligem Herbstwetter, prägen immer noch meine Kindheitserinnerungen. Heute ist die Oberweser in Höxter mein „Hausfluss", der mich sowohl in meiner Freizeit,

B. Schackers (✉)
Höxter, Deutschland
E-Mail: schackers@uih.de

J. Dohmann (Hrsg.), *Umweltimpulse – 19 Wege in eine lebenswerte Zukunft*, SDG - Forschung, Konzepte, Lösungsansätze zur Nachhaltigkeit, https://doi.org/10.1007/978-3-662-72198-8_14

Abb. 14.1 Rheinufer bei Meerbusch Langst-Kierst. Auch vom Ufer aus besitzt Wasser immer eine magische Anziehungskraft und ist ein bedeutsames Element für Freizeit- und Erholungsnutzungen

aber auch beruflich seit Jahrzehnten begleitet und immer wieder Anlass zur Freude und Motivation bietet, trotz des ein oder anderen zusätzlichen Nebeltages in einer Flussaue.

Neben diesen vielen positiven Assoziationen können Bäche und Flüsse in ihrer Urgewalt aber auch verheerende Schäden und Leid für uns Menschen mit sich bringen. Erinnert sei an die Bilder und Berichte extremer Hochwasserereignisse der letzten Jahre, unter anderem an der Ahr oder Elbe. Immer wieder können Bäche und Flüsse nach lang anhaltenden oder extrem starken Niederschlägen zu reißenden Fluten anschwellen und zu Toten, Verletzten, enormen materiellen Schäden und damit zu viel Leid führen.

Kleine Anteile unserer Bäche und Flüsse können als halbwegs naturnah bezeichnet werden. Große Teile sind aufgrund bestimmter Nutzungsansprüche, auf die später noch eingegangen wird, stark ausgebaut und verändert worden. In diesem beeinträchtigten Zustand können sie verschiedene Funktionen, allen voran ihre Funktion als Lebensraum für Pflanzen und Tiere, nur noch sehr eingeschränkt wahrnehmen.

Vom traurigen Zustand unserer Bäche und Flüsse künden bundesweit einheitlich durchgeführte Bewertungen nach den Vorgaben der Europäischen Wasserrahmenrichtlinie (EG-WRRL). Indikatoren sind u. a. wirbellose Kleintiere (Makrozoobenthos), Fische, Algen und höhere Wasserpflanzen, die über den ökologischen Zustand befinden. Aber auch die erhobene Gewässerstruktur – Gradmesser für den Ausbaugrad bzw. den morphologischen

Zustand/die Naturnähe u. a. von Sohle, Ufer und Umfeld, zeigt auf Basis schlechter Bewertungen den weiterhin sehr hohen Bedarf für die ökologische Verbesserung der Fließgewässer.

Im Folgenden will ich auf einige Aspekte hinweisen, die uns bei der Arbeit zur Rückführung von Bächen und Flüssen in naturnahe Zustände, also die Gewässerrenaturierung, in unserem Landschaftsplanungsbüro leiten.

Projekte zur Renaturierung von Bächen und Flüssen sind sehr komplex und bedürfen vor allem in ihrer Vorbereitungsphase Geduld und einen langen Atem. Bei der Planung und Umsetzung einer naturnahen Fließgewässerentwicklung sind viele Gesichtspunkte zu berücksichtigen. Die Spanne reicht von der Überzeugungsarbeit bei betroffenen Akteursgruppen, der Bereitstellung notwendiger Flächen, der Berücksichtigung von Nutzungsansprüchen und im Boden verborgenen Versorgungsleitungen, der Bestimmung von Gewässertyp, Leitbild und planerischem Entwicklungsziel, der Berechnung von Wasserspiegellagen und Sohlschubspannungen, der Integration von Naturschutzaspekten, der Verwertung anfallender Bodenmassen bis hin zur technischen Realisierbarkeit sowie Kosten-, Finanzierungs- und Förderfragen. Umso beeindruckender ist es für uns Planer, wenn nach Lösung all dieser Fragen eine Baumaßnahme zur Renaturierung abgeschlossen ist und die weitere Entwicklung der Renaturierungsstrecke der Natur überlassen werden kann. Es ist ein überaus befriedigendes Gefühl Räume für eine möglichst naturnahe und gleichzeitig möglichst unbeeinflusste Entwicklung zu schaffen und diese über Jahre hinweg weiter beobachten zu können.

Nun zu einigen grundlegenden Aspekten, die für Gewässerrenaturierungen wichtig sind. Fließgewässer und ihre natürlichen Überschwemmungsflächen – ihre Auen – sind immer als ökologische Einheit zu betrachten, in der sie sich gegenseitig beeinflussen. Das wird deutlich, wenn bei großen Hochwasserabflüssen das Wasser den eigentlichen Bach- oder Flusslauf verlässt und breitflächig durch die flache Aue abfließt (vgl. Abb. 14.2). Bei kleinen Mittelgebirgsbächen und sehr schmalen Geländeeinschnitten können das wenige Meter sein. An unseren großen Strömen wie Elbe, Rhein und Weser sind die natürlichen, ursprünglichen Überschwemmungsgebiete bei Hochwasser viele Kilometer breit.

Bei ablaufendem Hochwasser wird die Einheit von Fluss und Aue deutlich. Zahllose wassergefüllte Mulden, Flutrinnen, Tümpel, Altarme und Altwasser verdeutlichen die Abhängigkeit der Aue vom Flusshochwasser.

Von jeher sind Fließgewässer Ankerpunkte für die Ansiedlung menschlicher Siedlungen, denn Wasser ist und bleibt ein zwingend notwendiges Gut für unser Leben. Sie lieferten Trink- und Brauchwasser, Nahrung in Form von Fischen, Transportwege oder Wasserkraft zum Betreiben von Mühlen. Viele dieser Funktionen nehmen sie auch heute noch wahr. So reihen sich Städte und Dörfer an den Lauf von Flüssen und Bächen wie die Perlen einer Kette.

Die von Fließgewässern geprägten ebenen Tallagen begünstigen nicht nur die Gründung von Siedlungen, sondern auch die Trassierung von Straßen, Schienenstrecken oder Versorgungsleitungen. Gleichzeitig sind Flussauen aufgrund der hohen Nährstoffversorgung und fruchtbarer Auenböden hoch produktive Standorte für die Landwirtschaft. Diese Funktionen sind bei Renaturierungsplanungen immer zu berücksichtigen und beeinflussen in erheblichem Maß Art und Umfang einer Renaturierungsmaßnahme.

Abb. 14.2 Muldeaue kurz vor der Einmündung in die Elbe

Neben den genannten beispielhaften Funktionen für Freizeit- und Erholungsnutzungen, als Siedlungsort, als Verbindungsachsen und für die Landwirtschaft, übernehmen Bach- und Flussauen eine zentrale Bedeutung für den Naturschutz. So siedeln in diesen maßgeblich vom Wasser geprägten Lebensräumen unzählige Pflanzen und Tierarten, die zum Teil sehr eng an die Lebensverhältnisse an oder in Bächen und Flüssen angepasst sind. Viele Arten können beispielsweise mit stark schwankenden Wasserspiegeln überleben.

Fließgewässer und ihre Auen nehmen für die Artenvielfalt, also die Biodiversität, eine zentrale Rolle ein. Sie gelten als Biodiversitäts-Hotspots bzw. als Lebensadern unserer Landschaften. Sie sind zentrale Verbindungsglieder und Wanderachsen für die Ausbreitung von Tieren und Pflanzen zwischen unterschiedlichen Lebensräumen und Großlandschaften. Damit sind sie für den sogenannten Biotopverbund von herausragender Bedeutung. Besonders beeindruckend sind dabei natürlich unsere großen Ströme und Flüsse, die wie Rhein, Elbe, Ems oder Weser (mit Fulda und Werra) als Quellbäche in Gebirgen ihren Anfang nehmen und nach dem Durchfließen großer Landschaftsräume, wie dem norddeutschen Tiefland, nach hunderten Kilometern Flusslauf in die Nordsee münden.

Die Artenvielfalt ist in naturnahen Fließgewässerlandschaften auch deswegen so beeindruckend, weil sie mit einer ständigen Veränderung ihrer Lebensräume auf kleinem Raum in Folge dynamischer Prozesse bestechen. So ändert sich bei nicht ausgebauten Fließgewässern vor allem bei größeren Abflüssen immer ihre Gestalt. Der Flusslauf verlagert seine Ufer und reißt dabei Bodenmaterial samt Vegetationsbedeckung ab, um es weiter

Abb. 14.3 Flachwassser, Kiesbänke und Rinnenbereiche an der renaturierten Ruhr in Arnsberg-Neheim. Dynamische Prozesse, vor allem bei Hochwasserereignissen, gestalten ständig Bach- und Flussufer um. Dabei können auch ganze Bäume unterspült werden. So entstehen ständig neue und sich verändernde Lebensbedingungen am Ufer

flussabwärts in strömungsberuhigten Innenkurven, sogenannten Gleitufern, wieder abzulagern. Durch diese eigendynamische Gewässerentwicklung entstehen oder erneuern sich immer wieder Lebensräume. Das sind u. a. Ufersteilwände, Kies- und Sandbankstrukturen, wechselnde Gewässerbettbreiten und –tiefen, oder auch Altarme, Altwasser und nur kurzzeitig wasserführende Tümpel, die als Stillgewässer zur Lebensraumausstattung vieler Gewässerlandschaften gehören. Diese Dynamik gilt es im Rahmen von Renaturierungsprojekten möglichst weitreichend zu fördern und den dafür notwendigen Raum, den sogenannten Entwicklungskorridor, zu definieren und die Flächen dafür bereit zu stellen.

Die Gestaltungskraft des Hochwassers macht dabei auch nicht vor Bäumen oder Wäldern halt (vgl. Abb. 14.3). In naturnahen Flussauen finden sich deswegen immer wieder vom Wasser herausgerissene Bäume und Sträucher, die vom Hochwasser weiter transportiert und in strömungsberuhigten Bereichen, wie auch Totholzansammlungen, abgelagert werden. Dasselbe passiert mit dem im Fluss mitgeführten Sohlmaterial. In unseren Mittelgebirgslagen können das gewaltige Mengen an Sanden, Kiesen und Schottern sein, die mit dem Hochwasser umgelagert werden. In diesem Wechsel und in dieser Strukturvielfalt finden unzählige Arten ihren Lebensraum, wenn ihnen für diese dynamischen Prozesse Raum zur Verfügung gestellt wird. „Hochwasserschäden" kennt die Auennatur eigentlich nicht. Im Gegenteil: Sie ist auf die gestaltenden Kräfte des Hochwassers angewiesen.

Aus naturschutzfachlicher Sicht ist auch das enge Nebeneinander unterschiedlicher Lebensräume und Lebensformen beeindruckend. Kühle Wasserläufe können direkt an etwas höher liegende, im Sommer stark aufgeheizte Trockenlebensräume wie Sand- und Kiesbänke grenzen. Flussfische im kühlen Wasser sind dann die direkten Nachbarn von trockenheitsliebenden Eidechsen, Schlangen oder Heuschrecken. Wasserpflanzengesellschaften gedeihen in direkter Nachbarschaft zu Trockenrasen. Im Wasser als Larve aufwachsende Libellen tanzen gemeinsam mit Tagschmetterlingen über die Aue. Artenvielfalt, die begeistert!

Eine zentrale Rolle spielen naturnahe Bäche, Flüsse und ihre Auen auch für Teile der Wasserwirtschaft bzw. die für unsere Gewässer verantwortlichen „ausbau- und unterhaltungspflichtigen" Institutionen. Dazu gehören vielerorts Städte und Gemeinden oder Wasser- und Unterhaltungsverbände. Nach Vorgabe der Europäischen Wasserrahmenrichtlinie (EG-WRRL) und auf Basis des deutschen Wasserrechts müssen diese für einen guten ökologischen und einen guten chemischen Zustand, oder ein entsprechendes gutes Potenzial von Bächen und Flüssen sorgen. Dazu gehört auch die Wiederherstellung der Durchgängigkeit für die im Wasser lebenden und wandernden Tiere sowie für den Sedimenttransport. Die notwendige Durchgängigkeit unserer Fließgewässer ist durch zahllose Wehranlagen, die oftmals zur Energieerzeugung errichtet wurden, unterbrochen. Im Gewässer lebende Tierpopulationen werden isoliert, sodass ein notwendiger genetischer Austausch unterbrochen, oder erschwert ist.

Die Gesetzgebung zur Umsetzung der Europäischen Wasserrahmenrichtlinie ist Folge eines jahrzehntelangen politischen Erkenntnisprozesses, dass gesunde und naturnahe Gewässer eine zentrale Lebensgrundlage auch für uns Menschen darstellen. Mit den Zielen dieser Richtlinie wird dem Schutz und der Entwicklung naturnaher Bäche und Flüsse europaweit deutlich mehr Gewicht beigemessen. Damit wurde seit Inkrafttreten der Richtlinie im Jahr 2000 auch in Deutschland die rechtliche Grundlage für umfassende Renaturierungen unserer Bäche und Flüsse geschaffen. So stehen naturnahe Fließgewässer mehr denn je im Fokus der Arbeit von Ausbau- und Unterhaltungspflichtigen, Wasserbehörden und planenden Ingenieurbüros.

Naturnahe Fließgewässer und Auen, einschließlich der Rückgewinnung ursprünglicher Überschwemmungsgebiete, spielen aber auch eine wichtige Rolle für den Hochwasserschutz und die Klimafolgenanpassung. Nach dem Motto „den Flüssen mehr Raum" (vgl. [BfN15]) sollen naturnah entwickelte und deutlich vergrößerte Überschwemmungsflächen den Hochwasser-Rückhalt der Auen verbessern, aber auch die Grundwasserspiegel in entwässerten Auen anheben. Damit steht den Fließgewässern und Auen, z. B. in Folge zunehmender Trockenphasen aufgrund des Klimawandels, mehr Wasser im Boden zur Verfügung. Mit der Renaturierung von Fließgewässern und Auen können demnach Mehrwerte erzeugt werden, die auch für mehr Akzeptanz in der Bevölkerung und Politik führen. Naturnahe Fließgewässer- und Auenentwicklung, Hochwasserschutz und Klimafolgenanpassung können sehr oft Hand in Hand gehen.

Vor allem die Lebensraumfunktionen unserer Gewässerauen sind weiterhin gefährdet, weil Bach- und Flussauen seit Jahrhunderten zunehmend intensiv genutzt und zu diesen

Abb. 14.4 Bundeswasserstraße Weser bei Höxter. Steinschüttungen verhindern eine naturnahe Uferentwicklung

Zwecken technisch umgestaltet worden sind. Zum technischen Schutz vor Hochwasser und zur Schaffung intensiv, auch ackerbaulich nutzbarer Auenflächen wurden die Gewässer stark ausgebaut. Bäche und Flüsse wurden begradigt und in ein starres Korsett aus steinernen Ufer- und oftmals auch Sohlbefestigungen gesteckt. Fortan liegen sie nun in der Landschaft wie „in Stein gemeißelt".

Selbst wenn so mancher Fluss und Bach idyllisch bewachsen erscheint, bei genauerem Hinsehen erkennt man auf großen Strecken einheitlich gestaltete Querprofile sowie Steinschüttungen (vgl. Abb. 14.4) und andere Sohl- und Uferbefestigungen, damit sich das Gewässer nicht mehr selbstständig verändern kann. Im Vordergrund früherer technischer Ausbaumaßnahmen stand das Ziel, Wasser, vor allem bei Hochwasserereignissen, schnell abzuleiten. Durch die Verlegung, Begradigung und Befestigung der Gewässerläufe wurden zusätzliche und dauerhaft sichere Flächen für die Siedlungsentwicklung, den Verkehrswegebau, oder die in diesen Zeiten notwendige Vergrößerung nutzbarer Landwirtschaftsflächen gewonnen.

An den größeren Flüssen und Strömen hat zudem das Ziel einer sicheren und beständigen Befahrbarkeit vor allem mit Güterschiffen zum massiven Flussausbau und einer erheblichen Schädigung unserer Fluss-Ökosysteme beigetragen.

Wie können derart geschädigte Fließgewässer nun aber ökologisch wieder verbessert werden? Eine Frage, der ich begeistert im Studium der Landespflege – heute heißt der Studiengang Landschaftsarchitektur – in Höxter nachgehen konnte. Neben entsprechenden

Vorlesungen haben mich vor allem tierökologische Studienexkursionen an relativ naturnahe Fluss- und Auenstrecken der Durance in Südfrankreich sowie der Theiß in Ungarn für Flüsse und Auen begeistert. Intensiv konnte ich mich so u. a. mit dem morphologischen Formenschatz großer Flüsse und deren Bewohnern beschäftigen. Allein die Vielfalt an Pflanzenarten, Amphibien, Reptilien, Tag-und Nachtschmetterlingen, Heuschrecken, Libellen, Hautflüglern oder Vogelarten in lebendigen Auen hat mich fasziniert. Die Kenntnisse konnte ich dann als studentische Hilfskraft, später auch als frisch diplomierter Ingenieur und Werkvertragnehmer in dem ein oder anderen Forschungs- und Drittmittelprojekt der Hochschule in Höxter, u. a. an Weser, Werra, Fulda oder Mulde vertiefen.

Auch in meiner Diplomarbeit blieb ich dem Thema Flussaue treu und erarbeitete ein Leitbild zur Entwicklung der Kulturlandschaft in der Netheaue im Stadtgebiet von Höxter. Dazu war auch die Auseinandersetzung mit der dortigen Landschafts- und Nutzungsgeschichte erforderlich, ein ebenfalls sehr aufschlussreiches Thema um das heutige Erscheinungsbild der Flusslandschaft zu verstehen. Der Vergleich der Bestandssituation mit historischen Karten liefert beispielsweise Hinweise auf frühe Gewässerverlegungen. Flurbezeichnungen geben Aufschluss auf historische Standortverhältnisse und Nutzungen. Im Rahmen der Bearbeitung hat sich für mich der ständige Wechsel von Geländearbeiten und Schreibtisch- bzw. Büroarbeiten, hier vor allem Literaturrecherchen, Text- und Kartografie- bzw. Zeichenarbeiten als Glücksgriff herausgestellt.

Diese sehr abwechslungsreiche, vielfältige, anspruchsvolle und kreative Arbeit ist übrigens auch nach inzwischen 33 Jahren Berufstätigkeit als Landschaftsarchitekt geblieben und bereitet mir weiterhin viel Freude. Zudem konnte ich eines meiner Hobbies, die Fotografie, immer perfekt für unsere Planungs- und Gutachterarbeiten nutzen. Das ein oder andere Ausflugs- oder Urlaubsfoto landete so in Präsentationen, Abschlussberichten oder Veröffentlichungen.

Wenn wir Bäche und Flüsse naturnah umgestalten wollen, müssen wir uns mit ihren, von Ort zu Ort unterschiedlichen Ausprägungen auseinandersetzen. Das macht die Arbeit bei Fließgewässer-Renaturierungsprojekten immer wieder spannend. Prägend sind beispielsweise für die Größe des Gewässers die unterschiedlich großen Einzugsgebiete, also die Flächen, von denen anfallende Niederschläge oberflächig über zahlreiche Rinnsale dem jeweiligen Gewässer zuströmen. Neben diesen, im Jahresverlauf oft stark schwankenden Abflussmengen, ist auch das Gefälle der Gewässersohle, also des Gewässerbettes im Längsverlauf und das Gefälle der Talsohle für die Gewässergestalt entscheidend. So beeinflusst dieses Gefälle, wie auch die Talform des Gewässers, ob der Bach oder Fluss eher gestreckt, geschwungen, gewunden oder gar in großen Schleifen mäandrierend durch die Landschaft fließt. Die Fließgeschwindigkeit, wie auch das Material, das die Gewässersohle bildet – z. B. Felsblöcke, Schotter, Kiese, Sande, Lehme oder organisches Material – haben, neben der chemisch-physikalischen Gewässerqualität, zentralen Einfluss auf die im Gewässer lebenden Pflanzen- und Tierarten.

Bach ist also nicht gleich Bach und Fluss ist nicht gleich Fluss. Die einen sind schmal und verlaufen natürlicherweise eher gestreckt durch die Landschaft. Manche verzweigen sich zu mehreren Läufen, etwa im Gebirge. Andere fließen sehr langsam und in weiten Mäanderbögen durch ihre Aue und hinterlassen zahlreiche Altarme (einseitig noch an den

Gewässerlauf angebunden) und Altwasser (vom heutigen Gewässerlauf abgetrennt), die von einer ständigen Laufverlagerung des Gewässers über Jahrhunderte erzählen.

Deutschlandweit wurden alle größeren Bäche und Flüsse durch eine Zuordnung zu sogenannten Gewässertypen charakterisiert. Die vorkommenden 21 Gewässertypen wurden in Form von Steckbriefen beschrieben, die bei der Planung von Renaturierungsmaßnahmen eine wichtige Grundlage bilden (vgl. [UBA25], [BfN05]). Sie beinhalten beispielsweise Informationen zum Lauftyp und zur Laufkrümmung, zur Gestaltung des Querprofils, zur Sohlsubstratzusammensetzung oder zur typischen Vegetation. Die Angaben zum jeweils zutreffenden Gewässertyp dienen dazu, sich das zu renaturierende Fließgewässer in seiner naturnahen Form ohne menschliche Einflüsse vorzustellen. Das fällt umso leichter, wenn man, zum Beispiel im Rahmen der oben erwähnten Studienexkursionen, naturnahe Bach- und Flussläufe als Referenzstrecken schon einmal „live" erlebt, erforscht und „verstanden" hat. Die Anschauung zählt. Dann wächst vor dem geistigen Auge schnell ein Bild, wie das zu planende Gewässer eigentlich aussehen könnte.

Weil unter den gegebenen sozioökonomischen Bedingungen in aller Regel keine hundertprozentig naturnahe Umgestaltung eines Fließgewässers möglich ist, müssen realistische Entwicklungs- bzw. Planungsziele formuliert werden. Die orientieren sich am gewässertypkonformen Leitbild, gleichzeitig aber auch an den sozioökonomischen Rahmenbedingungen. Zu derartigen Restriktionen gehören beispielsweise die für die Renaturierung bereitgestellte, oftmals eigentlich zu kleine Fläche, Anforderungen an die Bewirtschaftbarkeit angrenzender Flächen, oder die Hochwassersicherheit benachbarter Siedlungen.

Erst nach einer intensiven Abstimmung mit allen betroffenen Akteuren können die Einzelmaßnahmen zur Erreichung der zuvor definierten Entwicklungsziele ausgearbeitet werden.

In Abhängigkeit von den Restriktionen können kleine Maßnahmen auch im Rahmen der sogenannten, mehr oder weniger regelmäßig stattfindenden Gewässerunterhaltung erfolgen (vgl. [DWA10]). Beispiele dafür sind das Belassen umgefallener Bäume oder abgestorbener Baumkronen am Ufer oder im Gewässerprofil, das Belassen von Röhrichtstreifen am Böschungsfuß bei der ansonsten notwendigen Mahd eines Ausbauprofils, oder eine wechselseitige Mahd der Böschungsvegetation, sodass insbesondere für Insekten zumindest auf einer Uferseite Nahrungsräume und Versteckplätze zeitweise erhalten bleiben. Solche Maßnahmen werden zwischen den für die Gewässerunterhaltung zuständigen Institutionen und der Wasserbehörde abgestimmt und, auch unter Beachtung des Artenschutzes, in Gewässerunterhaltungsplänen dokumentiert.

Größere Umgestaltungsmaßnahmen, etwa die Aufweitung eines Bachprofils, der Rückbau einer Wehranlage oder einer Verrohrungsstrecke zur Herstellung der ökologischen Durchgängigkeit sowie die Neutrassierung eines ganzen Gewässerlaufs erfordern eine umfangreichere Planung als Voraussetzung zu deren baulicher Umsetzung.

Diese großen Fließgewässerrenaturierungen müssen immer von einer Wasserbehörde genehmigt werden. Inhalt und Umfang der hierfür erforderlichen Planunterlagen sind mehr oder weniger über rechtliche Vorgaben, Leitfäden usw. geregelt, hängen aber immer auch von den örtlichen Erfordernissen und Rahmenbedingungen ab.

Die Erstellung solcher Planunterlagen, einschließlich der Planertätigkeit bis zur baulichen Umsetzung der Fließgewässerrenaturierung, gehört zu den besonders attraktiven, weil motivierenden Projekttypen unseres Planungsbüros. Es ist sehr befriedigend zu sehen, wenn Maßnahmen, die wir geplant haben, in der Landschaft sichtbar und erfahrbar werden.

Das Spektrum der einzelnen Arbeiten ist dabei extrem groß. Es reicht von Bestandsaufnahmen und Bewertungen der Pflanzen- und Tierwelt über die Erstellung von Plänen zum Zielzustand bis hin zur Überwachung der Bauarbeiten. Im Folgenden will ich einige Einblicke in den Ablauf und die Inhalte dieser Arbeiten geben.

Planungsprojekte für eine Gewässerrenaturierung müssen, wie die meisten anderen Projekte auch, von Planungs- und Ingenieurbüros akquiriert und die Planungs- und Gutachterleistungen dafür angeboten werden. Das passiert über Ausschreibungs- und Vergabeverfahren. Die Auftragsvergabe wird meist über die angebotene Höhe des Honorars, oft aber auch über vorzulegende Referenzen, die Qualifikation des vorgesehen Personals und die Leistungsfähigkeit des Büros entschieden.

Bis Planungsleistungen ausgeschrieben werden, hat der Auftraggeber bereits sehr viel Arbeit in die Vorbereitung solcher Projekte gesteckt. Zentral ist dabei die Beschaffung notwendiger Flächen für eine Renaturierung. Sobald die Auenflächen nicht im Eigentum des Auftraggebers sind, müssen sie zum Zweck der Renaturierung durch Ankauf, oder z. B. vertragliche Regelungen mit den Eigentümern zur Verfügung gestellt werden. Bei großen Vorhaben helfen da auch sogenannte Flurbereinigungsverfahren. Diese sorgen dafür, dass alle vom Vorhaben betroffenen Eigentümer nach der Bereitstellung von Flächen für eine Renaturierung gleichwertige Ausgleichsflächen an anderer Stelle erhalten.

Ich halte die Bereitstellung geeigneter Flächen zur Umsetzung von Renaturierungsmaßnahmen aktuell für eine der größten Hürden für die flächendeckende Umsetzung entsprechender Projekte. Daher sind in vielen Teilen Deutschlands auch weiterhin kaum renaturierte Fließgewässerstrecken zu sehen. Andererseits gibt es inzwischen fast überall auch Leuchtturmprojekte an einzelnen Bächen und Flüssen zu erkunden. An einigen konnte unser Büro, das UIH Planungsbüro in Höxter, mitarbeiten, sodass wir inzwischen verschiedene Bundesländer, auch mit ihren unterschiedlichen Vorgehensweisen, kennenlernen konnten. Schwerpunkte unserer Renaturierungsplanungen liegen in Nordrhein-Westfalen, Hessen und Niedersachsen. Größere Vorhaben wurden und werden mit unserer Unterstützung an der Ruhr bei Arnsberg (NW), der Eder bei Borgentreich (NW), der Schwartau bei Ratekau (SH), der Emmer bei Emmerthal (NI), der Bega bei Dörentrup (NW), oder der Diemel bei Warburg (NW) umgesetzt.

Neben der notwendigen und teilweise viele Jahre andauernden Flächenbereitstellung muss der Auftraggeber auch die Projektfinanzierung absichern. Dazu gehören vor allem Flächenankäufe, Planungs- und Gutachterkosten sowie die Baukosten. Hierfür werden in aller Regel umfangreiche Fördermittel aus landesweiten Förderprogrammen zur Gewässerrenaturierung in Anspruch genommen. Vielfach muss aber ein Teil der Kosten als Eigenanteil aus den eigenen Finanzhaushalten bestritten werden. Auch das erfordert oftmals viel Kommunikations- und Überzeugungsarbeit.

Damit die bauliche Umsetzung auf den zuvor organisierten Flächen starten kann, müssen die bereits erwähnten Planunterlagen erstellt werden, die für eine wasserrechtliche Genehmigung erforderlich sind. In diesen Unterlagen sind alle Aspekte der Renaturierung darzustellen, damit die zuständige Wasserbehörde entscheiden kann, ob alle gesetzlichen Vorgaben eingehalten werden. So muss beispielsweise gewährleistet sein, dass die Maßnahme nicht zu unabgestimmten Nutzungseinschränkungen, etwa zur Vernässung angrenzender landwirtschaftlicher oder gar bebauter Grundstücke führt. Zudem darf die Hochwassersicherheit für umliegende Flächen, vor allem natürlich für bebaute Grundstücke, nicht beeinträchtigt werden. Dasselbe gilt für Straßen, Wege, Schienenstrecken und Versorgungsinfrastrukturen in Form von Gas-, Abwasser-, Trinkwasser-, Telekommunikationsleitungen und vieles mehr.

Neben der Prüfung dieser Vorgaben kann die Genehmigungsbehörde einer Renaturierungsmaßnahme zudem nur zustimmen, wenn für die überplanten Flächen nicht bereits Planungsrecht für andere Vorhaben besteht.

Außerdem ist in den Genehmigungsunterlagen der Nachweis zu führen, dass die geplanten Maßnahmen nicht gegen naturschutzrechtliche Vorgaben oder den gesetzlich gesicherten Bodenschutz verstoßen. Seit einigen Jahren treten vermehrt auch Belange der Archäologie in den Fokus. Aufgrund der historischen Siedlungstätigkeiten an Flüssen müssen bei umfangreichen Baggerarbeiten zur Schaffung neuer Gewässerläufe oder Überflutungsflächen auch mögliche archäologische Befunde berücksichtigt werden, z. B. indem sie geborgen und katalogisiert werden. Die Beispiele zeigen erneut die Komplexität bei der Planung und Umsetzung von Fließgewässer- und Auenrenaturierungsmaßnahmen.

Damit die Genehmigungsbehörde all die genannten Aspekte sachgerecht überprüfen kann, bestehen die einzureichenden Unterlagen aus einer Reihe von Plänen, Zeichnungen, beschreibenden Texten, Tabellen und ergänzenden Fachgutachten. Zum Genehmigungsantrag gehören bei größeren Ausbaumaßnahmen vor allem ein wasserbaulicher Erläuterungsbericht mit kartografischen Darstellungen des renaturierten Gewässerslaufs. Quer- und Längsprofile geben zudem Auskunft über die Bestandssituation im Vergleich zur geplanten Situation. Darin sind auch die Höhenlagen des Wasserspiegels im Gewässerprofil bei unterschiedlichen Abflüssen dargestellt. Diese resultieren aus notwendigen hydraulischen Berechnungen und Modellierungen. Mithilfe dieser wird auch die Größe des neu gestalteten Gewässerprofils dimensioniert, damit der Nachweis erbracht werden kann, dass der bisherige Hochwasserschutz nicht verschlechtert wird. Auch der Nachweis darüber, dass sich die neu gebaute und sich entwickelnde Gewässersohle nicht in die Tiefe erodiert, ist notwendig. Dazu muss die passende Fließgeschwindigkeit auf Basis des passenden Sohlgefälles bzw. der geplanten Lauflänge ermittelt werden.

Die Darstellung und Berechnung entsprechender Querprofile erfordert die Verarbeitung von Vermessungsdaten des Bestandsgeländes. Hierzu werden flächendeckend vorhandene digitale Höhenmodelle und ergänzende Vermessungsdaten verwendet. Zu unserer Planertätigkeit gehört also im Bedarfsfall auch die Vermessung notwendiger Geländepunkte. Um diese zu erreichen, kann auch der Einsatz einer Machete, außerhalb von Brut- und Setzzeiten, erforderlich werden. Im Dschungel von Hochstauden am Ufer größerer Bäche oder Flüsse kommt man mitunter sonst nicht ans Ziel. Auf größeren Gewässern erfolgt die Vermessung des Gewässerprofils oft auch vom Boot aus. Geländeeinsätze können damit sehr vielfältig und sogar abenteuerlich werden.

Weiterhin müssen die Planunterlagen Aussagen zu Aspekten des Naturschutzes liefern. Dazu werden in der Regel ein Landschaftspflegerischer Begleitplan und ein Artenschutzrechtliches Gutachten verfasst. So macht es beispielsweise wenig Sinn, wenn sehr wertvolle Waldbestände, artenreiche und schützenwerte Nasswiesen oder naturnahe Stillgewässer für eine Fließgewässerrenaturierung „geopfert" werden. Ebenso sollen Gewässerrenaturierungen während der Bauphase nicht zur Tötung oder Verletzung geschützter Tiere führen oder deren Fortpflanzungsstätten (z. B. alte Bäume mit Höhlen) zerstören. Besondere Betrachtungen werden erforderlich, wenn die Maßnahmen in Schutzgebieten, beispielsweise den europäischen Fauna-Flora-Habitat-, kurz FFH-Gebieten realisiert werden sollen.

Damit diese Naturschutzaspekte in einer Renaturierungsplanung berücksichtigt werden können, plädieren wir immer dafür, sehr frühzeitig entsprechende Untersuchungen der Lebensraum- und Artenausstattung vorzunehmen bzw. vorliegende Daten auszuwerten. Auf Basis entsprechender Bestandsdaten können mögliche Konflikte schnell identifiziert und nach planerischen Lösungen gesucht werden. In aller Regel dienen die oftmals von der Wasserwirtschaft angestoßenen Renaturierungen natürlich gleichzeitig auch dem Naturschutz. Dennoch mögliche Konflikte lassen sich aber am ehesten vermeiden, wenn sich die unterschiedlichen Fachdisziplinen, allen voran Wasserbau, Naturschutz/Landschaftsplanung und Bodenschutz frühzeitig austauschen und ein gemeinsames Projektverständnis entwickeln (vgl. [DWA20]). Das erfordert wiederum, dass die unterschiedlichen Fachdisziplinen auch von den verschiedenen, zu berücksichtigenden Belangen und Aufgaben der beteiligten Disziplinen wissen und als interdisziplinäres Team gemeinsam an Planungslösungen arbeiten. Damit ein entsprechender Austausch stattfindet, sind hier Kolleginnen und Kollegen gefragt, die kommunikationsfähig und kommunikationswillig sind. Dies ist ein nicht zu unterschätzender Erfolgsfaktor für eine erfolgreiche und reibungslose Planung.

Ausgesprochen vorteilhaft ist es natürlich, wenn bereits im Studium eine interdisziplinäre Lehre mit interdisziplinärer Projektarbeit ermöglicht wird. Dabei müssen keine Detailkenntnisse vermittelt werden, sondern eher ein Allgemeinverständnis, beispielsweise für die geltenden gesetzlichen Regelungen, die einzelnen Arbeitsschritte im Rahmen einer Renaturierungsplanung und deren zeitliche und technische Umsetzung.

Wenn dann alle Planunterlagen erstellt und eingereicht sind, startet die Genehmigungsphase. Dann müssen die Genehmigungsbehörden auch die sogenannten „Träger öffentlicher Belange" beteiligen, z. B. Landwirtschaftkammer, Straßenbauverwaltungen oder auch die Umweltverbände. Nach einem Prüfungsprozess, der auch die Anregungen und Bedenken aus dem Beteiligungsverfahren aufnimmt, spricht die Genehmigungsbehörde in aller Regel unter Nennung zahlreicher Auflagen eine wasserrechtliche Genehmigung aus. Darunter sind dann als Auflage auch die im Landschaftspflegerischen Begleitplan ermittelten Maßnahmen gelistet, die insbesondere während der Bauphase Beeinträchtigungen des Naturhaushaltes vermeiden oder mindern.

Der erteilte Genehmigungsbescheid wird zum Startschuss für die Umsetzungsphase, in der nur noch die bauliche Umsetzung vorbereitet und die Bauphase begleitet wird. Diese Phase beinhaltet eine Konkretisierung der bis dahin erarbeiteten Genehmigungsplanung. Hierbei werden etwa Querprofile so ausgearbeitet, dass damit im Anschluss Erdmassenermittlungen für den notwendigen Bodenabtrag, wie auch für Bodenaufträge, bei-

Abb. 14.5 Einbau ganzer Bäume in die Ruhr bei Arnsberg-Neheim

spielsweise zur Verfüllung des bisherigen technischen Ausbauprofils, ermittelt werden können. Ebenso wird die Anzahl von Totholzeinbauten und deren Verankerung zum Schutz vor Abtreiben festgelegt (vgl. Abb. 14.5).

Bei Renaturierungsmaßnahmen wird regelmäßig Totholz, z. B. in Form von ganzen Bäumen oder Wurzelstubben in das Profil eingebaut und dort befestigt. Das Holz dient der Strömungsveränderung und Bildung von Kolken oder Sedimentbänken, aber auch als Nahrungsgrundlage für zersetzende Kleintiere oder als Fischunterstand.

Auf Basis der Ausführungsplanung lassen sich alle Bauleistungen im Detail beschreiben, die zur Umsetzung des Renaturierungsprojektes erforderlich sind. Dazu müssen die jeweils ein- oder auszubauenden Erdmassen, aber auch die Flächengrößen, z. B. für Ansaatflächen, festgelegt werden. Diese zahlreichen Detailermittlungen werden im Anschluss zur Ausschreibung der Bauleistungen erforderlich. So müssen anbietende Tiefbau- oder Garten-Landschaftsbauunternehmen genau über den Bauablauf und alle Details der geplanten Baumaßnahme informiert sein, um die zur Umsetzung notwendigen Arbeiten, einschließlich möglicher Vorarbeiten und Erschwernisse, möglichst genau kalkulieren und dann anbieten zu können.

Zur Arbeit der beauftragten Ingenieur- und Planungsbüros gehört auch die Zusammenstellung und Auswertung der von Bauunternehmen eingereichten Angebote. Die Entscheidung über die Auftragsvergabe an die Bauunternehmen trifft abschließend der Maßnahmenträger, also der Bauherr der Renaturierungsmaßnahme.

Im Anschluss können nun die Bauarbeiten starten, meist ab dem Spätsommer, wenn Felder abgeerntet sind und Tiere ihre Jungenaufzucht beendet haben.

Nun steht für uns Ingenieur- und Planungsbüros noch die große Aufgabe der „Örtlichen Bauüberwachung" an. Die gewährleistet vor allem, dass die Bauunternehmen die Arbeiten auf Basis der genehmigten Planung fachgerecht und unter Wahrung aller Auflagen umsetzen. In komplizierteren Fällen wird noch eine Umweltbaubegleitung hinzugezogen, die insbesondere die naturschutzfachlichen Aspekte und den Bodenschutz während der Bauarbeiten überwacht. Neben viel Kommunikationsarbeit zwischen Auftraggeber, Planern und Bauunternehmen sind hierbei auch umfangreiche Kontrollen und Dokumentationsarbeiten zu leisten.

Als besondere Herausforderung gilt, dass die Baggerführer bei der Herstellung naturnaher Gewässer- und Auenprofile nicht allzu „ordentlich" arbeiten. Abgezirkelte Böschungen und glatt abgezogene Ufer- und Überflutungsflächen sind nicht das Ziel einer Renaturierungsplanung. Vielmehr wird Wert auf eine vielfältig und kleinstrukturierte „unordentliche" Erdoberfläche gelegt. Baufirmen mit Erfahrung im naturnahen Wasserbau schaffen es tatsächlich mit viel Feingefühl naturnahe Verhältnisse zu schaffen. Zwar sehen die Baustellen nach Abzug der Baumaschinen eher nach einer Mondlandschaft aus (vgl. Abb. 14.6), aber die Natur erobert die Flächen binnen weniger Monate zurück und grünt sie ein (vgl. Abb. 14.7).

Abb. 14.6 Neu gestaltete Bachaue der Eder. Wenige Monate nach dem Bauende im Februar 2019 sieht diese nach einer kargen Schlammlandschaft aus. Auf 2,5 km wurde eine ca. 20 m breite sogenannte Sekundäraue geschaffen. In diesen neuen Auenraum kann die Eder schon bei kleinen Hochwassern ausufern und die Aue eigendynamisch gestalten

Abb. 14.7 Bachaue der Eder fünf Jahre nach der Renaturierungsmaßnahme. Wie gewünscht hat sich ein dichter Gehölzbestand entwickelt, der einen Großteil des Baches beschattet und damit für kühles und sauerstoffreicheres Wasser sorgt. Auf besonders nassen und stärker besonnten Teilflächen haben sich von selber bachbegleitende Röhrichte gebildet

Mir ist es wichtig am Ende dieses Aufsatzes noch einmal auf unsere Planungsphilosophie für Gewässer- und Auenrenaturierungsmaßnahmen einzugehen. Wir schaffen nach Abschluss der Bauarbeiten lediglich einen „Rohbau" und die bestmöglichen Voraussetzungen für eine eigendynamische Gewässerentwicklung. Den „Innenausbau", einschließlich „Möblierung" in Form von Kleinstlebensräumen, zum Beispiel die Unterwasser-, Röhricht- oder Auwaldvegetation, das Kies-Lückensystem an der Sohle oder Versteckmöglichkeiten in Wurzeln von Uferbäumen, abgebrochenen Kronenästen oder schlicht dem eingetragenen Falllaub schafft die Natur selbst. Ebenso sorgt die natürliche Entwicklung für den Einzug der Bewohner wie Köcherfliegen, Bachflohkrebse, Stein- und Eintagsfliegen, Libellen, Strudelwürmer, Schnecken, Muscheln oder Fisch- und Vogelarten mit faszinierenden Anpassungen an ihren Lebensraum. Dabei sind viele Arten schon wenige Monate nach Abschluss einer Renaturierungsmaßnahme eingewandert. Dazu gehören die sogenannten Pionierarten. Andere Arten, wie Teile der Fischfauna, benötigen dafür auch einige Jahre.

An dieser Stelle müssen wir uns als Renaturierungsplaner auch immer wieder selber ins Bewusstsein rufen, dass wir nach Abschluss einer Maßnahme kein Ingenieurbauwerk, wie z. B. eine voll funktionstüchtige Straße, gebaut haben. Wir initiieren nur. Dabei schaffen wir lediglich die Voraussetzungen für eine möglichst naturnahe und eigendynamische Gewässerentwicklung. Die ist, wie die Natur selbst – nicht planbar, schon gar nicht auf einer

Abb. 14.8 Exkursion an die Ufer der Diemel. Das UIH Planungsbüro erläutert Studierenden des Umweltingenieurwesens und der Umweltwissenschaften die Planungs- und Bauphase der Flussrenaturierung. Die meisten Exkursionsteilnehmenden sehen hier ihren ersten Flussregenpfeifer, Charaktervogel frisch renaturierter Auenflächen

Zeitachse. Auch da ist dann wieder Geduld gefragt mit dem Wissen, dass der sich entwickelnde Zustand ein echter Mehrwert für das umgestaltete Gewässer, seine Aue, die darin lebenden Pflanzen und Tiere, aber auch für uns Menschen ist (Abb. 14.8).

Nach mehr als drei Jahrzehnten Berufserfahrung bin ich weiterhin glücklich und stolz an dieser Umwelt- und Zukunftsgestaltung mitzuwirken und wirklich Sinnstiftendes in meinem Beruf als Landschaftsplaner zu tun. Hinzu kommt die Freude, Wissen und Erfahrung zu teilen, z. B. im Büroteam, auf Exkursionen mit Studierenden, Seminaren und Fachtagungen, oder auch mit diesem Buchbeitrag.

Hrsg.: Über Jahrzehnte hinweg wurden die europäischen Fließgewässer schlecht behandelt, in dem sie nur eine geringe Wertschätzung erfahren haben. Sie wurden zu billigen Systemen zum Abtransport von Hinterlassenschaften aller Art degradiert. Und es wurde ihnen förmlich der Raum entzogen, in dem Uferbereiche und Auen naturfremd gestaltet wurden. Die Absicht dahinter ist nachvollziehbar. Es ging häufig um die Gewinnung von fruchtbarem Ackerland in Flussnähe. Oder um den möglichst schnellen Abfluss dieser „Kloaken", die Energiegewinnung und dem Schutz vor Hochwasser. Der Mensch breitete sich aus, die Natur musste weichen. Diese Abwertung der Bedeutung von Gewässern hatte massive negative Auswirkung auf Flora und Fauna. Viele Arten wurden zurückgedrängt, teilweise bis zum völligen Verschwinden. Bieber, Lachs und Zwergschnepfe sind Beispiele hierfür. Seit wenigen Jahren findet ein Umdenken statt. Es wurde erkannt, dass insbesondere Lebensräume im Grenzbereich zwischen „Wasser" und „Land" wertvolle Habitate sind. Viele Fische, Libellen, Frösche und Molche sind beispielsweise vollständig darauf angewiesen, da sie Flachwasser für die Fortpflanzung benötigen. Die Uferbereiche natürlicher Gewässer sind prall gefüllt mit Leben! Die Wiederherstellung möglichst naturnaher Zustände von Gewässern wurde in den zurückliegenden Jahren als wichtig erkannt und politisch zur europäischen Aufgabe erklärt. Die Renaturierung von Gewässern ist für alle daran Beteiligten eine äußerst sinnstiftende Aufgabe. Sie stabilisiert die Artenvielfalt und den Wasserrückhalt in der Landschaft. Es wird bei der Renaturierung nicht nur die Attraktivität der Lebensräume für Pflanzen und Tier erhöht, sondern auch für uns Menschen!

Literatur

[BfN05]   Bundesamt für Naturschutz (Hrsg.) (2005): Fluss- und Stromauen in Deutschland – Typologie und Leitbilder – Ergebnisse des F+E-Vorhabens „Typologie und Leitbildentwicklung für Flussauen in der Bundesrepublik Deutschland" des Bundesamtes für Naturschutz. Angewandte Landschaftsökologie Heft 65. 1-327, Bonn – Bad Godesberg, Aufgerufen am 14.07.2025, https://www.bfn.de/sites/default/files/2021-09/BfN_AL%C3%96_65_screen_final.pdf

[BfN15]   Bundesamt für Naturschutz (2015): Den Flüssen mehr Raum geben – Renaturierung von Auen in Deutschland. Aufgerufen am 14.07.2025, https://www.bfn.de/sites/default/files/2021-07/Brosch%C3%BCre_Den_Fluessen_mehr_Raum.pdf

[DWA10]   Deutsche Vereinigung für Wasserwirtschaft, Abwasser und Abfall e. V. (2010): Neue Wege der Gewässerunterhaltung – Pflege und Entwicklung von Fließgewässern. DWA Regelwerk Merkblatt DWA-M 610. 1-237, Hennef.

[DWA20]   Deutsche Vereinigung für Wasserwirtschaft, Abwasser und Abfall e. V. (2020): Naturschutz bei Planung und Genehmigung von Fließgewässerrenaturierungen. DWA Regelwerk Merkblatt DWA-M 617. 1-133, Hennef.

[UBA25]   Umweltbundesamt (Hrsg.) (2025): Erste Überarbeitung Hydromorphologische Steckbriefe der deutschen Fließgewässertypen. UBA Texte 41/2025. 1–462, Dessau-Roßlau. Aufgerufen am 14.07.2025, https://www.gewaesser-bewertung.de/media/41_2025_texte_v2.pdf

Nachwachsende Rohstoffe – Chance für neue Kulturpflanzen

Maendy Fritz

15.1 Nachwachsende Rohstoffe – ein weites Themenfeld

Als nachwachsend werden – im Unterschied zu fossilen, nicht-erneuerbaren Rohstoffen – alle Ausgangsmaterialien für stoffliche und/oder energetische Zwecke genannt, die von Lebewesen gebildet werden und sich demnach immer wieder erneuern bzw. nachwachsen. Nachwachsende Rohstoffe (kurz NawaRos) sind beispielsweise Holz, Öle und Wachse, pflanzliche und tierische Fasern wie Flachs und Wolle. Dazu noch jede Art von Biomasse für die verschiedensten Anwendungen von Biogas bis Zuschlag- oder Füllstoff, beispielsweise in Biokunststoffen zur Stabilisierung. Auch Verbindungen z. B. wie Zucker oder Stärke sind nachwachsende Rohstoffe, etwa bei der Fermentation zu Ethanol (Industriealkohol) oder als Ausgangsmaterial für bioabbaubare Kunststoffe. Dass große Stärkemengen als NawaRo in der Papierherstellung verwendet werden, ist ebenfalls kaum bekannt. Man kann kurz sagen, dass nachwachsende Rohstoffe für den sogenannten Non-Food (Nicht-Nahrung) -Bereich eingesetzt werden, also für energetische als auch stoffliche Anwendungen bis hin zu Arzneien und Medikamenten.

Nach diesem ersten Absatz, der nur wenige Anwendungsbeispiele aufgelistet hat, wird schon klar, wie breit gefächert das Thema NawaRo ist. Viele Einsatzmöglichkeiten für nachwachsende Rohstoffe bedeutet auch, dass es viele unterschiedliche Qualitäts-

M. Fritz (✉)
Straubing, Deutschland
E-Mail: maendy.fritz@tfz.bayern.de

J. Dohmann (Hrsg.), *Umweltimpulse – 19 Wege in eine lebenswerte Zukunft*, SDG - Forschung, Konzepte, Lösungsansätze zur Nachhaltigkeit, https://doi.org/10.1007/978-3-662-72198-8_15

anforderungen an die Ausgangsmaterialien gibt. Und demnach eine Fülle an Pflanzenarten und auch tierischen Materialien, die eingesetzt werden können. In den meisten Fällen kann eine erzeugte Biomasse sowohl als Nahrungs- oder Futtermittel als auch alternativ als nachwachsender Rohstoff eingesetzt werden. Diese Nutzungsflexibilität kann sehr von Vorteil sein, da sie bedeutet, dass die landwirtschaftlichen Betriebe bis zur Vermarktung wählen können, wie sie die erzeugten Produkte einsetzen oder verkaufen wollen. Teilweise steht auch beim Zwischenhändler noch nicht fest, in welche Richtung die Nutzung gehen wird. Die Nutzungsflexibilität bedeutet allerdings auch, dass letztendlich die aktuelle Marktnachfrage und der erzielbare Preis entscheiden, wie eine konkrete Biomasse oder Körner etc. eingesetzt werden. Der Landwirtschaft in der Tank-Teller-Diskussion den Anbau und die Flächennutzung für nachwachsende Rohstoffe vorzuwerfen, wenn sie nicht selbst bestimmt, welche ihrer Erzeugnisse Lebensmittel und welche nachwachsender Rohstoff werden, ist also zu kurz gedacht.

Häufig entscheiden Qualität von Ausgangsmaterial oder erzeugtem Zwischenprodukt sowie natürlich wie oben schon erwähnt Preis und Nachfrage, in welche Richtung die konkrete Biomasse fließt. Stellen wir uns als Beispiel den erzeugten Weizenertrag in Höhe von insgesamt 720 Dezitonnen auf zehn Hektar Acker (also ein guter durchschnittlicher Ertrag von 7,2 t Weizenkörner je Hektar) von Landwirtschaftsbetrieb Huber im Jahr 2024 vor. Leider war die Anbausaison regenreich, der Befall mit Schadpilzen folglich hoch und die Weizenkörner sind stark mit Mykotoxinen (Pilzgiften) belastet, für die strenge Grenzwerte bestehen. Um diesen Weizen ohne Gefahr verzehren oder verfüttern zu können, müsste man ihn mit einer großen Menge unbelasteter Weizenkörner vermischen – das bedeutet, Betrieb Huber kann die Körner aufgrund der geringen Qualität nur zu einem niedrigen Preis als Brot- oder Futtergetreide im Landhandel vermarkten. Falls regional eine Möglichkeit besteht, die Weizenkörner als nachwachsenden Rohstoff direkt zu verkaufen, kann Betrieb Huber einen besseren Preis erzielen, da dann keine Qualitätsanforderungen bezüglich der Mykotoxingehalte bestehen. Denkbar sind Einsatzmöglichkeiten zur Ethanolherstellung, als Biogassubstrat, als Zusatz in Tonziegeln zur Erzeugung von Hohlräumen beim Ziegelbrand (die dann den Dämmwert der Ziegel erhöhen), oder auch für die Produktion von Non-Food-Stärke. Man kann also festhalten, dass die Marktbedingungen für NawaRos je nach Jahreswitterung für die landwirtschaftliche oder forstwirtschaftliche Produktion stark wechseln: Nach Sturmereignissen mit viel Windbruch, also umgeknickten/umgeworfenen Bäumen, oder bei starkem Auftreten von Borkenkäfern, müssen die betroffenen Bäume schnell aus dem Wald entfernt werden. Dementsprechend besteht dann in der betroffenen Region ein hohes Holzangebot und der Preis sinkt. In trockenen oder kühlen Jahren kann in der Landwirtschaft Futtermangel bestehen, dann steigen die Preise für Gras- und Maissilage und ihre Nutzung als Biogassubstrat wird soweit möglich zurückgefahren. Auch das globale Wetter- und Marktgeschehen, das Vorhandensein regionaler Verarbeiter und natürlich die Nachfrage nach den entstehenden Produkten beeinflussen die Preise und damit die Wirtschaftlichkeit von Anbau und Nutzung nachwachsender Rohstoffe.

Warum nun aber überhaupt nachwachsende Rohstoffe nutzen? Generell haben sie den Vorteil, im Vergleich zu fossilen Rohstoffen weitestgehend CO_2-neutral zu sein, also die Atmosphäre bei ihrer Nutzung nicht mit klimaschädlichen Treibhausgasen zu belasten.

Während des Wachstums binden Pflanzen Kohlendioxid (CO_2) aus der Luft, das so lange unschädlich für das Klima gebunden bleibt, bis die pflanzliche Biomasse wieder komplett abgebaut oder verbrannt wurde. Die schon erwähnten Weizenkörner von Betrieb Huber könnten wie erwähnt in einer Biogasanlage als Substrat eingesetzt werden. Bei der Fermentation entsteht aus der Biomasse durch Mikroorganismen Biogas, das im Wesentlichen etwa hälftig aus Biomethan (CH_4) und Kohlendioxid (CO_2) besteht. Falls das Biomethan in einem Blockheizkraftwerk zur Stromerzeugung verbrannt wird, wird noch mehr CO_2 sofort wieder freigesetzt. Aber eben auch nur so viel, wie vorher in der pflanzlichen Biomasse gebunden war. Der Rückstand dieser Fermentation, der sogenannte Gärrest, wird als organischer Dünger genutzt, da darin alle sonstigen Pflanzennährstoffe erhalten bleiben und den nächsten Pflanzenaufwuchs auf dem Acker versorgen können. Außerdem wird ein Teil der Biomasse von den Mikroorganismen im Fermenter nicht verdaut, im Gärrest finden sich also Reste der organischen Biomasse, die zusammen mit den Nährstoffen die Bodenorganismen ernähren und zum Humuserhalt beitragen.

Dieser Kreislauf von CO_2-Bindung und CO_2-Abbau verläuft bei manchen Nutzungspfaden nachwachsender Rohstoffe sehr schnell, etwa wie beschrieben im jährlichen Takt bei Biogassubstraten. Beim nachwachsenden Rohstoff Holz hingegen verläuft vor allem die Bindung von CO_2 durch die lange Wuchsdauer der Bäume sehr viel langsamer. Und natürlich ist eine möglichst langfristige Bindung des klimaschädlichen CO_2 besonders sinnvoll für den Klimaschutz. Wenn das Holz stofflich in einem Holzgebäude oder in Möbeln verwendet wird und das CO_2 so Jahrzehnte bis Jahrhunderte aus der Atmosphäre entzogen wird, besteht eine entsprechend lange klimaschonende Bindung. Diese CO_2-Bindung wird erst aufgelöst, wenn das Bau- oder Möbelholz, bestenfalls nach mehreren Kaskadennutzungen, schlussendlich zur Wärme- und/oder Stromproduktion verbrannt wird. Der langfristige Kreislauf bei Holz befeuert die Diskussionen, ob die thermische Nutzung, also Verbrennung, von Holz nicht doch klimaschädlich sei. Denn, so argumentieren die Kritiker, ist der Baum viele Jahre herangewachsen, wird dann in vergleichsweise kurzer Zeit verfeuert und das eingelagerte CO_2 wird schnell und auf einmal wieder freigesetzt. Ein neuer Baum als Ersatz für den genutzten startet sein Wachstum bei null und muss erst wieder nach und nach CO_2 in seiner Biomasse einlagern, bis wieder eine Klimaentlastung geschieht. Die Befürworter unterscheiden bei der Holznutzung generell zwischen Baum und Wald. Sie sehen es so, dass im Wald bei passenden Wachstumsbedingungen kontinuierlich CO_2 gebunden wird. Die nachhaltige Forstwirtschaft, also eine maßvolle Entnahme von Bäumen, fördert dies nachgewiesen sogar. Bei dieser Betrachtung sieht man also eine ständige Bindung im gesamten Wald sowie eine gleichzeitige, anteilige Wieder-Freisetzung durch das aus dem Wald entnommene Holz, wobei die jährliche Netto-Bindung überwiegt. Natürlich sollte die thermische Verwertung möglichst nicht an erster Stelle der Holznutzung stehen, sondern erst der letzte Schritt einer Kaskade von stofflichen Holz-Nutzungsformen sein. Und es bleibt abzuwarten, wie sehr sich die CO_2-Bindung unserer Wälder verringert, wenn sie in der Klimakrise zu häufig Extremwetterphasen überstehen müssen.

Im Zuge der angestrebten Wandlung unserer Ökonomie hin zu einer Bioökonomie sollen fossile Rohstoffe und Energieträger nach und nach durch nachwachsende Rohstoffe und erneuerbare Energien ersetzt werden. Man kann sich vorstellen, dass sehr große Mengen nachwachsender Rohstoffe notwendig sind, um alle auf Erdöl und Erdgas basierenden Produkte und Zwischenprodukte nachhaltig herzustellen. Daher ist nicht nur das Ersetzen ein Ziel, das Einsparen und die effizientere Nutzung, durch z. B. Einsatzkaskaden (erst stofflich, dann energetisch), sind fast noch entscheidender. Eine stärkere Ausrichtung auf biobasierte Rohstoffe und erneuerbare Energien wird Auswirkungen auf unsere Agrarlandschaft haben. Mittlerweile sind die Anfänge bereits gut sichtbar: Windkraft-, Photovoltaik- und Agri-Photovoltaikanlagen sowie Speicher in der Fläche, neue Stromtrassen für den Transport des erneuerbaren Stroms von industrieschwachen Erzeugungsregionen hin zu industriestarken Einsatzgebieten, sowie ein sich nach und nach änderndes und erweiterndes Kulturartenspektrum. Bestimmte Pflanzenarten, die überwiegend oder ausschließlich zur Gewinnung nachwachsender Rohstoffe angebaut werden, werden mit steigender Nachfrage wirtschaftlicher und damit attraktiver im Anbau.

Regional verwertete, neue NawaRo-Kulturen bieten eine ökologische Chance durch mehr Vielfalt auf dem Acker. Das kann die Agrarfauna und -flora unterstützen, da mit neuen Pflanzenarten ein vielfältigerer Lebensraum entsteht. Anders strukturierte Pflanzenbestände, andere Saat- und Erntezeiten, Standzeiten und dazugehörende Begleitflora bieten neue Möglichkeiten für Nahrung und Deckung. In manchen Fällen entstehen aber nicht nur ökologische Vorteile, sondern gleichzeitig auch Nachteile: Ganzpflanzengetreide und Leguminosen-Getreide-Gemenge wie Wickroggen werden beispielsweise gerne als Biogassubstrat angebaut, dabei können durch die geringeren Qualitätsanforderungen im Vergleich zu Druschgetreide Pflanzenschutzmitteleinsätze gegen Beikräuter und Krankheiten reduziert werden oder ganz entfallen. Gleichzeitig bedeutet die Nutzung als Ganzpflanze aber auch, dass die Ernte früher durchgeführt wird als ein Drusch – für Feldvögel kann die Standzeit für die Aufzucht eines zweiten Geleges dann zu kurz sein. Diese Aspekte gilt es abzuwägen und mit gezielten Förderprogrammen in sensiblen Bereichen den Pflanzenbau und die Kulturauswahl passend zu gestalten.

Für die Landwirtschaft bedeuten mehr Kulturpflanzen in erster Linie eine wichtige Risikostreuung. Zum einen, da man davon ausgehen kann, dass die Pflanzenarten unterschiedlich auf die jährlich wechselnden Witterungsbedingungen reagieren. Eine Pflanzenart wird immer ertragreich sein und eine andere immer unter dem Wetter in der Saison leiden. Und zum anderen, da die Schwankungen der Marktpreise innerbetrieblich ausgeglichen werden. Wenn neue Kulturpflanzen andere Saat- oder Erntezeitpunkte erfordern, verbessern sie in der Regel die Arbeitswirtschaft, da Arbeitsspitzen reduziert werden können. Low Input-Kulturen, die nur wenige Pflegeschritte benötigen, eignen sich besonders für weiter vom Hof entfernte und generell nicht sehr produktive Flächen. Besonders die Nutzungsmöglichkeit als Biosubstrat ist ein Garant für Vielfalt, da die oft so genannte „Betonkuh Biogasanlage" nahezu alles schluckt und verwerten kann: gezielt angebaute Biomassepflanzen, aber auch alle minderen Qualitäten aus Landwirtschaft, Gartenbau, Landschaftspflege und von Naturschutzflächen sowie Reststoffe wie Gülle und Mist (passende Regelungen im Erneuerbare-Energien-Gesetz zum Betriebsstart der Biogasanlage vorausgesetzt).

Ein Nachteil besteht bei neuen Kulturpflanzen darin, dass ihre Anbaubedeutung (noch) gering ist und daher keine oder kaum züchterische Bearbeitung erfolgt, während bedeutende Kulturpflanzen seit Jahrtausenden selektiert und seit mehreren Jahrzehnten intensiv verbessert werden. So wächst die Ertragslücke und der Anbau muss hohe Preise erlösen, um wirtschaftlich zu sein. Besonders gering ist das züchterische Interesse an Dauerkulturen, da nur alle 15, 20 Jahre oder noch seltener Saat-/Pflanzgut verkauft werden könnte – damit werden die notwendigen Investitionen in die Züchtungsarbeit nicht ausgeglichen. Für Anbauer kann es schwierig sein, wenn aufgrund des geringen Anbauumfangs keine Zulassungen für Pflanzenschutzmittel oder kaum Erfahrungen zur Kulturverträglichkeit vorhanden sind. Daher müssen bei der Etablierung, gerade bei Dauerkulturen, ausreichend Arbeitszeit für mechanische Beikrautbekämpfung eingeplant und die Reihenweiten entsprechend angelegt werden. Ohne vorab die (langjährige) Abnahme und bestenfalls auch den Preis zu vereinbaren, sollte keine neue Kultur angebaut werden, da sie häufig nicht über den regionalen Landhandel vermarktet werden kann. Alternativ müssen andere Absatzwege, eventuell auch die eigene Nutzung oder der Aufbau einer eigenen Direktvermarktung, in Betracht gezogen werden. Bei Dauerkulturen sollte man zusätzlich bedenken, dass man mit ihnen auf das Marktgeschehen nicht reagieren kann. Wenn beispielsweise der Weizenpreis durch überregionale Missernten oder Spekulationen massiv steigt, kann man eine Dauerkultur nicht kurzfristig umbrechen und Weizen anbauen, um davon zu profitieren. Im Folgenden werden einige ausgewählte Kulturpflanzen mit ihren Vor- und Nachteilen vorgestellt.

15.2 Mais – ein verkannter Allrounder

Eine „eierlegende Wollmilchsau" wäre eine Schweinerasse, die nicht nur Fleisch und Leder (plus organischen Dünger und viele andere tierische Nebenprodukte) liefert, sondern auch andere Grundlebensmittel wie Eier und Milch sowie Wolle. Leider ist es züchterisch kaum möglich oder sinnvoll, alle diese Leistungsmerkmale in einer Tierrasse oder Pflanzenart zu vereinen. Der effizienzgetriebene Trend geht eher in die Aufspaltung in Milch- und Fleischrassen bei Rindern, Lege- und Fleischrassen bei Geflügel sowie Korn- und Biomassesorten bei Kulturpflanzen. Aber trotzdem hat die Kulturpflanze Mais dieses scherzhaft erträumte Ideal der vielfältigsten Nutzungsmöglichkeiten sehr gut erreicht. Dementsprechend weit verbreitet ist der Anbau von Mais (*Zea mays* L.) inzwischen, in Deutschland erreichte er in den letzten Jahren ca. 2,5 Mio. Hektar (ein Hektar entspricht 10.000 m^2) Anbaufläche, davon knapp 0,5 Mio. Hektar Körnermais. Zum Vergleich: Unser wichtigstes Getreide Winterweizen wird jährlich auf ebenfalls 2,5 bis 2,8 Mio. Hektar angebaut, alle anderen Getreide (hauptsächlich Wintergerste, Roggen, Triticale, Sommergerste, Hafer) zusammen auf nochmals ähnlich großer Fläche, während Kartoffeln nur auf knapp 0,3 Mio. Hektar und Zuckerrüben auf etwa 0,4 Mio. Hektar wachsen.

Es wird zwar zwischen Silomais und Körnermais unterschieden, generell lassen sich aber die allermeisten Sorten für beide Nutzungsformen anbauen. Ansehen kann man Mais diese Nutzungsform nicht leicht, aber Mais an sich erkennen die meisten Personen: große, grasartige Pflanzen mit stabilen, mehr als daumendicken Stängeln und fast handbreiten Blättern. Mais ist einhäusig, das bedeutet, die männlichen und weiblichen Blüten sind getrennt, kommen aber beide an einer Pflanzen vor. Noch leichter wird Mais erkannt, wenn oben auf den Pflanzen die zipfeligen männlichen Blütentriebe erscheinen und sich aus der weiblichen Blütenanlage der bekannte Maiskolben bildet. Steht der Mais im Herbst so lange auf dem Feld, bis die Pflanzen schon braun sind, ist es ein Körnermais und es werden daraus Maiskörner gedroschen (oder CCM, corn-cob-mix, also eine Korn-Kolben-Mischung für die Fütterung, oder Liesch-Kolben-Schrot, ebenfalls ein Futtermittel). Aus Maiskörnern lassen sich eine Fülle an Nahrungs- und Futtermitteln, aber auch Stärke für Lebensmittel- und Papierindustrie herstellen. Daneben werden Grundchemikalien wie Ethanol, Milchsäure und ähnliches aus dieser Stärke erzeugt. Beim Maiskorndrusch verbleiben die abgestorbenen Maisstängel, das Maisstroh, üblicherweise für eine üppige Humusnachlieferung auf dem Acker, sie können aber auch als gut verwertbares Biogassubstrat eingesetzt werden.

Silomais wird in noch grünem Zustand mit ungefähr zwei Drittel Wassergehalt insgesamt per Häcksler abgeerntet und dann meist in großen Fahrsilos einsiliert. Diese Silierung funktioniert wie die Herstellung von Sauerkraut, einfach mittels natürlich vorhandener Milchsäurebakterien unter Luftabschluss, und sorgt dafür, dass die Biomasse nicht nach und nach verdirbt und während des ganzen folgenden Jahres frisches Futter und/oder Biogassubstrat zur Verfügung stehen. Etwa zwei Drittel des angebauten Silomais werden für die Fütterung von Milchkühen und Fleischrindern genutzt, nur das restliche Drittel als Biogassubstrat. Damit werden aus diesem NawaRo-Silomais Strom und Wärme bei Verbrennung des Biogases in einem Blockheizkraftwerk erzeugt. Oder Methan, wenn das Biogas entsprechend aufbereitet wird. Das reine Methan kann als sehr gut speicher- und transportabler Energieträger in kleinen oder überregionalen Gasnetzen oder Gasspeichern für die Strom-/Wärmeproduktion je nach Bedarf genutzt werden. Sowie auch als chemischer Grundstoff oder als gasförmiger Kraftstoff für entsprechende Fahrzeuge.

Durch den zeitlichen Zusammenhang der Abschaffung der verpflichtenden Flächenstilllegung mit dem Biogas-Boom, wurde der Verlust der ökologisch wertvollen Brachflächen der Biogaserzeugung und damit auch dem Biogassubstrat Silomais angelastet. Jede und jeder hat das Schlagwort „Vermaisung" bestimmt schon einmal gehört. Gerade ab August, wenn die Getreideernte abgeschlossen ist und nahezu nur noch die niedrigen Kulturen Zuckerrüben und Kartoffeln sowie der hoch aufragende Mais in den Feldern stehen, erscheinen die Maisflächen noch dominanter. Und da Mais eine äußerst selbstverträgliche Kultur ist (d. h. es werden keine Krankheiten durch häufigen oder direkt hintereinander erfolgenden Anbau weitergegeben), wird er in viehreichen Regionen, die sinnvollerweise häufig auch viele Biogasanlagen enthalten, möglichst häufig angebaut. Ehrlicherweise muss man Mais auch seinen Vorteil anlasten, dass er standfest bleibt bei hoher Stickstoffdüngung. Er geht nicht wie beispielsweise Getreide bei Überdüngung ins Lager (Lager bedeutet, die Kultur fällt um und ist entsprechend schwerer und oft nur mit Qualitätsverlust zu ernten). Das bedeutet, dass gerade zu Mais die organische Düngung mit Gülle oder Gärresten ohne Risiko (zu) üppig ausfallen kann. Und das, obwohl Mais durch seinen Wachstumspeak im Sommer sowie so von der natürlichen Stickstoffmineralisation im Boden profitiert. Durch sein langes Wachstum kann Mais bis in den Herbst Stickstoff aus dem Boden aufnehmen und so die Gefahr einer Nitratverlagerung in das Grundwasser verringern. Mit einer ausgewogenen, an das betriebstypische Ertragsniveau angepassten Düngung, wie sie von den allermeisten Betrieben selbstverständlich praktiziert wird, ist Mais keine Problemkultur, sondern ein Gewinn in der Fruchtfolge. Das schon erwähnte lange Wachstum ist auch für Insekten ein Vorteil, Mais bildet eine sogenannte grüne Brücke, bis die ersten Winterkulturen wieder angesät wurden. Als Selbstbefruchter erzeugt Mais keinen Nektar, Honigbienen sammeln aber sehr gern die Pollen an den männlichen Blütenständen, um sie als eiweißreiches Larvenfutter zu nutzen. Wenig bekannt ist leider auch, dass der angeblich so intensive Mais eine der am wenigsten mit Pflanzenschutzmitteln behandelten Kulturen ist. In vielen Fällen ist nur eine einzige frühe Herbizidbehandlung notwendig. Falls notwendig, kann das schädliche Insekt Maiszünsler (eine Motte, deren Larve in Stängel und Kolben frisst) biologisch bekämpft werden. Dazu werden Trichogramma-Schlupfwespen im Pflanzenbestand verteilt (teilweise schon per Drohne), diese suchen Eigelege des Maiszünslers und parasitieren diese mit ihren eigenen Eiern. Die Schlupfwespen-Larven fressen wie in einem Horrorfilm die Maiszünsler-Larven noch im Ei auf – da soll noch mal jemand behaupten, Biologie oder Agrarwissenschaften seien langweilig.

15.3 Durchwachsene Silphie – von wegen durchwachsen

Die Durchwachsene Silphie (*Silphium perfoliatum* L.) oder kurz Silphie ist eine Dauerkultur, das bedeutet, sie wird einmal angesät, wächst viele Jahre auf dieser Fläche und wird jährlich einmal beerntet. Das führt zu vielen ökologischen Vorteilen, denn es ist keine jährliche Bodenbearbeitung für eine Ansaat notwendig. Der Boden ist nahezu ganzjährig von den Pflanzen und im Winter von den Ernteresten und Stoppeln bedeckt, Erosion (Bodenabtrag durch Wasser oder Wind) hat also keine Chance. Das Wurzelsystem der Silphie reicht mehrere Meter tief. Da die feinen Haarwurzeln immer weiterwachsen und die Wurzelhaare an den Wurzelspitzen ständig neu gebildet werden müssen, gelangt dadurch organisches Material bis in tiefe Bodenschichten und baut dort Humus auf. Als Dauerkultur wächst Silphie sehr zeitig im Frühjahr los und nimmt sofort Nährstoffe auf. Gleiches gilt für die Zeit nach der Ernte bis zum Vegetationsende, wodurch auf Silphieflächen keinerlei Risiko einer Nitratverlagerung besteht. Silphie wird daher in Wasserschutzgebieten (dort entsteht Grundwasser für die Trinkwasserentnahme) sehr geschätzt. Ab Anfang Juli blüht die Silphie unentwegt bis Anfang September, an den knallgelben Blüten ist sie leicht zu erkennen. Vor der Blüte ist der charakteristische, vierkantige Stängel mit den umschließenden Blättern ein sicheres Erkennungsmerkmal. Honigbienen sammeln auf Silphieblüten Nektar und Pollen, wenn diese im Honig vorherrschen, ist er fast schon orange statt honiggelb. Da andere Pflanzenarten wie Rotklee, Heckenrosen und auch das invasive Springkraut für Bienen leckerer sind, sieht man auf Silphie auch viele andere Blütenbesucher, von Hummeln über Mistbienen und Schwebfliegen bis zu Schmetterlingen.

Aus landwirtschaftlicher Sicht ist Silphie interessant, da sie nach dem Ansaatjahr kaum Pflege benötigt. Im Jugendstadium im ersten Jahr bildet Silphie noch keine Stängel, sondern nur eine Blattrosette, also kann man auch noch nichts ernten. Häufig wird sie daher als Untersaat in einem dünnen Maisbestand angesät, dabei sorgen die Maipflanzen für schnelle Bodenbedeckung, diese Beschattung unterdrückt dann Beikräuter. Und die Silphiepflanzen sind so robust, dass der Maishäcksler und die Schlepper mit Hänger problemlos drüberrollen können. Im Idealfall muss die Silphie ab dem zweiten Jahr nur gedüngt und geerntet werden. Sie bildet mehrere Stängel je Pflanze und damit sehr dichte Bestände, die Beikräuter selbst unterdrücken können, wenn gleichmäßig vier Pflanzen je Quadratmeter angewachsen sind. Ökonomisch rechnet sich die Silphie ab einer Standzeit von ca. zehn Jahren, dann gleichen sich die Anfangsinvestition in das Saatgut und die niedrigeren Erträge durch den geringen Arbeitsinput aus. Idealer Erntezeitpunkt ist das Ende der Vollblüte, etwa Ende August bis Anfang September. Der Futterwert der Silphie ist leider nur so niedrig wie von Stroh. Das ist leicht nachvollziehbar, da die Pflanze kein stärke- oder proteinreiches Korn in hoher Masse produziert. Außerdem sind der harte Stängel und die rauen Blätter für Tiere unangenehm zu fressen. Daher wird Silphie überwiegend als Biogassubstrat eingesetzt. Sie schafft etwa drei Viertel des Biomassertrags von Silomais und 50 bis 60 % dessen Methanertrags je Hektar, da sie weniger gut verdaulich ist für die Fermentermikroflora. Das bedeutet, man kann nicht den ganzen Biogas-Mais mit Silphie ersetzen, da man dann fast die doppelte Anbaufläche benötigen würde. Auf ökologisch sensiblen Gebieten, in struktur- und blütenarmen Regionen oder in Hanglagen ist die Silphie aber eine sehr gute Ergänzung, hoffentlich nimmt die Anbaufläche von momentan gut 10.000 ha deutschlandweit weiter zu. Ohne die Nutzungsmöglichkeit als Biogassubstrat verschwindet sie mit ihren Vorteilen wieder von den Feldern.

15.4 Der exotische Miscanthus tanzt aus der Reihe

Miscanthus oder auch Chinaschilf wurde in 1920er-Jahren aus Asien eingeführt, anfangs als Zierpflanze. Man findet immer noch viele verschiedene Sorten, beispielsweise mit interessanten Längs- oder auch Querstreifen, im Gartenfachhandel. Irgendwann wurden die üppig bis über drei Meter hochwachsenden Pflanzen des Kultivars *Miscanthus* x *giganteus* auch für die Landwirtschaft entdeckt. Miscanthus ist wie die Silphie eine Dauerkultur und ein weiteres Beispiel für eine sehr vielseitig nutzbare Kulturpflanze. Allerdings führt auch er immer noch ein Nischendasein mit geringer Anbaufläche, da er in einigen Punkten von den üblichen Anbauweisen abweicht.

Der schon erwähnte Kultivar ist eine spontan entstandene Kreuzung mit triploidem Chromosomensatz und ist daher steril. Das bedeutet, es entstehen keine Samen und die Vermehrung und Anpflanzung auf neuen Flächen muss mittels Rhizomstücken, botanisch unkorrekt kann man sie sich als Wurzelstücke vorstellen, erfolgen. Wie Mais und Zuckerrohr ist auch Miscanthus eine C4-Pflanze mit einem für warme Bedingungen optimiertem Photosynthesesystem und folglich hoher Ertragsfähigkeit. Miscanthus kann sehr hohe

Biomasseleistung bei sehr geringem Dünger-, Pflanzenschutz- und Arbeitsbedarf liefern, er ist eine hervorragende Low Input-Kultur. Auf gut geeigneten Standorten in Deutschland können jährlich leicht über 20 t trockene Biomasse je Hektar geerntet werden. Das schafft Miscanthus durch sein sehr tiefreichendes Wurzelwerk und die selbst produzierte schützende Mulchschicht aus über Winter abgefallenen Blättern. Denn als weitere Besonderheit im Vergleich zu den anderen Ackerfrüchten bleibt der Aufwuchs von Miscanthus über Winter im Feld stehen und wird erst abgetrocknet im Frühjahr per Häcksler geerntet. Dabei wartet man ab, bis die Biomasse so weit abgetrocknet ist, dass sie direkt lagerfähig ist, also unter 15 % Wasser enthält. Das ist ein großer Vorteil für die Tiere der Agrarlandschaft, da die Miscanthusflächen wertvolle Strukturen wie Rückzugs- und Deckungsräume über das Winterhalbjahr bieten.

Lange Zeit wurde Miscanthus vor allem thermisch genutzt, also als Brennstoff in Hackschnitzelheizungen. Im Vergleich zu Holz enthalten die Miscanthushäcksel, ein „halmgutartiger Brennstoff", einen etwa fünf- bis zehnfachen Mineralstoffgehalt. Diese Mineralstoffe bleiben nach der Verbrennung als Asche übrig, wobei nicht nur ihre Menge ein Problem sein kann, sondern auch ihr miscanthustypischer niedriger Erweichungspunkt. Das bedeutet, dass die Asche bereits bei Temperaturen unter 900 Grad Celsius weich wird und sich nach dem Abkühlen als steinharte Schlacke im Brennraum absetzen kann. Geeignete Kessel benötigen also Vorkehrungen, um das zu verhindern: entweder eine gekühlte Brennmulde, damit die Asche gar nicht erst zu heiß werden kann, oder beispielsweise sich bewegende Gitterroste, die die entstehenden weiche Aschekügelchen schnell nach draußen befördern. Außerdem enthalten Miscanthus und damit auch das Rauchgas aus der Verbrennung durch die Düngung der Ackerböden Stickstoff, Schwefel und Chlor. Wenn ein Kessel nicht durchgehend wie in einem großen Heiz(kraft)werk, sondern täglich nur wenige Stunden betreiben wird, ist der Wärmetauscher zu Beginn des Heizvorgangs kalt. Trifft nun die heiße Abluft auf den Wärmetauscher, kommt es zu Kondensation von Wasser und mit den genannten Elementen können sich Säuren bilden. Ganz klar, diese wirken korrosiv und können die Lebensdauer des Wärmetausches verringern. Hier hilft es, Miscanthus nur dann als Brennstoff einzusetzen, wenn die Kesseltechnik und das Material des Wärmetauschers für diesen speziellen Brennstoff optimiert sind. Das sorgt dann auch dafür, dass die unvermeidbaren Emissionen an Feinstaub etc. so gering wie möglich gehalten werden. Zusätzlich muss man auch die geringe Schüttdichte der Häcksel einplanen, man benötigt also viel trockenes Lagervolumen. Das ist vor allem zu bedenken, da die Ernte ja erst im Frühjahr erfolgt, also zum Ende der Heizsaison.

Auch als Biogassubstrat kann Miscanthus eingesetzt werden, wenn er in grünem Zustand inklusive der Blätter gehäckselt wird. Allerdings darf die Beerntung erst ab Oktober erfolgen, damit die Pflanze bis dahin den größten Teil der Nährstoffe ins Rhizom rückverlagern kann, um im nächsten Jahr nicht geschwächt auszutreiben. Natürlich sind die festen Stängel schwer verdaulich für die Fermentermikroben und liefern auch mit mechanischer Zerkleinerung nicht viel Biogas je Tonne. Hier ist der Bonus die außergewöhnlich hohe Biomasseleistung je Hektar. Allerdings verringert man durch die Herbstbeerntung die

Mulchschicht und auch der ökologische Pluspunkt für die Agrarfauna entfällt, da über Winter nur die Stoppeln stehenbleiben.

Weit verbreitet ist die stoffliche Nutzung von Miscanthus als Pferde- und Kleintiereinstreu, da die Stängel ein schwammartiges Gewebe enthalten, das Feuchtigkeit und Geruch gut binden. Als Mulchmaterial, vor allem unter Beeren, sind die Häcksel ebenfalls beliebt, es gibt sie sogar eingefärbt zu kaufen für bunte Akzente im Hausgarten. Für den Einsatz in Spanplatten, diverse Dämm-, Putz- und Baumaterialien wird und wurde intensiv geforscht, es gibt einige praxisreife Anwendungen und bereits ein paar Produkte auf dem Markt. Und noch einer weitere Anwendungsform kommt in Betracht: Miscanthushäcksel sind relativ nährstoffarm, haben die schon erwähnte Bindefähigkeit für Feuchtigkeit und können daher gut in torffreien Substraten genutzt werden.

15.5 Nutzhanf – Cannabis ganz brav

Als Industrie- oder Nutzhanf (siehe Abb. 15.1) bezeichnet man die THC-armen Sorten der Gattung *Cannabis*, die für die Nutzung als Nahrungs- oder Futtermittel sowie als NawaRo angebaut werden. Der Tetrahydrocannabinol-Gehalt (THC-Gehalt) ist beim landwirtschaftlichen Anbau dieser Sorten in Deutschland auf einem Grenzwert von derzeit bis zu 0,3 % festgelegt. Medizinal- und Genusscannabis hingegen enthalten in den Blütenständen bis 30 % THC und werden nur in gesicherten Gewächshäusern bzw. Klimakammern angebaut, sie sind für den landwirtschaftlichen Anbau verboten und nicht geeignet. Trotzdem werden immer wieder mal Nutzhanffelder von der Bevölkerung als auch den Ordnungsbehörden mit Genusscannabis verwechselt, gefolgt von großer Aufregung bis zur Aufklärung. Das könnte auch daran liegen, dass für den hanftypischen Geruch, der je nach Sorte leicht verschieden ist, nicht das THC, sondern Terpene verantwortlich sind, die immer vorhanden sind. Also „graselt" auch Nutzhanf so verdächtig, ist aber wirklich nicht zum Rauchen geeignet.

Neben Lein (Flachs) und Fasernessel ist Nutzhanf eine der wenigen Faserpflanzen, die in Deutschland angebaut werden können. Hanffasern zeichnen sich durch eine hohe Festigkeit aus, man kann sehr strapazierfähige Textilien sowie Seile und Garne daraus erzeugen. Schiffssegel und Taue bestanden in früheren Zeiten oft aus Hanf, da die Fasern auch nass stabil bleiben. Für technische Anwendungen sowie in der Bekleidungsindustrie wurde Hanf von Baumwolle und Kunstfasern (auf Erdölbasis) verdrängt, die einfacher zu verarbeiten sind. Mittlerweile steigt die Nachfrage nach regional erzeugten Fasern und Ökotextilien wieder, sodass auch der Faserhanfanbau in der Europäischen Union (EU) und im Speziellen auch in Deutschland wieder zunimmt. Noch fehlt es an flächig verfügbaren Verarbeitern der Pflanzenstängel sowie an Spinnereien, die Bestrebungen sind aber vorhanden und werden in einigen EU-Ländern mit Wirtschaftsförderung unterstützt.

Die Aufnahme von Faserhanf in die landwirtschaftliche Fruchtfolge kann an geeigneten Standorten sehr positiv sein. Faserhanfbestände werden mit etwa 300 Körnern je Quadratmeter angesät, damit sich die Pflanzen durch gegenseitige Konkurrenz in die Höhe treiben

Abb. 15.1 Faserhanf

und dabei gleichmäßig dünne Stängel (für feine Fasern) bilden. Bei guten Wachstumsbedingungen wächst Faserhanf etwa fünf Zentimeter am Tag und kann leicht drei bis über vier Meter hoch werden. Die Bestände sind so dicht, dass sie Beikräuter ganz automatisch unterdrücken und den Boden und Bodenleben durch die intensive Beschattung schützen. Das Erkennungszeichen von Hanf sind die typischen gefingerten Blätter. Ursprünglich ist Hanf eine zweihäusige Pflanze, es gibt rein männliche („Femelhanf") und rein weibliche („Hanfhennen") Pflanzen. Da die männlichen Pflanzen schneller abreifen, keine Körner bringen und bei der Fasererzeugung stören, sind moderne Hanfsorten meist zwittrig, d. h. die Blüten beider Geschlechter befinden sich gemeinsam an einer Pflanze. Honigbienen und Hummelarten lieben den sehr üppig anfallenden Hanfpollen.

Faserhanf benötigt vergleichsweise viel Wasser und Stickstoff – ganz anders als der schon vorgestellte Miscanthus –, hinterlässt aber einen tief gelockerten, unkrautfreien Boden für die nächste Kulturpflanze. Die Ernte muss mit speziellen Hanfvollerntern durchgeführt werden. Dabei werden die Stängel entweder im Ganzen oder in grob unterarmlangen Stücken zerteilt abgemäht und zur Röste im Feld abgelegt. Während der einige Wochen andauernden Röste wird die Stängelbiomasse leicht zersetzt, danach trennen sich die Fasern im äußeren Stängelteil leichter von dem holzigen Stängelinneren. Über mehrere Zwischenschritte wie Walzen, Kämmen etc. werden die Hanffasern vom Stängelinneren, den sogenannten Schäben, getrennt. Je nach Länge, Feinheit und Reinheit werden die Fasern für textile Anwendungen, Garne, Bauteile, Vliese (nicht gewebt, sondern „gefilzt") und ähnliches eingesetzt. Die Schäben werden als Dämm- und Baustoffe, Brenngut oder ebenfalls als Einstreu oder Bodenzugabe genutzt.

Körnerhanf hingegen muss zur Ernte druschfähig sein, daher werden für die Hanfkornerzeugung nur Sorten angebaut, die viel niedriger wachsen und dünnere Pflanzenbestände bilden. Das bedeutet dann auch, dass die natürliche Beikrautunterdrückung viel weniger effektiv ist, am besten ist daher ein Anbau in weiteren Pflanzenreihen, damit mechanisch durchgehackt werden kann. Hanfkörner können in Brot oder Müesli direkt verzehrt werden, oder es werden Hanföl und aus dem Presskuchen ein proteinreiches Mehl erzeugt. Diese Produkte werden oft von landwirtschaftlichen Betrieben direkt vermarktet, sie haben aber auch schon den Sprung in die Supermärkte geschafft. Darüber hinaus gibt es noch die Erzeugung von nicht berauschenden Cannabinoiden aus Nutzhanf, die in der Human- und Tiermedizin wie auch als Nahrungsergänzungsmittel eingesetzt werden können. Da dafür eine schnelle und schonende Trocknung, eine aufwändige Extraktion der interessanten Inhaltsstoffe und strenge Qualitätsüberwachung entscheidend sind, ist die Cannabinoiderzeugung ein Marktbereich für wenige Spezialisten.

15.6 Raps – Futter und Kraftstoff statt Teller oder Tank

Der im Frühling knallgelb blühende Raps (siehe Abb. 15.2) wird von nahezu jeder Person, ob mit Landwirtschaftsbezug und auch ohne, erkannt. Raps ist in Deutschland die wichtigste Ölpflanze und wird – grob vereinfacht – auf etwa einem Zehntel der Ackerfläche an-

Abb. 15.2 Rapsblüten

gebaut. Rapsöl ist ein bedeutender nachwachsender Rohstoff für die Erzeugung von Biokraftstoffen. Quasi nebenbei, aber nicht weniger wichtig, ist Raps parallel auch eine wichtige Futterpflanze, da der Rapsschrot/Presskuchen Kraftfutter aus (importiertem) Soja ersetzt.

Als sogenannte Winterung wird Raps bereits im Vorjahr der Ernte ausgesät, überwintert als niedrige Blattrosette und blüht im Zeitraum Mitte April bis etwa Mitte Mai, je nach Witterung. Etwa Anfang August folgt dann der Drusch der senfkornähnlichen, braunschwarzen Körner. Ein guter Rapsertrag beträgt etwa 3500 bis hoch zu 4500 kg. Die Rapspflanzen benötigen vergleichsweise viel Stickstoff, um die ölreichen Körner zu erzeugen. Leider ist Raps begehrte Wirtspflanze für viele Schädlinge wie Pilze, Insekten und Schnecken, das bedeutet, der Rapsanbau ist meist mit vergleichsweise hohen Aufwendungen für chemische Pflanzenschutzmittel verbunden. Aus dem Kornertrag wird gut ein Drittel Rapsöl gewonnen, die restlichen zwei Drittel, also der überwiegende Teil der Kornmasse, bleibt als Rapsschrot zurück. Dieses enthält viel wertvolles Protein und wird als eiweißreiches Kraftfutter beispielsweise bei der Fütterung von Milchkühen genutzt. So wird Kraftfutter aus importierter, eventuell gentechnisch veränderter Sojabohne ersetzt – und die aus der Milch dieser Kühe gewonnene Butter ist automatisch etwas leichter verstreichbar. Heimisch erzeugtes Soja kann so verstärkt für den Nahrungsmittelbereich genutzt werden.

Aus Rapsöl werden die oben schon erwähnten Biokraftstoffe Biodiesel und Rapsölkraftstoff hergestellt. Für letzteres sind kaum Verarbeitungsschritte nötig, vor allem wird das Öl gefiltert, damit keine Verunreinigungen wie Trub- oder Schleimstoffe die Lagerfähigkeit oder die Verbrennung im Motor verschlechtern. Und natürlich wird die Qualität des Öls auf Einhaltung der Norm DIN 51605 geprüft. Rapsölkraftstoff hat eine deutlich höhere Viskosität als Diesel, es ist zähflüssiger. Und, wie man sich auch leicht vorstellen kann, es hat eine geringere Zündwilligkeit, vor allem bei niedrigen Temperaturen im Winter. Das bedeutet, dass ein Fahrzeug, das mit Rapsölkraftstoff betrieben werden soll, entsprechend dafür angepasst, also leicht umgebaut, werden muss. Typisch sind Vorkehrungen, die das Rapsöl vor der Einleitung in den Motorblock anwärmen. Wird das Rapsöl hingegen zu Biodiesel verarbeitet, fallen die nötigen Anpassungen geringer aus oder es kann, vor allem im Mischbetrieb mit Dieselkraftstoff, ganz darauf verzichtet werden. Das liegt daran, dass Biodiesel in seinen Eigenschaften und bei der Verbrennung deutlich dieselähnlicher ist. In Deutschland wird seit einigen Jahren an den Tankstellen kein reiner, fossiler Diesel, sondern sogenannter B7-Kraftstoff mit 7 % Biodiesel-Beimischung im Diesel verkauft. Dieser B7 wird unproblematisch in den allermeisten Pkw, Lkw und auch land- und forstwirtschaftlichen Fahrzeugen Geräten eingesetzt. „Erkauft" wird der Vorteil der leichten Einsetzbarkeit mit einer chemischen Umwandlung des Rapsöls zu Rapsölmethylester. Dabei werden die Fettmoleküle in Fettsäuren und Glyzerin aufgetrennt, wobei die Fettsäuren mit Methanol zu den Methyestern reagieren und das Glycerin abgesondert wird.

15.7 Was kann man selbst tun?

Einfach im Alltag umzusetzen ist die Informationseinholung, wenn ein Neukauf ansteht. Gibt es das gewünschte Produkt auch auf Basis oder wenigstens mit Anteilen (regionaler) nachwachsender Rohstoffe? Kann man ein ähnliches Produkt mit weniger oder umweltfreundlicher Verpackung erwerben? Und ist mir diese Unterstützung es wert, für das Produkt ggf. auch etwas mehr zu zahlen – also beispielsweise lieber nur eine Jeans mit einem Drittel Hanffasern statt zwei günstige Fast Fashion-Jeans? Bei Verpackungen, Versandkartons, Obstbeuteln, Getränkeflaschen und vielem mehr findet man mittlerweile Hinweise auf die Nutzung nachwachsender Rohstoffe, z. B. Ersatzkunststoffe auf Stärkebasis oder aus Polymilchsäure. Man kann sich, sofern man nicht autofrei/mit E-Auto lebt, über die Beimischungen von 7 % Biodiesel im Dieselkraftstoff und 10 % Ethanol im Superbenzin (B7 bzw. E10) aus NawaRos freuen. Konsequentes Mülltrennen, Recycling, Up-Cycling und möglichst Reparatur statt Ersatz sind ebenfalls wirksame Ansätze.

Das Themenfeld von NawaRo und erneuerbaren Energien, das eng verknüpft ist mit Agrarwissenschaften von Landtechnik bis Pflanzenzüchtung, Ökonomie und Marktgeschehen, Verfahrenschemie, Lebensmitteltechnologie und technischen Entwicklungen von Biogas bis Windkraft, bietet vielfältigste Ausbildungs-, Studiums- und Arbeitsmöglichkeiten.

Als persönlichen Tipp empfehle ich allen, die an der Landwirtschaft vor ihrer Tür interessiert sind, sich einen Spazierweg an landwirtschaftlichen Feldern auszusuchen und diesen regelmäßig abzulaufen. So kann man die Veränderungen in der Pflanzenentwicklung wahrnehmen. Manche Wachstumsstadien dauern lange an, z. B. die Jugendentwicklung von Wintergetreiden von Herbst bis ins Frühjahr, und ab dem Schossen (Hochwachsen) geht es plötzlich ganz schnell bis zu Ährenschieben, Kornfüllung und Abreife. Es ist gerade für Laien spannend festzustellen, wie früh manche Kulturen geerntet werden und wieviel länger andere Pflanzen im Feld stehenbleiben – und wie sich die Agrarlandschaft dabei verändert, wenn man bewusst darauf achtet. Wenn man sich diesen Spaziergang über mehrere Jahre einrichten kann, wird man nach und nach die wechselnden Pflanzen in der Fruchtfolge betrachten können. Wer es schafft, kann mitzählen, wie viele Jahre es dauert, bis die Pflanzen aus dem ersten Beobachtungsjahr wieder dort angebaut werden. Und natürlich die Augen offenhalten, wo man in der Kulturlandschaft die noch relativ wenig angebauten Kulturen wie Durchwachsene Silphie oder Nutzhanf oder Miscanthus oder … entdeckt. Kostenfreie Apps wie Flora Incognita oder Pl@ntNet helfen bei der Bestimmung der Kulturpflanzen wie auch der Beikräuter. Je mehr unterschiedliche Arten auf kleinem Raum bzw. auf kurzer Strecke gefunden werden, desto höher ist der Beitrag zur Biodiversität durch dieses Feld.

Anmerkung der Autorin: Um die Lesbarkeit und Verständlichkeit zu verbessern, habe ich mich entschieden, die Sachverhalte vereinfacht darzustellen. Es wurden also nicht immer alle Möglichkeiten aufgezählt oder nicht alle Argumente beleuchtet. Für Neulinge soll dies als Einstieg genügen, vertiefende Informationen sind bei Interesse zu jedem Aspekt des Themenbereichs NawaRo leicht recherchierbar oder bei mir erfragbar. Experten mögen mir diese Reduktion auf das Wesentliche bitte verzeihen.

Hrsg.: Nachwachsende Rohstoffe sind in der öffentlichen Diskussion häufig ein polarisierendes Thema. Dies drückt sich in der Phrase „Teller oder Tank?" aus. Hat man denn eine Entscheidung zu treffen, ob die Produkte der Landwirtschaft entweder als Vorprodukt für Nahrungsmittel oder als Vorprodukt für Kraftstoffe dienen? Einen Gedanken wert ist die Überlegung schon, welche Produkte auf den landwirtschaftlichen Flächen angebaut werden. Die Frage ob „Teller oder Tank" ist aber zu kurz gedacht, da es, wie das vorliegende Kapitel lehrt, durchaus weitere Sparten gibt, in die landwirtschaftliche Produkte gehen können. Fasern zur Herstellung von Textilien oder Baustoffen, Pflanzen zur Herstellung von Kraftstoffen für die Mobilität oder Brennstoffe für die Beheizung unserer Häuser und vieles mehr. Ein Aspekt der nachwachsenden Rohstoffe ist der, dass ihre Verwendung eine erwünschte Verdrängung von Materialien bewirkt, die aus fossilen Rohstoffen (Erdöl, Erdgas) hergestellt werden. Die Phrase „Jute statt Plastik" ist überholt, aber spiegelt genau diesen Aspekt wieder. Von grundsätzlicher Bedeutung, aber leider noch ganz offen, ist die Frage, welche landwirtschaftlichen Flächenanteile welchen Produktkategorien zugeordnet werden sollten. Offen ist auch, wer diese Zuordnung überhaupt festlegen soll. Landwirtschaftliche Interessen sind von den Interessen der Handelsorganisationen dominiert. Wie sollen sich Landwirtinnen und Landwirte zur Fruchtfolge entscheiden, wenn die Marktpreise sehr schnellen, sehr heftigen und damit unübersehbaren Schwankungen unterliegen? Hinzu kommen noch sachliche Anforderungen aus verschiedenen Bereichen wie Düngemittelverbrauch, Preise und Mengen für Pestizide, Quantität und Qualität des Wassers zur Herstellung der Produkte (siehe Kap. 12), Ökologie und Biodiversität, Flächenverbrauch für den Städtebau, für unsere Infrastruktur, die Verkehrswege und unsere Gewässer (siehe Kap. 14). Man kann eine Konkurrenz zwischen den verschiedenen Landnutzungsformen feststellen. Mit guten Kenntnissen zu diesen Themen kann man einen eigenen Beitrag leisten, den notwendigen Interessenausgleich herbeizuführen. Was will man denn eigentlich? Eine lebenswerte Zukunft! Das Thema ist es wert, sich damit zu befassen.

Agri-PV: Nahrung, Strom und Zukunft ernten

16

Jochen Hauff und Stephan Schindele

16.1 Einleitung: Sonne satt. Nützen und schützen!

Rekordsommer. Nächster Rekordsommer. Die Sonne scheint viel zu viel, Niederschläge bleiben aus. Die Auswirkungen des Klimawandels manifestieren sich und treffen zunehmend unsere landwirtschaftlichen Flächen in Deutschland, in Europa, weltweit. Gleichzeitig brauchen wir mehr Strom aus erneuerbaren Quellen, um unsere Energieversorgung klimafreundlich und unabhängig zu gestalten. Der ländliche Raum und unsere Landwirte spielen für den Umbau hin zu einer klimaresilienten Gesellschaft die entscheidenden Rollen. Um der Landflucht und der gesellschaftlichen Polarisierung entgegenzuwirken, ist es daher von großer Wichtigkeit, den Menschen im ländlichen Raum durch Teilhabe am Transformationsprozess eine wirtschaftlich attraktive Perspektive zu bieten. Wie können wir all das zusammenbringen?

Im Zentrum der Lösung steht der sogenannte Nahrungs-Energie-Wasser-Nexus: Drei zentrale Versorgungssysteme, die bisher meist getrennt geplant und gesteuert werden. Dafür sind integrierte, sektor-übergreifende Lösungen gefragt. Die Agri-Photovoltaik

---

Die Originalversion des Kapitels wurde revidiert. Ein Erratum ist verfügbar unter: https://doi.org/10.1007/978-3-662-72198-8_20

J. Hauff (✉)
Think Resiliency, Teltow, Deutschland
E-Mail: jochen@thinkresiliency.net

S. Schindele
BayWa r.e. Solar Projects GmbH, Freiburg, Deutschland

J. Dohmann (Hrsg.), *Umweltimpulse – 19 Wege in eine lebenswerte Zukunft*, SDG - Forschung, Konzepte, Lösungsansätze zur Nachhaltigkeit, https://doi.org/10.1007/978-3-662-72198-8_16

(Agri-PV) ist eine davon. Für erfolgreiche Agri-PV-Projekte braucht es ein Verständnis der Zusammenhänge von Sonneneinstrahlung, Bodenqualität, Pflanzenwachstum, Wasserhaushalt und Wetterdynamik sowie von Solartechnik, Netzinfrastruktur und Stromvermarktung – also Know-how über mehrere Fachdisziplinen hinweg. Und zugleich braucht es Landwirte, Investoren und Banken, Versicherer und Stromabnehmer und nicht zuletzt, Politiker, die mit darüber entscheiden, ob aus technisch-agrarisch machbaren Lösungen langfristig nachhaltige, lohnende Geschäftsmodelle werden.

Schaffen wir es, dem Silodenken der jeweiligen Disziplinen zu entkommen und im großen Stil in integrierte Lösungen zu investieren? Dieses Kapitel will einen Beitrag dazu leisten.

16.2 Was ist Agri-PV und welche Varianten gibt es?

Agri-PV, im internationalen Sprachgebrauch auch als „Agrivoltaics" bezeichnet, meint die gleichzeitige Nutzung einer Fläche für die primäre landwirtschaftliche Produktion und sekundäre Solarstromerzeugung mittels Photovoltaik. Dabei wird die Solartechnik so in die landwirtschaftliche Tätigkeit integriert, dass dazwischen oder darunter Nutzpflanzen wachsen und Tiere weiden können (vgl. Abb. 16.1).

Vorteile: Agri-PV spart Fläche, schafft neue Einnahmequellen für landwirtschaftliche Betriebe, schützt Pflanzen vor Extremwetter und ermöglicht eine klimaangepasste Landwirtschaft, z. B. in Form von regenerativer Landwirtschaft. Gleichzeitig können, je nach Design und lokalen Gegebenheiten, Vorteile für die Wassereinspeicherung im Boden oder in Reservoiren realisiert werden, bzw. die Auslegung der Anlagen auch zur Vermeidung von Erosion etwa bei Starkregen mit Arbeiten an der Bodenkontur kombiniert werden. Auch die Integration von Bewässerungssystemen an den Anlagen ist machbar (vgl. [Kor24]).

Herausforderungen: Technisch müssen Modulhöhe, Ausrichtung, Beschattung und Bewirtschaftung optimal aufeinander abgestimmt werden. Hierbei ist abzuwägen, wie spezifisch die Anlagentechnik, welche in der Regel auf 25–30 Jahre Nutzungsdauer ausgelegt ist, dann mit den eher kurz- und mittelfristigen Entscheidungen der Fruchtfolge bzw. Weidenutzung kompatibel ist. Was die Investitionskosten angeht, liegen Agri-PV Anlagen meist zwischen den einfachen PV-Freiflächenanlagen (PV-FFA) und den deutlich teureren Aufdachanlagen. Dennoch wurden Agri-PV Anlagen in der Vergangenheit in Deutschland nicht explizit gefördert. Komplexere Genehmigungsverfahren bzw. mangelnde Erfahrung mit Agri-PV bei Behörden und Planern können ebenfalls ein Nachteil im Vergleich zu den herkömmlichen PV-FFA sein. Die Herausforderung der begrenzten Verfügbarkeit von Strom-Netzkapazitäten teilen sich große Agri-PV Anlagen mit klassischen PV-FFA-Systemen.

Vor diesem Hintergrund entstanden die ersten Pilotprojekte der Agri-PV besonders in Japan, Deutschland und Frankreich im Rahmen von Forschungseinrichtungen und Versuchsanordnungen. Inzwischen gibt es eine Vielzahl von Demonstrationsanlagen weltweit und auch kommerziell betriebene Anlagen, die teilweise günstige Förderungsmechanis-

Abb. 16.1 Schematische Darstellungen der Doppelnutzung durch Agri-PV (vgl. [ISE24], S. 12). Mit freundlicher Genehmigung Fraunhofer ISE, Freiburg

men (z. B. in den Niederlanden) nutzen konnten. Der Anteil der Agri-PV an der global installierten kumulativen PV-Leistung von 2,2 TWp liegt aber, geschätzt, im Jahre 2024 bei unter 3 % [Hau25] und damit weit hinter dem theoretisch möglichen Agri-PV Potenzial von über 32 TWp bei Annahme von einer Nutzung von 1 % der geeigneten Agrarflächen (vgl. [Sch24]).

Die in Abb. 16.2 dargestellte Auswahl von Varianten der Agri-PV zeigt, dass eine breite Palette von Anwendungsfällen abgedeckt werden kann. Diese Varianten weisen jedoch zugleich stark unterschiedliche Kostenprofile auf, sodass bei der Projektentwicklung genaue Analysen notwendig sind, um die für die jeweilige lokale Situation und Planung des landwirtschaftlichen Betriebs sinnvolle Anlagenkonfiguration zu wählen, deren spezifische Wirtschaftlichkeit dann im jeweiligen Projekt überprüft werden muss.

So eigenen sich z. B. sehr hoch aufgeständerte Anlagen zwar theoretisch für eine Kombination mit klassischem, maschinell betriebenem Ackerbau. Die großen Mengen Stahl und die tiefen Fundamente machen diese Form der Agri-PV aber meist unwirtschaftlich

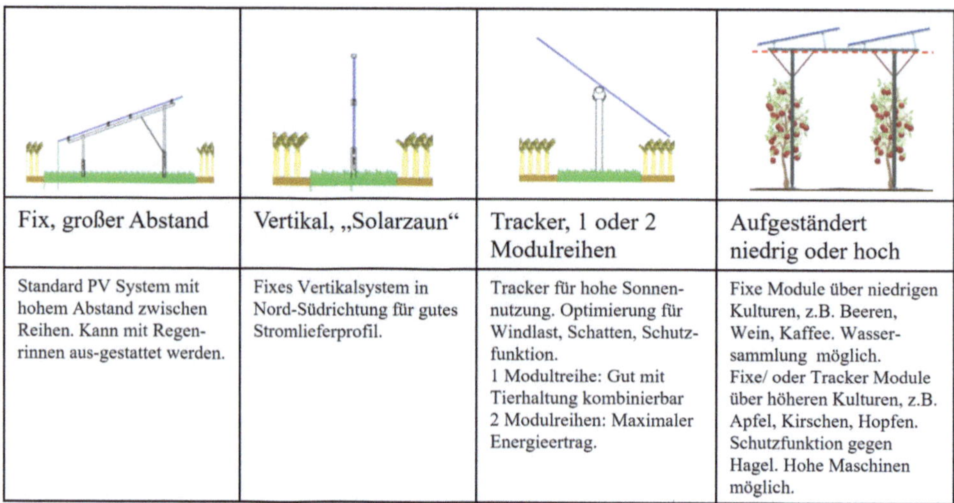

Abb. 16.2 Beispielhafte Varianten von Agri-PV Anlagen. (Nach [Kly24]. Grafiken mit freundlicher Genehmigung, BayWa r.e. AG, München. (© BayWa r.e. Copyright 2024. All rights reserved))

für den Ackerbau. Anders kann sich dies unter Umständen für den Anbau von Obst oder Hopfen darstellen, falls die Schutzfunktionen der Module und Aufständerung einen deutlichen Mehrwert liefern. Laufende Pilotprojekte mit Forschungsbeteiligung werden hier in den kommenden Jahren Erkenntnisse liefern.

Eine kostengünstigere Alternative sind vertikale Anlagen oder Tracker-Anlagen in Reihen, bei denen der flächige Agraranbau überwiegend zwischen den jeweiligen Modulreihen stattfindet. Diese Techniken haben den Vorteil, durch einen Ost-West Ausrichtung der Module bzw. einer Nachführung der Module zur Sonneneinstrahlung durch Tracker, in höherpreisigen Phasen des Strommarktes mehr Strom zu liefern als fix nach Süden ausgerichtete PV-Anlagen.

Eine optimierte Projektplanung muss also neben der agrarwirtschaft-lichen Optimierung hinsichtlich Schattenwurfs und Schutzfunktion für das Pflanzenwachstum immer auch mit den in der energiewirtschaftlichen Kalkulation erzielbaren Marktwerte am Strommarkt kombiniert werden.

Derzeit sind in Deutschland insbesondere Tracker-Anlagen bzw. auch fixe aber niedrig aufgeständerte Anlagen und Vertikalanlagen nahe an den Stromerzeugungskosten der Standard-PV Freiflächenanlage (PV-FFA), was in Abb. 16.3 auch in den Zahlen des Thünen Instituts für Anlagen in Norddeutschland dargestellt ist. Allerdings berücksichtigt die durch Böhm (vgl. [Böh25]) vorgenommene Betrachtung der reinen Stromgestehungskosten nicht die mögliche Erlösoptimierung am Strommarkt. Die dargestellte Reihung ist folglich keine abschließende energiewirtschaftliche Bewertung.

Zudem werden von Böhm ([Böh25]) die möglichen finanziellen Vorteile einer optimierten Beschattung z. B. von sensiblen Pflanzen oder auch der Mehrwert einer verbesserten Wasserhaltung im Boden durch die „Schattenstreifen" im Acker bzw. der Wiese

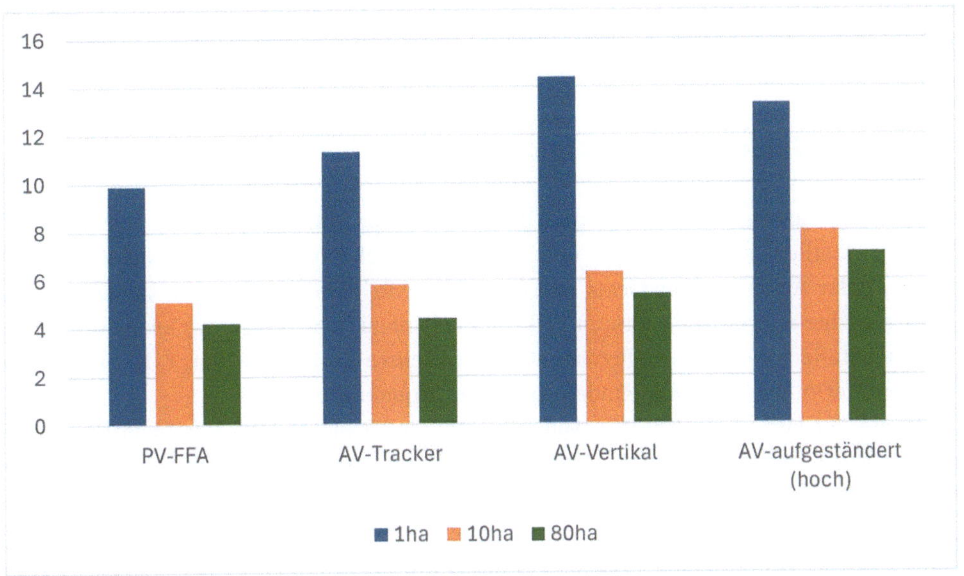

Abb. 16.3 Stromgestehungskosten (in €cent/kWp) im Vergleich. Eigene Darstellung auf Datenbasis von Böhm (vgl. [Böh25], S. 30)

nicht bewertet und der Kostenvergleich gegenüber relativ hochpreisigen kleinen PV-Dachanlagen ist nicht inkludiert.

Was aus den dargestellten Werten aber deutlich hervorgeht, ist die Wichtigkeit von Skaleneffekten. Großanlagen sind aufgrund der Fixkostendegression spezifisch wesentlich kostengünstiger. Bei Großanlagen ergibt sich jedoch auch ein erheblicher Kapitalbedarf, der ab Anlagen mittlerer Größe in der Regel nicht von landwirtschaftlichen Betrieben allein aufgebracht wird. Hier sind Kooperationen z. B. mit regionalen Energiegenossenschaften oder auch mit rein finanziell orientierten Investoren z. B. über Pachtmodelle üblich. Natürlich sind auch Co-Investitionen denkbar, bei denen Großanlagen aus Sicht des landwirtschaftlichen Betriebes in einen Eigentums- und einen Pachtanteil aufgeteilt werden.

Es braucht also jeweils eine ganzheitliche finanzielle Bewertung oder aber die Bereitschaft, die fundamental positiven agrarwirtschaftlichen Auswirkungen auch ohne exakt quantifizierten Gegenwert als ausschlaggebend für die Anlageninvestition in Agri-PV zu sehen. Dies können langfristig orientierte Landeigentümer und Landwirte für kleinere Anlagen evtl. tun.

Für Großanlagen, die in der Regel von kurz- oder mittelfristig orientierten Projektentwicklern vorangetrieben werden, welche die Projekte nach Fertigstellung an langfristig orientierte Finanzinvestoren weiterverkaufen, ist eine genaue finanzielle Bewertung und das Erreichen einer marktgerechten Rendite essenziell. Für diese Akteure stellen sich Kooperationsmodelle zwischen Land- und Energiewirtschaft, bzw. die genaue Bewertung von evtl. anfallenden agrarwirtschaftlichen Vorteilen eher als „zu komplex" im Vergleich zu „herkömmlichen" PV-FFA dar. Auch aus diesem Grund sind Agri-PV Anlagen bislang trotz ihrer offensichtlichen techno-ökonomischen und sozio-ökologischen Vorteile in Zeiten von rasant fortschreitendem Klimawandel noch deutlich unterinvestiert.

16.3   Wie funktioniert das in der Praxis?

Je nach Klimazone, Nutzpflanze und Betriebskonzept unterscheiden sich die Agri-PV-Anlagen deutlich. Vertikalsysteme und „niedrige" Trackersysteme eignen sich für Weidehaltung oder Ackerland für Grass und oder Getreide. Erhöhte Trackersysteme auch für Reihenfrüchte oder Sonderkulturen z. B. im Obstanbau, wobei hier vergleichsweise hohe Kosten anfallen. Weltweit entstehen unterschiedlichste Kombinationen, z. B. mit Beeren, Salaten, Kartoffeln, Schafen, Rindern oder über Aquakulturen.

Hier kann nur eine kleine Auswahl existierender Projekte kurz kommentiert werden Für weitere Beispiele und ausführlichere Darstellungen siehe u. a. [SPE24] und Fraunhofer ISE [ISE24].

Die konventionelle PV-Anlage in Alhendin (Abb. 16.4), wurde aufgrund der ESG-Bestrebungen des stromabnehmenden Kunden um einen Agri-PV Teil ergänzt. Hierbei handelt es sich um eine „Inter-row" Anlage, bei der zwischen den Modulreihen Ackerbau betrieben wird. Zugleich wird ein Teil des anfallenden Regenwassers über Regenrinnen gesammelt und gespeichert. Mit dieser Wasserreserve werden notwendige Reinigungen der Module vorgenommen, ohne den „Druck" auf die knappen Wasserreserven der Region zu erhöhen.

Der auf Himbeeren spezialisierte Hof in Babberich ersetzte nach einer Versuchsphase schrittweise die sonst üblichen Hagelschutznetze durch fixe, aufgeständerte Agri-PV mit semitransparenten Modulen (Abb. 16.5). Die Bewässerungsanlage für die Himbeeren ist am Gestänge der Solaranlage befestigt. Die Wirtschaftlichkeit der Energieerzeugung ba-

Abb. 16.4 Alhendin, Spanien. Bildnutzung mit freundlicher Genehmigung BayWa r.e. AG, München

Abb. 16.5 Babberich, Niederlande. Mit freundlicher Genehmigung BayWa r.e. AG, München

Abb. 16.6 Eppelborn-Dirmingen, und Merzig-Wellingen, Deutschland. Mit freundlicher Genehmigung Next2Sun, Dillingen

siert auch auf den bei Errichtung vorhandenen Fördermöglichkeiten für die Einspeisung von Solarstrom.

In den in Abb. 16.6 dargestellten vertikalen Agri-PV Anlagen werden zwischen den „Solarzäunen" Feldfrüchte und Grassilage erzeugt. Insbesondere in topografisch herausfordernden Standorten haben vertikale festinstallierte Systeme einen Vorteil gegenüber nachgeführten Tracker-Anlagen, indem sie die Hanglagen stufenweise meistern.

Der Lebensmittelkonzern Nestlé investiert in eine Cow-PV-Anlage (Abb. 16.7), bei der die Kühe unter den Solarmodulen grasen und zwischen den PV-Modulreihen weiterhin die jährliche Heuproduktion mit Traktor, Mähwerk und Heuwagen möglich ist. Die Pachteinnahmen der Agri-PV-Anlage ermöglichen dem Landwirt die Investition in einen neuen Kuhstall mit Melkmaschine und vollautomatischer Futteranlage direkt neben der Cow-PV-Anlage. Die Bio-Milchkühe können frei entscheiden, wann sie auf die Weidefläche unter der Agri-PV-Anlage gehen, und der erzeugte Strom deckt ein Viertel des Nestlé Werkstromverbrauchs nebenan ab.

Abb. 16.7 Biessenhofen, Deutschland. Mit freundlicher Genehmigung BayWa r.e. AG, München

Abb. 16.8 Pöchlarn, Österreich. Mit freundlicher Genehmigung, RWA Solar Solutions, Wien

Gemeinsam mit der RWA Solar Solutions errichtete die BayWa r.e. im Jahr 2021 das „Öko-Solar-Biotop" in Pöchlarn (Abb. 16.8). Dort sind drei Agri-PV-Anwendungen an einem Standort umgesetzt und von der Universität für Bodenkultur in Wien wissenschaftlich begleitet. Neben einer Weide-PV-Anlage mit Schafen kommt auch eine Obst-PV-Anlage mit Äpfeln sowie eine Crop-PV-Anlage mit Winterweizen- und Sojaproduktion zwischen einachsig nachgeführten PV-Trackern zum Einsatz.

16.4 Warum ist Agri-PV wichtig für die Zukunft?

Zusammenfassend sollte klar geworden sein, dass die Agri-PV eine Schlüsselrolle bei der Anpassung der Landwirtschaft an den Klimawandel und der Schaffung von Wertschöpfung im ländlichen Raum übernehmen kann:

- Schutz vor Dürre, Hitzestress und Wasserverlust
- Reduktion von Erosion durch Starkregen oder Wind
- Lokale Stromerzeugung für Eigenverbrauch (z. B. Kühlung und Weiterverarbeitung von Lebensmitteln)
- Zusätzliche Einnahmen für landwirtschaftliche Betriebe durch Stromverkauf oder Pachtmodelle
- Entschärfung von Landnutzungskonflikten durch sinnvolle Doppelnutzung für Nahrungsmittel- und Energieproduktion

Als besonders zukunftsweisend können sich Kombinationen von Agri-PV mit regenerativer Landwirtschaft erweisen (vgl. [BCG24], [Jam25]). In der regenerativen Landwirtschaft führt ein Verzicht auf das Pflügen kombiniert mit Dauerbegrünung des Bodens und Direktsaat, hoher Diversität des Pflanzenbesatzes und die bewusste Kombination von Acker- und Weidewirtschaft mittelfristig zu Humusaufbau, verbesserter Wasserinfiltration und damit verbundener Erosionsvermeidung. Zugleich werden die Kosten der Bearbeitung deutlich gesenkt, indem auf Kunstdünger, Insektizide und Fungizide so weit wie möglich verzichtet wird. Dies reduziert die Anzahl der Fahrten über die Flächen, und damit die Bodenverdichtung und den Dieselverbrauch deutlich. Auch das Kollisions- und Verstaubungsrisiko der Agri-PV-Anlage wird gesenkt. Für ausführliche Darstellungen zur regenerativen Landwirtschaft (siehe [Bro18], [Näs21], [Bös24] und [EARA25]).

Agri-PV Trackersysteme sind für die in der regenerativen Landwirtschaft angestrebten Kombination von Acker- und Viehwirtschaft besonders geeignet. Wie in Abb. 16.9 dargestellt, bieten sie Teilverschattung und Windschutz welche sowohl das Austrocknen bei Ackerbewirtschaftung als auch den Hitzestress der Tiere bei Beweidung mindert. Für den in der regenerativen Landwirtschaft typischen, häufigen Umtrieb in einer Koppelwirtschaft kann das Weidezaun- und Viehtränken-System von Beginn an in das Gesamtkonzept eingeplant werden. Sobald die Rinder unter der Agri-PV-Anlage weiden, können für diese Weide-Parzellen die PV-Tische in horizontale Stellung gedreht werden, um einen direkten Kontakt der Tiere mit den Modulen zu vermeiden. Durch dieses PV-Weidesystem wird eine gleichmäßige Düngerverteilung und langfristiger Bodenaufbau auf der Projektfläche ermöglicht. Zugleich werden technische Synergien genützt, Betriebsrisiken reduziert und hohe Stromerträge durch Nachführung realisiert (vgl. Abb. 16.9).

Die Vorteile einer Kombination aus regenerativer Landwirtschaft und Agri-PV gehen über die „physischen Synergien" hinaus. Die Einnahmen aus der Stromerzeugung oder aber der Verpachtung von Flächen für die Agri-PV können es konventionell wirtschaftenden Betrieben erlauben, das Transformationsrisiko einer Umstellung des Betriebes auf regenerative Bewirtschaftung (oder auch auf zertifizierte Biolandwirtschaft) einzugehen. Der Fall der Umstellung auf regenerative Landwirtschaft mit „Agri-PV Booster" wurde von BCG/ BayWa r.e. (siehe [BCG24]) für die deutsche Landwirtschaft simuliert und ergab sehr attraktive Profitabilitätssteigerungen über alle untersuchten Betriebsgrößen hinweg.

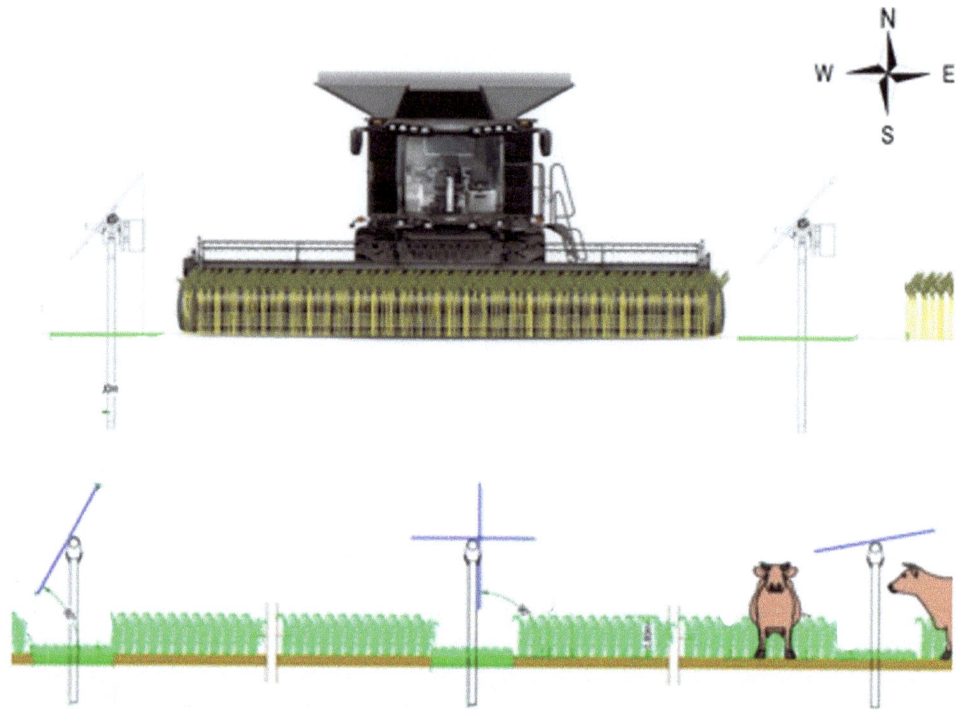

Abb. 16.9 Kombinierte Acker- und Viehwirtschaft mit Agri-PV Tracker. Mit freundlicher Genehmigung BayWa r.e. AG, München. (© BayWa r.e. Copyright 2025. All rights reserved)

Wenn die Energieinvestition also gezielt mit der Transformation der Agrarwirtschaft zusammen gedacht und umgesetzt wird, entfaltet sie den größten Beitrag zur Steigerung der Klimaresilienz des gesamten Systems – weit über die Grenzen des Projekts bzw. des Betriebes hinaus. Regionale Synergien wie die oben dargestellte Grünstromversorgung weiterverarbeitender Betriebe und die damit verbundenen Arbeitsplätze und regionale Wertschöpfung sind nur ein Beispiel von vielen, wie der ländliche Raum in Summe von Agri-PV profitieren kann.

16.5   Wie kann jeder selbst aktiv werden?

Angesichts der dargestellten Vielschichtigkeit der Nutzen von Agri-PV braucht es verschiedene Kompetenzen und viele Mitstreiter:Innen, um Agri-PV zum Standard zu machen. Jede und jeder kann sich an vielen Stellen je nach Wirkungsfeld einbringen. Hier nur einige Beispiele zur Anregung:

- In der Ausbildung/Beruf: Agrarwissenschaften, erneuerbare Energien und Wasserwirtschaft interdisziplinär denken

- In der Schule oder Hochschule: Studien oder Pilot-Projekte zur Agri-PV anstoßen
- Im Beruf: Unternehmen aus Landwirtschaft, Energie und Wasserwirtschaft zu Kooperationen ermutigen. Technische und ökonomische Analysen beauftragen oder anfertigen und Partner zur Zusammenarbeit über die Sektoren hinweg ermutigen
- In der Landwirtschaft: Geeignete Flächen und Projektlogiken identifizieren und geeignete Kooperationspartner finden.
- Auch politisches und gesellschaftliches Engagement ist gefragt: Unterstützung lokaler Agri-PV-Projekte und Bürgerenergie-Initiativen
- Ansprechen von Landwirten und Landwirtinnen, Gemeindeverwaltungen und kommunalen Klimaschutz- bzw. Klimaanpassungsbeauftragten
- Beteiligung an Petitionen, öffentlichen Konsultationen oder Online-Kampagnen

Nicht zuletzt kann auch die digitale Kommunikation einen Unterschied für das Bewusstsein machen: Gute Beispiele teilen, Videos mit Interviews oder Projektbeispielen erstellen und in sozialen Medien posten. Agri-PV Projekte sind oft technisch, ökologisch und wirtschaftlich sinnvoll und umsetzbar, scheitern jedoch an Widerständen, die durch Unwissenheit, Vorbehalte und falsche Informationen geschürt werden. Aufklärung und Kommunikation von „Best Practice" Agri-PV-Beispielen ist daher für eine erfolgreiche Diffusion äußerst wichtig.

16.6 Ausblick: Landnutzung neu denken

Die Landnutzung der Zukunft muss regenerativ, vielfältig und technologisch intelligent sein. Die Integration von Ernährung, Energieerzeugung, Wasserhaltung und Biodiversität wird dabei zur Schlüsselaufgabe.

Laut Bundes-Klimanpassungs-Gesetz [KAn23] muss jedes Bundesland in Deutschland bis spätestens Ende Januar 2027 eine „vorsorgende Klimaanpassungsstrategie" vorlegen. Hier bietet sich u. a. die Agri-PV als konkreter, motivierender Ansatz an, um Nahrungsmittelsicherheit und Wasserversorgung zu verbessern, und zugleich die weiterhin sehr notwendige Dekarbonisierung voranzubringen.

Mit Agri-PV und regenerativer Landwirtschaft stehen praxistaugliche Lösungen bereit, die das Klima schützen, wirtschaftlich sinnvoll sind und unsere natürlichen Lebensgrundlagen – den fruchtbaren Boden – erhalten. Um die finanzielle Realisierbarkeit von Agri-PV Anlagen sicherzustellen sind häufig noch komplexere Modelle notwendig, welche die Attraktivität für manche Arten von Investoren reduzieren. Durch das Überwinden der Verständnis- und Bewertungs-Silos können wir den vollen Nutzen 1. in allen Dimensionen verstehen, 2. besser finanziell bewerten und damit die Investierbarkeit erhöhen und somit 3. der Technologie in der jeweils passenden, resilienten Konfiguration, zum Durchbruch verhelfen.

Hrsg.: Wie kann die Landwirtschaft resilienter werden in Bezug auf die neuen Klimabedingungen? Zu verhindern, dass der Grundwasserspiegel zu stark absinkt, ist eine Möglichkeit dazu (siehe Kap. 10 und 12). Feldhecken (Kap. 3) und Agroforst (Kap. 4) werden ebenfalls als geeignet angesehen, einen Beitrag dazu leisten zu können. Im vorliegenden Kap. 16 wird hierzu die AgriPV-Technik vorgestellt. Die „Überdachung" landwirtschaftlich genutzter Flächen bietet Weidetieren Schatten. Sie kann auch dafür sorgen, dass empfindliche Kulturpflanzen vor Hagel, Starkregen oder einer zu intensiven Mittagssonne geschützt werden. Gleichzeitig erfolgt die Produktion elektrischer Energie. Das ist fantastisch! Die AgriPV-Technik befindet sich seit etwa 40 Jahren intensiv in der Forschung. Seither haben die Preise für Photovoltaikmodule sehr nachgelassen. Wenn gleichzeitig immer mehr Anforderungen an die Landnutzung gestellt werden (siehe Kap. 15), so mag es sinnvoll erscheinen, die Freiflächenphotovoltaik ohne landwirtschaftliche Produktion nicht weiter zu verfolgen, sondern stattdessen die AgriPV zu favorisieren. Der Blick in die Zukunft ist wie immer schwierig. Aber es besteht eine gewisse Wahrscheinlichkeit, dass diese Technik zukünftig breite Anwendung finden wird.

Literatur

[BCG24]   How Agri-PV can Boost the Transition to Regenerative Agriculture in Europe. BCG: Torsten Kurth, T.; Subei, B.; Plötner, P.; Havermeier,M.. BayWa r.e. AG: Hauff, J.; Schindele, S.; Lefort, A.; Wasser, B.; Tegtmeyer, M.; Bousi, E.; November 2024.

[Böh25]   Böhm, J.; PV-Freiflächenanlagen: Energieeffizienz und Rentabilität verschiedener Konzepte. Thünen-Kolloquium 09.01.2025, Thünen Institut, Braunschweig.

[Bös24]   Bösel, B.; Rebellen der Erde. Wie wir den Boden retten – und damit uns selbst. 2024. Finck Stiftung Verlag.

[Bro18]   Brown, G.; Dirt to Soil. One Family's Journey into Regenerative Agriculture. 2018. Chelsea Green Publishing Co (Verlag).

[EARA25]   The Realities of Producing more and better with less – Place-based innovation for the good of all. European Alliance for Regenerative Agriculture, 2025.

[ISE24]   Agri-Photovoltaik: Chance für Landwirtschaft und Energiewende. Ein Leitfaden für Deutschland. 3. Ausgabe Feb. 2024. Fraunhofer ISE.

[Hau25]   Hauff, J.; Global market potential of Agrivoltaics – an overview. In: Global Agri-PV: Scoping Initial Interest. Workshop of the Global Solar Council, June 2025.

[KAn23]   Bundes-Klimaanpassungsgesetz vom 20. Dezember 2023 (BGBl. 2023 I Nr. 393).

[Jam25]   Jamil, U.; Pearce, J. M.; Regenerative Agrivoltaics: Integrating Photovoltaics and Regenerative Agriculture for Sustainable Food and Energy Systems. Sustainability 17 (11) 2025, p. 4799. https://doi.org/10.3390/su17114799

[Kly24]   Klyk, C.; Schindele, P.; (Hrsg): Agrivoltaics. Technical, ecological commercial and legal aspects. Institution of Engineering and Technolog, London. Series 245, 2024.

[Kor24]   Korrmann, V.; Flutschutz-Photovoltaik. Erosionsschutz und dezentraler Flutschutz mit Agrar-Wasserspeichern und Talsperren. Präsentation Volker Korrmann von feldraine. de, 01.10.2024.

[Näs21]   Näser, D.; Regenerative Landwirtschaft, 2. Auflage, 2021. Verlag Eugen Ulmer.

[Sch24]   Schindele, S.; Lefort, A.; To farm or not to farm, that is the question: definition and potential of agrivoltaics. In: In: [Kly24] S. 53–100.

[SPE24]   Agrisolar Handbook, SolarPower Europe 2024.

Vom Immissionsschutz zur Optimierung von Trocknern für die Lackierung von Serienkarosserien

Sven Meyer

17.1 Einleitung

Immissionsschutz beschäftigt sich mit dem Schutz der Umwelt vor schädlichen Einflüssen durch Luftschadstoffe, z. B. Staub (Partikel), Stickstoffoxide (NO_x) oder Schwefeloxide (SO_x) [BImsch]. Kohlenstoffdioxid ist im Sinne der Immissionsschutzrechts kein Luftschadstoff, weil es nicht giftig ist, jedoch ein Treibhausgas, mitverantwortlich für den Klimawandel und daher im Sinne des Umwelt- und Klimaschutzes ebenfalls zu betrachten. Immissionsschutzrechtliche Vorgaben setzen in Deutschland vorwiegend bei den Entstehungsorten, den sogenannten Emissionsquellen, an und reglementieren die Emissionsmengen und -konzentrationen.

Die Lackierung von Automobilkarosserien ist ein sehr energieintensiver Prozess. Nach [Dür24] entfallen über 40 % der benötigten Energien – und damit ein Großteil der energiebedingten CO_2-Emissionen – bei der Automobilproduktion auf den Lackierprozess. Da bei der Lackierung auch zahlreiche organische Lösungsmittel wie Ethylacetat, Isopropanol und Ethanol verwendet und freigesetzt werden, sind die dort entstehenden Emissionen begrenzt. Dies ist Anlass genug, den Lackierprozess näher zu betrachten.

S. Meyer (✉)
TH Bingen, Bingen, Deutschland
E-Mail: s.meyer@th-bingen.de

© Der/die Autor(en), exklusiv lizenziert an Springer-Verlag GmbH, DE, ein Teil von Springer Nature 2026
J. Dohmann (Hrsg.), *Umweltimpulse – 19 Wege in eine lebenswerte Zukunft*,
SDG - Forschung, Konzepte, Lösungsansätze zur Nachhaltigkeit,
https://doi.org/10.1007/978-3-662-72198-8_17

17.2 Lackierprozess und Lacktrockner

Der Lackierprozess von Automobilkarosserien beginnt mit der Vorbehandlung, wobei die Karosserie gereinigt und phosphatiert wird. Anschließend wird zum Rostschutz eine kathodische Tauchlackierung aufgebracht. Mit dem Auftrag des Füllers werden kleine Unebenheiten ausgeglichen, sodass eine glatte Oberfläche entsteht. Der farbgebende Basislack wird mit einem glänzenden Klarlack versiegelt (siehe Abb. 17.1). Die jeweiligen Schichten werden nach dem Auftragen jedes Mal getrocknet, wobei Lösungsmittel freigesetzt werden.

Die lackierten Karosserien bewegen sich auf einem Transport-Skid in den Trockner (siehe Abb. 17.2), werden je nach Lackschicht auf Temperaturen von etwa 170 °C bis 250 °C aufgeheizt. Nach einer Haltedauer bei einer gewünschten Temperatur verlassen die getrockneten Karosserien das Trocknersystem. In der Aufheizzone und in der Haltezone werden die Lösungsmittel aus dem Lack freigesetzt und über das Abluftsystem zu einer thermischen Nachverbrennungsanlage (einer sogenannten TNV-Anlage) geleitet. Dort oxidieren die Lösungsmittel unter Einsatz von zusätzlichem Brennstoff (Erdgas) bei hohen Temperaturen von mehr als 700 °C. Die durchaus als gesundheitsschädlich geltenden organischen Lösungsmittel (Kohlenwasserstoffe) werden in der Brennkammer zu CO_2 und H_2O umgewandelt. Das heiße Reingas wird einerseits genutzt, um die Abluft gemäß Nr. 3 in der Abb. 17.2 in einem Abluftrekuperator vorzuwärmen. Andererseits kann in der weiteren Abhitzestrecke noch zusätzlich Prozesswärme für den Trockner bereitgestellt werden. Dies erfolgt sowohl in Umgasrekuperatoren (Wärmeübertragern, Nr. 4 in der Abbildung) als auch im Frischluftrekuperator (Nr. 5) für die Schleusenluft.

Das vorgestellte System ist so ausgelegt, dass die freigesetzte Wärmeenergie im Zuge der thermischen Nachverbrennung ausreicht, um den Wärmebedarf des Trockners im Volllastbetrieb vollständig zu decken. Weiterhin sieht die Auslegung vor, dass die Wärmeverluste über das durch den Kamin ins Freie geführte Reingas möglichst gering sind. Erfahrungsgemäß beträgt die Reingastemperatur nur etwa 140 bis 180 °C. Die Realität zeigt aber, dass hier im Normalbetrieb häufig Temperaturen von mehr als 300 °C erreicht werden [Car10].

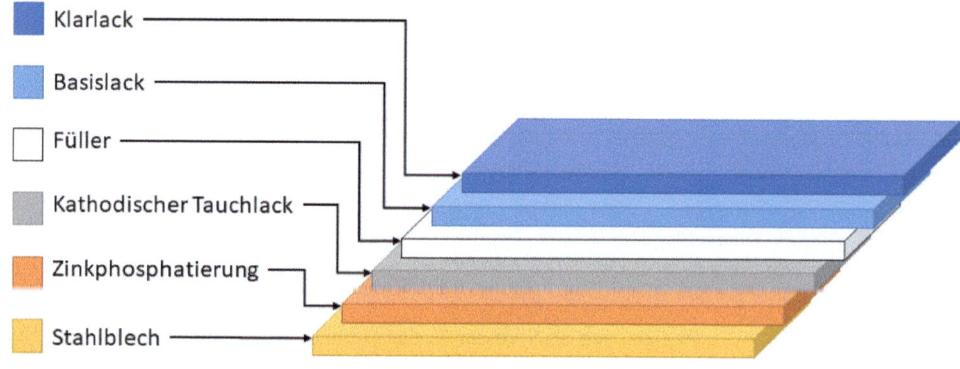

Abb. 17.1 Lackschichten. (In Anlehnung an [Fes05])

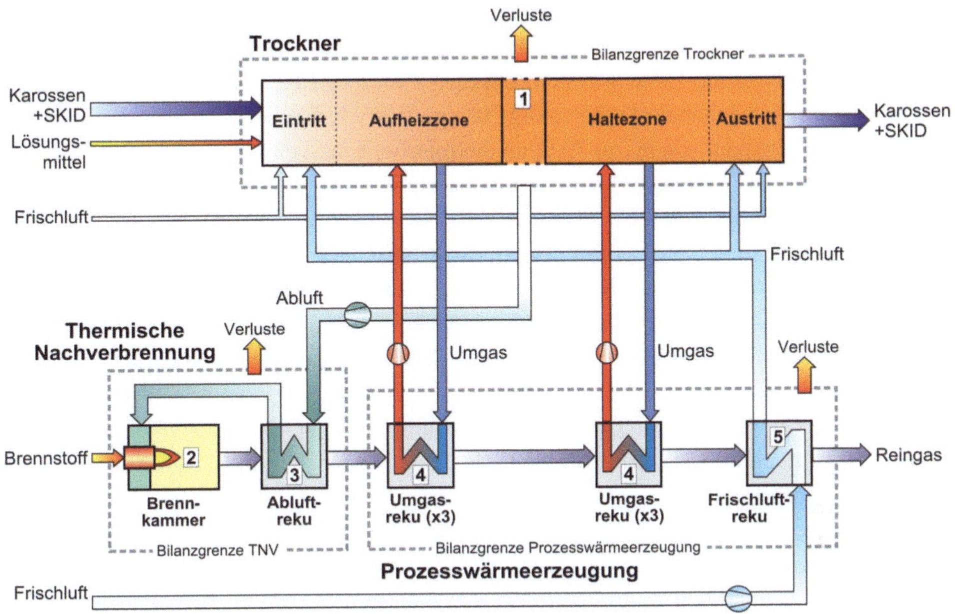

Abb. 17.2 Trockner mit Abgasreinigung und Prozesswärmeerzeugung [Jah10]

17.3 Ursachen und Maßnahmen

Eine Analyse der Ursachen zeigt, dass der Wärmebedarf für die Trocknung der Karosserien bei der Auslegung der Anlagen überschätzt wird. Kontinuierliche Messungen zeigen vielfach, dass es durch Produktionsunterbrechungen häufiger zu Teillastfällen im Trockner kommt, sodass nur ein geringerer Prozesswärmebedarf vorhanden ist, während die thermische Nachverbrennungsanlage eine gleichbleibende Wärmemenge bereitstellt, denn die hohe Brennkammertemperatur muss unverändert bleiben, damit eine vollständige Oxidation der Kohlenwasserstoffe erreicht wird [Jah10].

Überlegungen der Arbeitsgruppe von Carlowitz (z. B. [Car12]) zeigten, dass es mehrere Möglichkeiten zur Einstellung des sogenannten Wärmegleichgewichts zwischen Trockner und Nachverbrennung gibt.

1. Reduzierung der Reaktionstemperatur bei der thermischen Nachverbrennung durch Katalysatoren.
   Katalysatoren reduzieren die notwendige Temperatur von chemischen Reaktionen, sodass sich trotzdem ausreichende Reaktionsumsätze einstellen. Der Einsatz von Oxidationskatalysatoren in der Abluftreinigung ist bekannt [VDI3476]. Im Zuge von Nachrüstlösungen wurden bei bestehenden Trockner-TNV-Systemen Katalysatoren nachgerüstet, sodass die Brennkammern bei deutlich geringeren Temperaturen betrieben werden konnten. Der vollständige Ausbrand – die vollständige Oxidation – der organischen Stoffe wird durch

den nachgeschalteten Katalysator sichergestellt, sodass die Emissionsbegrenzungen eingehalten werden. Im Rahmen eines Forschungsprojektes wurde diese Lösung wissenschaftlich untersucht. Es zeigte sich, dass trotz mittelfristiger Deaktivierung des Katalysators durch sogenannte Katalysatorgifte eine Wirtschaftlichkeit gegeben ist. Es wurde ein Einsparpotenzial von bis zu 40 % an thermischer Energie erreicht [Car13a].

2. Reduzierung der Abluftmenge im Teillastbereich

   Im Teillastbereich – wenn also weniger Karosserien zu trocknen sind – werden weniger Lösungsmittel freigesetzt. Somit besteht die Möglichkeit, weniger Abluft der Nachverbrennung zuzuführen. Das Konzept wurde unter dem Begriff einer „lastabhängigen Volumenstromanpassung" von [Nee15] entwickelt und validiert. Sie bietet die Möglichkeit, immer nur soviel Prozesswärme zur Verfügung zu stellen, wie tatsächlich benötigt wird.

   In [Nee22] wird gezeigt, dass die Nachrüstung von über 40 Lacktrocknern in Europa durchschnittlich zu Einsparuingen von 10–50 % thermischer und 15–80 % elektrischer Energie geführt haben.

3. Thermische Entkopplung zwischen Trocknungsprozess und Abluftreinigung

   Eine weitere Möglichkeit besteht darin, die beiden Prozess „Trocknung" und „Abluftreinigung" weitgehend zu trennen. Bei der Wahl eines anderen Abluftreinigungsverfahren fällt sehr wenig Prozesswärme an, die zeitgleich genutzt werden muss ([Nee15], [Car13b]). Somit besteht die Möglichkeit, den Trocknungsprozess z. B. über erneuerbare Quellen bedarfsgerecht mit thermischer Energie zu versorgen. Im Bereich der Trockner der Automobilindustrie ist eine solche Lösung nur bei kompletten Neubauten von Lackierstraßen sinnvoll möglich; nicht jedoch als Nachrüstlösung bei bestehenden Anlagen.

17.4 Künftige Aufgaben

Die Ausführungen haben gezeigt, dass durch Anpassungen am Lacktrocknungsprozess erhebliche Mengen an thermischer und elektrischer Energie bereits bei bestehenden Industrieanlagen eingespart werden können. Betrachtungen basierend auf stationären Trocknern nach [Kri78] zeigen jedoch noch ein erhebliches Verbesserungspotenzial.

Der Trocknungsprozess ist dadurch gekennzeichnet, dass ein Trockengut zusammen mit den freizusetzenden Lösungsmitteln erwärmt wird. Die Lösungsmittel (organische Stoffe, Wasser) verdampfen und werden mit der Abluft fortgeleitet. Das eigentliche Trockengut kann wieder abgekühlt werden. Der minimale Prozessenergiebedarf ist durch die benötigte Energiemenge zur Verdampfung der Lösungsmittel bestimmt (Abb. 17.3).

Eine Lackierung erfolgte mit 6 kg Lack pro Karosserie und 30 Karosserien pro Stunde. Die 6 kg beinhalten eine kathodische Tauchlackierung, einen Füller, einen farbgebenden Lack und einen Klarlack. Die Karosserie wird nach jedem Lackauftrag getrocknet. Der insgesamt aufgetragene Lack setzt sich zusammen aus:

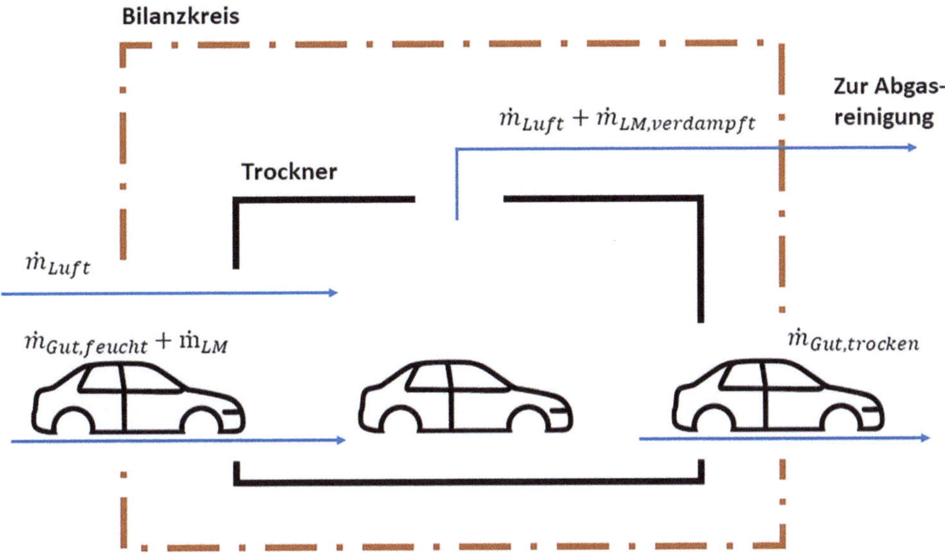

Abb. 17.3 Bilanzkreis eines Trockners von Karosserien

- Wasser: 68 % = 122,4 kg/h
- Organische Lösungsmittel: 14 % = 25,2 kg/h
- Feststoffe: 18 % = 32,4 kg/h

Die aufzubringende Verdampfungsenthalpie $\dot{Q}_V$ kann mit der spezifischen Verdampfungsenthalpie von Wasser (Δh_{H_2O} =2500 kJ/kg) und organischen Lösungsmitteln (Annahme: Δh_{LM}=durchschnittlich 500 kJ/kg) berechnet werden:

$$\dot{Q}_V = \dot{m}_{H_2O} \cdot \ddot{A}h_{H_2O} + \dot{m}_{LM} \cdot \ddot{A}h_{LM}$$

$$= 122,4 \frac{kg}{h} \cdot 2500 \frac{kJ}{kg} + 25,2 \frac{kg}{h} \cdot 500 \frac{kJ}{kg}$$

$$= 88 kW$$

Der aktuelle Energiebedarf ist bei mindestens 2000 kW anzusetzen [Nee22]. Somit würde sich ein maximales Einsparpotenzial von über 95 % ergeben, sollte es gelingen, den Trocknungsprozess im energetischen Optimum zu fahren.

17.5 Fazit

Die Ausführungen haben gezeigt, dass durch umwelttechnische und verfahrenstechnische Betrachtungen und Lösungsansätze Prozessverbesserungen angestoßen und auch erfolgreich umgesetzt werden können. Eine kritische Betrachtung des minimal notwendigen

Energieeinsatzes zeigt jedoch, dass noch ein erhebliches weiteres Verbesserungs- und Optimierungspotenzial vorhanden ist, das künftigen Fachkräften im MINT-Bereich als Herausforderung für berufliche Tätigkeiten zur Verfügung steht.

Hrsg.: Das vorliegende Kap. 17 widmet sich einem ausgewählten Beispiel aus dem Bereich Immissionsschutz. Immissionen sind negative Umwelteinwirkungen am Ort eines Betrachters. Es geht also um Deine eigene, unmittelbare Umgebung. Immissionsschutz wird dabei ausnahmslos erreicht, in dem Emissionen, also Freisetzungen von Luftschadstoffen in die Atmosphäre unterbunden werden. Im vorliegenden Kapitel geht es dabei um Lösemittel, die bei der Lackierung von Fahrzeugkarosserien während der Lacktrocknung aus der Lackschicht ausgetrieben werden. Laien stellen sich häufig vor, als müssten die Lösemittel „gefiltert" werden, was aber nicht der Realität entspricht. Die Vorgehensweise ist stattdessen, dass die mit Lösemittelrückständen beladene Luft, die aus dem Trockner strömt, soweit erhitzt wird, dass die Lösemittelmoleküle auf der Oberfläche eines Katalysators durch eine Verbrennungsreaktion abgebaut werden. Dieser heiße Luftstrom wird zur Energierückgewinnung eingesetzt um Energie zu sparen. Typisch an dem Beispiel ist, dass zur Lösung der Aufgabe viele Anlagenteile erforderlich sind und eine erhebliche Menge Energie gebraucht wird. Beides verursacht Kosten. Schön im Sinne der Luftreinhaltung wäre es, wenn Autos langlebig wären oder sogar durch andere Mobilitätskonzepte ersetzt werden könnten. Die Qualität unserer Atemluft ist heute deutlich besser als zu früheren Zeiten. Diesbezüglich leben wir heute in einer Zeit, die in der Vergangenheit als lebenswerte Zukunft hätte bezeichnet werden können. Das sollten wir, unabhängig davon, ob sich weitere Verbesserungen erzielen lassen als freudigen Umstand wahrnehmen.

Literatur

[BImsch]   Bundes-Immissionsschutzgesetz in der Fassung der Bekanntmachung vom 17. Mai 2013 (BGBl. I S. 1274; 2021 I S. 123), das zuletzt durch Artikel 1 des Gesetzes vom 24. Februar 2025 (BGBl. 2025 I Nr. 58) geändert worden ist.

[Car10]   Carlowitz, O; Neese, O.; Lassen sich Immissionsschutz und Energieeffizienz miteinander vereinbaren? In: K. J. Thomé-Kozmiensky, M. Hoppenberg (Hrsg.): Immissionsschutz – Planung, Genehmigung und Betrieb von Anlagen – Band 1, TK Verlag Karl Thomé-Kozmiensky, Neuruppin, 2010. ISBN 978-3-935317-59-7, S. 175–188.

[Car12]   Carlowitz, O.; Dammeyer, K.-H.; Neese, O; Piech, L.; Crone, F.; Konzepte zur Lösung des Zielkonfliktes zwischen Emissionsminderung und Energieeffizienz am Beispiel bestehender Lacktrocknersysteme in der Automobilproduktion. VDI-Bericht 2165: "Emissionsminderung 2012" Nürnberg, 19./20.06.2012, VDI-Verlag, Düsseldorf, ISBN 978-3-18-092165-5, S. 131–146.

[Car13a]   Carlowitz, O., Dammeyer, K.-H., Jahns, I., Neese, O., Piech L.; Schricker, B.; Entwicklung und Erprobung von Abgasreinigungskonzepten für Trockner von Automobilkarosserien mit verringertem Primärenergieeinsatz unter weitgehender Beibehaltung vorhandener Anlagentechnologien (2. Phase). Abschlussbericht zur zweiten Phase eines Entwicklungsprojektes, gefördert unter Aktenzeichen 26471-22 von der Deutschen Bundesstiftung Umwelt. 2013.

[Car13b]   Carlowitz, O.; Meyer, S.; Forum Umwelt- und Energietechnik 2013: Kraftwärmekopplung und Luftreinhaltung. ISBN 978-3-86948-388-7, Papierflieger-Verlag GmbH, Clausthal-Zellerfeld, 2013.

[Dür24]   Dürr AG; Geschäftsbericht 2024, www.durr-group.com, Zugriff: 19.06.2025.

[Fes05]   Fessel, R.; Untersuchungen zur Verbesserung der Oberflächenfarbprüfung mittels digitaler Bildverarbeitung in einer Automobil-Serienlackiererei. CUTEC-Schriftenreihe 65, Monographie, Papierflieger-Verlag Clausthal-Zellerfeld, 2005.

[Jah10]   Jahns, I., Carlowitz, O., Schricker, B.; Einstellung des Wärmegleichgewichts zwischen Nachverbrennung (TNV) und Lacktrockner in der Automobillackierung durch nachträglichen Einbau von Oxidationskatalysatoren. VDI-Bericht 2110 „Emissionsminderung 2010 – Stand, Konzepte, Fortschritte", VDI-Verlag, Düsseldorf, 2010, ISBN 978-3-18-092110-5, S. 47–60.

[Nee15]   Neese, O.; Analyse und Erprobung von Konzepten zur Senkung des Primärenergieeinsatzes bei bestehenden Lacktrocknersystemen am Beispiel der Automobilindustrie. Dissertation TU Clausthal. Papierflieger-Verlag Clausthal-Zellerfeld, 2015.

[Nee22]   Neese, O.; Piech, L.; Dammeyer, K.-H.; Leefmann,J.: Senkung von Kohlendioxidemissionen und Betriebsmittelkosten durch lastabhängige, stufenlose Volumenstromanpassung an Lacktrocknern. VDI-Bericht 2397 „Emissionsminderung 2022", VDI-Verlag Düsseldorf, ISBN 987-3-18-092397-0, S. 147–158.

[Kri78]   Krischer, O.; Die wissenschaftlichen Grundlagen der Trocknungstechnik. 3. neubearbeitete Auflage von W. Kast. Springer-Verlag Berlin-Heidelberg, 1978.

[VDI3476]   VDI-Richtlinie 3476 Blatt 2: Abgasreinigung – Verfahren der katalytischen Abgasreinigung – Oxidative Verfahren. Erscheinungsdatum: 2020-04.

Heizen ohne Umweltschäden

Judith Möller

Die Umwelt, das ist in Deutschland: gemäßigtes Klima, vier Jahreszeiten, satt-grüne Wiesen und Wälder, Wasser im Überfluss (so wurde es zumindest noch in den 1990ern in der Schule gelehrt), hohe Bevölkerungsdichte, Recyclingvorschriften, Naturschutzgebiete, …

Unsere Umwelt hat sich in den letzten Jahren aber verändert und die Klimaforscher sagen, dass diese Veränderungen sich noch verschärfen werden. Veränderung muss nicht automatisch negativ sein. Doch erschreckt hat mich persönlich vor wenigen Jahren eine Radiomeldung über Wassermangel, nicht irgendwo, sondern hier in Deutschland. Talsperren die leergelaufen sind, Gegenden die von Auswärts mit Wasser beliefert werden müssen. Regional spürbare lange Trockenperioden. Jetzt gibt es Waldstücke vor der Haustür, die im Frühling nicht ergrünen, sondern große vertrocknete Flecken bleiben und anschließen kahl werden. In einem Land von dem ich gelernt hatte, dass mehr Wasser auf uns runter prasselt als wir jemals verbrauchen könnten. Was für ein Kontrast. Wichtig und hilfreich für die Gärten sind nun Zisternen, um Wasser für die Pflanzen zwischen Starkregen und Trockenzeit (neuen Wetterdenkweisen) zu speichern. Und sonstige Klimaveränderungen? Das letzte Jahr habe ich den ersten komplett schneefreien Winter mitgemacht. Toll, um nicht Schnee schippen zu müssen, aber schade, dass die Kleinen Schlittenfahren und Iglu-Bauen nicht selbst erleben können. Beängstigend hingegen sind die Tornados. Die gab es früher nur in weit entfernten Ländern in den Nachrichten zu sehen, jetzt drehen

J. Möller (✉)
Stiebel Eltron, Holzminden, Deutschland
E-Mail: judith.moeller@stiebel-eltron.de

© Der/die Autor(en), exklusiv lizenziert an Springer-Verlag GmbH, DE, ein Teil von Springer Nature 2026
J. Dohmann (Hrsg.), *Umweltimpulse – 19 Wege in eine lebenswerte Zukunft*,
SDG - Forschung, Konzepte, Lösungsansätze zur Nachhaltigkeit,
https://doi.org/10.1007/978-3-662-72198-8_18

sie auch in Deutschland. Ganz in der Nähe wurden Häuser abgedeckt und Hallen in einem Industriegebiet auseinander genommen. Sollten wir jetzt anfangen uns darauf einzurichten, alle paar Jahre immer wieder alles neu aufzubauen? Ist das leistbar? Wie sieht unsere Zukunft und die unserer Kinder aus?

Woher kommen diese krassen Wetter? Die Extremwetterlagen sollen durch den erdgeschichtlich, noch nie so schnell aufgetretenen, Temperaturanstieg ausgelöst werden. Und der Temperaturanstieg erfolgt gemeinsam mit dem sehr deutlichem Anstieg an CO_2 Konzentrationen in der Atmosphäre in nie dagewesenen Höhen. Und das hat wohl eingesetzt zusammen mit einer umfassenden Energie/Strom-Verfügbarkeit und Nutzung um 1950. Kommt der Wohlstand aus der Ausbeutung der Ressourcen und ist der Wohlstand ohne Ressourcenausbeutung nicht zu halten? Und müssen wir für unseren Wohlstand die Umweltkatastrophen in Kauf nehmen? Aber spätestens wenn die Erde kollabiert, sind wir auch weg. Und vielleicht ereignen sich vor dem Kollaps die apokalytischen Zustände mit Krieg um Nahrung, wie in manchen Katastrophen-Filmen. Unser Planet ist viel zu schön, um jetzt einfach zuzugucken, wie die Wiesen und Wälder verschwinden. Von einem Weg, den man eingeschlagen hat, kann man auch abweichen, wenn man sieht, dass der in die Wüste führt. Aus Fehlern lässt sich lernen.

Natürlich wird sich das Weltklima nicht verändern, nur weil ein einzelner Mensch sein Verhalten anpasst. Doch Augen verschließen und mit der Masse mitmachen? Einfach darauf vertrauen, dass die anderen irgendwann das Richtige erkennen und „die Karre aus dem Dreck" ziehen? Nein, jeder sollte sich einbringen und selbst handeln. Tun wovon man auch überzeugt ist, dass es das beste und richtige ist: was kann jeder für sich im Rahmen meiner Möglichkeiten klimapositiv verändern? Zumindest will ich persönlich keine Belastung für das Klima mehr sein. Und wenn ich der Umwelt, unserer Welt, helfen kann, dann will ich das gerne in Angriff nehmen.

In diesem Beitrag hier geht es, an der Überschrift ist es ersichtlich, um das Heizen. Eine Heizung zu haben und zu Heizen gehört in Deutschland zu jedem Haushalt. Dadurch ergibt sich aber auch, dass knapp 1/4 (!) des Energieverbrauchs des Landes in die Heizung fließt! Wenn hier Klimaschutz erfolgt, dann ist das ein Riesen-Hebel! Neben der Wahl zur Fortbewegung die wichtigste Stellschraube für jeden Bürger, der sich Gedanken um die Zukunft macht.

Wie kann man beim Heizen klimafreundlich werden? Oder warum ist Heizen überhaupt klimaschädlich? Hat man das nicht schon immer gemacht? Jaaaaa, seitdem die Kunst des Feuermachen entdeckt wurde, wird es auch zum Wärmen genutzt. Also wirklich schon sehr lange.

Bei einem Feuer findet eine Verbrennungsreaktion mit Sauerstoff aus der Luft statt, i. d. R. ausgelöst durch große Hitze. Bei der Verbrennung der meisten Brennstoffe (z. B. Holz, Erdöl, Erdgas, Kohle) entsteht CO_2, denn die Brennstoffe enthalten den mit dem Sauerstoff zu oxidierende Kohlenstoff aus Pflanzen, die im Fall von Holz und Stroh erst kürzlich, oder im Fall von Erdöl, Erdgas oder Kohle schon vor Urzeiten verstorben sind. Folglich entsteht beim Verbrennen von Pflanzenresten das klimaschädliche Treibhausgas CO_2.

Man muss aber auch wissen, dass diese verstorbenen Pflanzen zu Lebzeiten das CO_2 aus der Atmosphäre „eingeatmet" haben. Die Pflanzen haben also vorab das CO_2 aus der

Atmosphäre herausgezogen, das bei der Verbrennung wieder frei wird. Damit sind sie in der Bilanz bei null, also klimaneutral.

Trotzdem ist es eine schlechte Idee, Kohle, Erdöl oder Erdgas zu Heizzwecken zu nutzen. Denn der darin enthaltene Kohlenstoff wurde vor Urzeiten der Atmosphäre entnommen! Beim Verbrennen in der Jetzt-Zeit wird dann aber das CO_2 aus Urzeiten freigesetzt und in die aktuelle Atmosphäre geblasen. Bei diesem zeitlichen Versatz will hoffentlich niemand argumentieren, dass sich das doch im Mittel irgendwie ausgleicht? Immerhin erleben wir das Zeitalter der Einspeicherung nicht, sondern nur das Zeitalter der Freisetzung in die Atmosphäre.

Beim Verbrennen von Holz bzw. nachwachsenden Rohstoffen, die kürzlich erst CO_2 aufgenommen und beim Heizen durch Verbrennen wieder abgeben, kann man eher von der null-Bilanz ausgehen. Dabei darf aber auch nur die Menge verbrannt werden, die parallel für Heizzwecke wieder nachwachsen kann und entsprechend gleichviel CO_2 aufnimmt.

Wenn wir uns die aktuellen Heizungssyteme angucken, hat aber kaum jemand die Muße noch regelmäßig in einen Wald zu gehen und Brennholz zu sammeln, wie die kleine Hexe aus dem gleichnamigen Buch. Und alle Wälder abholzen, wie die Römer das für ihre beheizten Badeanstalten großflächig in Südeuropa machten, ist auch keine gute Option, denn wenn man schneller abholzt als nachwächst, ist es ja mit der Bilanz hin. Bis die abgeholzten Bäume aus Abb. 18.1 nachgewachsen sind, wird es viele Jahre dauern.

Abb. 18.1 Abholzung

Was bleibt dann noch?

Gar nicht mehr heizen: Das geht für die, die ein extrem gut gedämmtes Passivhaus bauen oder erwerben können. Da reicht die Abwärme von Haushaltsgeräten und Menschen, um das Haus warm zu halten.

Weniger heizen: die Heizung runter drehen. Das spart auf jeden Fall. Geringere Temperaturunterschiede zwischen drinnen und draußen sind gut für die Gesundheit für ein langes Leben, für das Portmonnaie und schonender für das Klima. Oft kann man auch schon den Verbrauch reduzieren bei bleibenden Komfort, wenn einfach nur die Raumthermostate korrekt eingestellt werden und nicht das Fenster für die Temperaturregulation verwendet wird. Aber wenn mit Erdöl oder Erdgas geheizt wird, wird trotzdem immer weiter CO_2 in die Luft gesetzt.

Direkt die Wärme der Sonne oder der Erde nutzen? Die Solareinstrahlung der Sonne reicht in Deutschland gerade im Winter nicht, um – mit dem in Solarpanelen aufgeheiztem Solarfluid – unsere Häuser zu heizen. Sie wird deshalb oft nur unterstützend angewendet. Erdwärme aus Geothermie ist natürlich Klasse, vor allem wenn man sich da an ein entsprechend eingerichtetes Wärmenetz anschließen kann.

Es gibt darüber hinaus noch eine Heizungstechnik, bei der nichts verbrannt wird und die selbst daher gar kein CO_2 in die Atmosphäre abgibt: Die Wärmepumpe. Eine Technik die schon vor 1980 zum Heizen von Häusern eingesetzt wurde! Mein Elternhaus, gebaut in den 1980ern, hatte auch schon eine Wärmepumpe zur Erwärmung des Heizungswassers und des Trinkwassers. Damals noch ein Nischenprodukt, gehört die Wärmepumpe mittlerweile im Einfamilienhaus-Neubau bereits zum Standard. Im Sanierungsmarkt und bei großen Gebäuden werden Wärmepumpenlösungen ebenfalls eingesetzt, aber bisher nur vereinzelt. Da viele Menschen die Wärmepumpe als Heizgerät nicht kennen, gibt es zu der Heiztechnik noch Vorurteile und Skepsis.

Wie funktioniert eigentlich so eine Wärmepumpe? Woher kommt die Wärme, wenn darin nichts verbrannt wird? Man kann doch nicht aus nichts Wärme zaubern.

Eine Wärmepumpe nimmt Wärme aus der Umwelt auf. An einem kalten Wintertag zum Beispiel, kann die Wärmepumpe die „Wärme" der Außenluft nutzen, indem die „warme" Außenluft ihre „Wärme" an Rohre mit flüssigem Kältemittel abgibt, einfach weil das Kältemittel in den Rohren noch kälter ist, als die Außenluft! Durch den Wärmeeintrag der Außenluft, verdampft das Kältemittel in den Rohren, genauso wie Wasser in einem Topf, wenn man den auf eine heiße Herdplatte stellt. Das dampfförmige Kältemittel bei immer noch ziemlich kalter Temperatur lässt sich dann aber sehr gut komprimieren (viel besser als wenn es noch flüssig wäre). Wenn man das Kältemittel komprimiert, also zusammen drückt, wird es heiß. Wer schon mal eine Hand-Luftpumpe in der Hand hatte und ordentlich Luft gepumpt hat, kann nachvollziehen, dass durch Zusammen-Drücken eines Gases dessen Temperatur ansteigt. Im Fall der Wärmepumpe wird so stark komprimiert, dass das Kältemittel im Anschluss so heiß ist (es können hier durchaus Temperaturen bis ca. 120 °C vorkommen), dass es locker seine Wärme an Heizungswasser und Trinkwasser abgeben kann. Jetzt stellen sich noch zwei Fragen: erstens, das Kältemittel komprimiert sich doch nicht von alleine, muss man daneben stehen und pumpen? Nein, natürlich nicht, das übernimmt ein elektrisch angetriebener Kompressor (Verdichter), die Wärmepumpe benötigt also Strom, wie viel, dazu komme ich gleich noch. Zweitens, wie bekommt man die Temperatur des Kältemittels wieder so tief abgekühlt, dass es kälter ist als die Außentemperatur, von der es im nächsten Durchgang wieder Wärme aufnehmen soll? Das Heizungswasser im Haus und selbst die vorhandene Außenluft, kann das Kältemittel ja nicht kälter machen, als die Temperatur, die Heizungswasser oder Außentemperatur haben. Da nehmen wir uns wieder die Stoffeigenschaften zu Hilfe. Wenn das Kältemittel durch komprimieren heiß wird, wird es dann umgekehrt durch expandieren kalt? Ja. Nachdem das Kältemittel seine Wärme an Heizungswasser oder Trinkwasser abgegeben hat, fließt es durch eine Drossel. Diese Drossel lässt nur einen kleinen Strahl des Kältemittels durch, der sich im Anschluss in dem größeren Rohrvolumen ausbreiten (also expandieren) kann. Dabei wird es kalt. Wie kalt, das bestimmt die Spaltgröße im Zusammenhang mit der Umlaufgeschwindigkeit des Kältemittels, die der Kompressor vorgibt. Es kann also so eingestellt werden, dass es kälter wird, als die Außenluft, um dort wieder die „Wärme" zu entnehmen für das Haus. Das ist der Kältekreislauf einer Wärmepumpe, die die „Wärme" aus der Umwelt entnimmt, auf ein höheres Temperaturniveau bringt und dann die Wärme ins Haus übergibt. Die beschriebene Funktionsweise einer Wärmepumpe ist in Abb. 18.2 veranschaulicht. Ein Kältemittel zirkuliert zwischen Verdichter V, Kondensator W_2, Drossel D und Vedampfer W_1. Aus der Umwelt wird ein Strom 1 entnommen und abgekühlt wieder in die Umgebung abgegeben. Kalter Heizungsrücklauf (3) wird im Kondensator W_2 erwärmt und geht als Heizungsvorlauf zurück in das Gebäude. Ein Motor, der mit dem Verdichter V verbunden ist nimmt elektrische Energie auf.

Jetzt ist noch zu klären, warum man nicht gleich das Haus elektrisch heizt, zum Beispiel mit einer Elektroheizung bzw. Warmwasser nicht gleich direkt elektrisch erhitzt, zum Beispiel mit einem Durchlauferhitzer. Die brauchen doch alle Strom. Was Elektroheizungen und direkt elektrische Warmwasserbereiter aber nicht nutzen ist die Umweltwärme. Sie benötigen also deutlich mehr Strom, um etwas warm zu machen, als eine Wärmepumpe. Und der Unterschied ist groß. Während elektrische Heizgeräte aus 1 kW

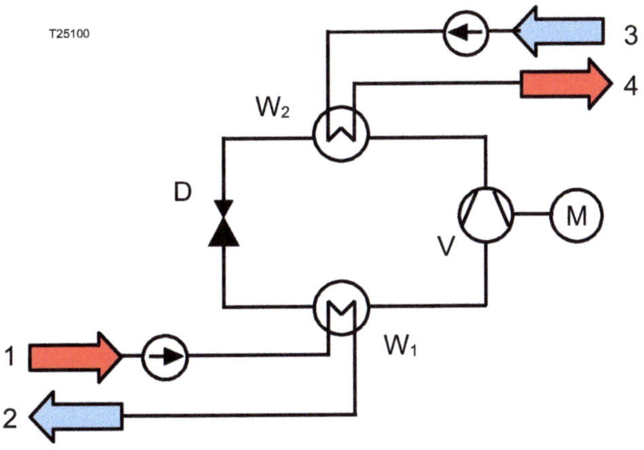

Abb. 18.2 Funktionsweise einer Wärmepumpe. (© Judith Möller. Copyright 2025. All rights reserved)

elektrisch annähernd 1 kW thermisch machen, die Wärmeleistung also mindestens die entsprechende elektrische Leistung in Form von Strom benötigt, schaffen Wärmepumpen in der Regel aus derselben elektrischen Leistung mehr als die dreifache Wärmeleistung zu erzeugen (aus 1 kW elektrisch werden z. B. 3 kW thermisch). Denn in der Umwelt steckt viel Wärme und die ist kostenlos! In diesem Beispiel kommen die in der Bilanz fehlenden 2 kW aus der Umweltwärme abgabenfrei zu dem 1 kW elektrischem Strom dazu!

Umweltwärme kann man übrigens nicht nur aus der Luft entziehen. Das geht genauso über Erdwärme. Dazu werden Bohrungen gemacht, Rohre in die Erde gelegt und die Sole, die darin zirkuliert, nimmt die Erwärme an und überträgt diese Wärme weiter an die Wärmepumpe oder über Grundwasser, welches dann mit Hilfe einer Pumpe zur Wärmepumpe gelangt, dort seine Wärme abgibt und wieder zurück in den Boden befördert wird. Die Wärmepumpentypen nennt man entsprechend ihrer Umwelt-Wärmequelle Luft-Wasser- oder Sole-Wasser- oder Wasser-Wasser-Wärmepumpe. Das „Wasser" im zweiten Namensabschnitt bedeutet, dass die Umweltwärme auf Wasser (also das Heizungswasser oder Trinkwasser) übertragen wird. Manchmal haben Häuser auch eine Luftheizung, dann kann man eine Luft-Luft-, Sole-Luft- oder Wasser-Luft-Wärmepumpe nutzen.

Aber der Strom. Wenn die Wärmepumpe doch Strom benötigt, kann es doch sein, dass bei der Strom-Produktion das CO_2 anfällt, was beim Heizen eigentlich gespart werden soll? Ja, wenn der Strom aus Verbrennungskraftwerken erzeugt wird. Bei Kohlekraftwerken ist der Ausstieg Deutschlands beschlossen. Aber Strom wird auch in Gaskraftwerken erzeugt, da wird Erdgas verbrannt und CO_2 produziert. Um wirklich CO_2-frei zu heizen, muss dann der Strom aus Windkraft, Wasserkraft, Sonnenlicht (PV) oder anderen regenerativen Kraftwerkstypen genutzt werden. Unsere Stromversorgung wird insgesamt immer „grüner", daher ist die Wärmepumpe auf jeden Fall ein prima Weg zur CO_2-freien Heizung.

Kann ich bei mir zuhause mit einer Wärmepumpe heizen? Ja klar. Die Technik gibt es her und wo der Wille ist, ist auch ein Weg! Gehen wir mal die wichtigsten Fragen durch:

Bin ich mit einer Wärmepumpe CO_2-frei unterwegs? Wenn man den passenden Ökostrom-Vertrag dazu nutzt, ja.

Kann ich mit meiner Wärmepumpe das alte ungedämmte Haus mit den uralten Heizkörpern überhaupt heizen? – Ersten: ungedämmte Häuser oder sehr große Häuser benötigen mehr Heizleistung. Wärmepumpen gibt es in allen möglichen Leistungsgrößen, sogar für Mehrfamilienhäuser. Man kann auch mehrere Wärmepumpen zusammen betreiben, ein Beispiel zeigt Abb. 18.3. Es ist also möglich Wärmepumpen für große Heizleistungen einzusetzen! Tipp: wenn in den nächsten Jahren eine Dämmung geplant ist, sollte man um Geld zu sparen besser erst dämmen und dann die Heizung wechseln, weil man dann gleich eine Wärmepumpe mit weniger Heizleistung einsetzen kann und nicht eine Große hat, deren Leistung später nicht mehr so benötigt wird. Zweitens: alte Heizkörper sind oft klein und sehr heiß, denn sie benötigen eine hohe Temperatur, um die Wärme von ihrer sehr kleinen Oberfläche in den Raum zu bringen. Wärmepumpen können auch diese hohen Temperaturen liefern! Dennoch macht es aber Sinn, die Heizkörper durch neuere Heizkörper mit mehr Fläche zu ersetzen, sodass geringere Temperaturen im Heizkörper vorliegen können, um den Raum genauso gut zu heizen. Denn je höher die Temperatur ist, die die

Abb. 18.3 Wärmepumpen im Bestand. (© Judith Möller. Copyright 2025. All rights reserved)

Wärmepumpe abgeben soll, desto mehr muss das Kältemittel komprimiert werden, also desto mehr Strom (und damit Geld) verbraucht der Kompressor. So eine Maßnahme könnte man aber auch später irgendwann nachziehen.

Sind Kältemittel nicht immer umweltschädlich? – Die Kältemittel sind in der Wärmepumpe in einem abgedichteten Kreislauf. Sie treten bei Herstellung, Betrieb und fachgerechter Entsorgung gar nicht in die Umwelt aus. Aber natürlich kann immer mal was schief gehen und das Kältemittel gelangt doch über ein Leck oder durch nicht fachgerechtes Auffangen des Kältemittels bei Reparatur oder Entsorgung in die Umgebung. Es gab schon Kältemittel mit Ozonschädigungspotenzial und Kältemittel mit FCKW Treibhausgasen. Aktuell besitzen immer noch viele Kältemittel ein Treibhauspotenzial, ausgedrückt in CO_2-Äquivalenten, das über 1 liegt. Und es gibt Kältemittel, deren Abbauprodukte in der Umwelt persistent, also unvergänglich, sind. In Europa ist die europäische Kommission sehr aktiv, die Kältemittel mit großem Treibhausgaspotenzial und persistenten Abbauprodukten zu verbieten (F-Gas-Verordnung). Gefördert werden in den meisten Ländern, wie auch in Deutschland die natürlichen Kältemittel. Aktuell ist das vor allem Propan. Das wird z. B. auch in jedem Campinggaskocher oder in den Gasgrills eingesetzt, dort aber verbrannt und via CO_2 in die Umwelt gesetzt, während das Kältemittel in Wärmepumpen für viele Jahre einfach nur zirkuliert wird und anschließend recycelt. Das ist besser als weiterhin Erdgas und Erdöl zu verbrennen und die CO_2-Konzentrationen in unserer Atmosphäre unausweichlich anzureichern.

Kann ich mir den Einbau einer Wärmepumpe überhaupt leisten? – Ui, ja, wer einen Heizungsbaubetrieb um ein Angebot bittet, kann ganz schon umfallen, vor allem wenn gleich ein ganzes, neues System angeboten wird mit neuer Hydraulik, neuen Wasserspeichern usw. Und nicht jede Fachkraft im Heizungsbau ist firm im Umgang mit Wärmepumpen, da will sie nicht individuell mit der vorhandenen Hausinstallation klarkommen müssen und rät auch ggf. sowieso lieber zu dem ihr aus den vielen Berufsjahren besser bekannten Brennkessel. Normalerweise muss nicht das komplette Heizsystem umgebaut werden. Das heiße Wasser kommt nachher einfach nur aus der Wärmepumpe und nicht aus dem Brennkessel. Aber eine Wärmepumpe an sich ist leider noch nicht ein preisoptimiertes Massenheizprodukt (auch wenn dieselbe Technik nur in kleiner und umgekehrter Anwendung in jedem Kühlschrank steckt), sondern noch in der Einführungsphase, ebenso dauert es im Fachhandwerk mit der Installation aktuell länger als bei bekannten Brenner-Geräten. Schwupps sind ein paar 10 t€ weg. Dafür kann man sich aber nach Förderungen und Zuschüssen umschauen, die durchaus mal auch 70 % Förderung ermöglichen, zum Beispiel bei der KfW Bank. Wie viel ist einem seine Umwelt und die Zukunft des Planeten wert? Mit einer Wärmepumpe zu heizen gibt einem das Gefühl etwas richtig zu tun.

Und im Mehrfamilienhaus? – Auch da kann man die klimafreundliche Heizungsart anregen und sich einfach mal Angebote machen lassen. Am besten wartet man nicht mit der Überlegung, welche Heizung als nächstes kommen soll, bis zum Ausfall der aktuellen Heizung, sondern ist im Fall der Fälle schon vorbereitet.

Jeden Tag treffen wir Entscheidungen. Ich hoffe, dass dieser Artikel hilft, auch beim Heizen den Einfluss auf das Klima zu erkennen und möglichst klimafreundliche Entscheidungen zu treffen.

Hrsg.: Unser Energieversorgungssystem unterliegt aktuell einem starken Wandel. Ziel ist die Reduzierung der Nutzung fossiler Energieträger. Wärmepumpen leisten hierzu einen wirkungsvollen Beitrag. Aus einem Teil elektrischer Antriebsenergie werden je nach Umgebungsbedingungen drei bis vier Teile Raumwärmeenergie als Nutzenergie. Wenn es dann noch gelingt, diese Antriebsenegie aus einer regenerativen Energiequelle zu schöpfen, dann ist es gelungen, die „fossilen Energien" vollständig zurückzudrängen. Die Technik hierfür ist voll etabliert und steht zur Verfügung. Das ist gut für die Umwelt und damit auch für uns selbst!

Abwärmenutzung für die großstädtische Wärmeversorgung – Wärmequellen nutzbar machen, die bislang nicht erschlossen sind

19

Jörg Tiedemann und Peter Niemann

19.1 Die Motivation

Ein wesentlicher Bestandteil des Weges in eine lebenswerte Zukunft ist die Energiewende. Das gemeinsame Ziel ist die Erzeugung verschiedener Formen von Energie mit möglichst nachhaltigen, ressourcen- und klimaschonenden Mitteln. Denkt man an Energiewende, fallen einem zunächst Solarmodule und Windkraftanlagen ein. Sie stehen sinnbildlich für die nachhaltige Erzeugung der Energieform „Elektrizität". Wir als Gesellschaft müssen jedoch weitere Energieformen nutzen, die nicht direkt durch Solarmodule, Windkraftanlagen oder durch Wasserkraft erzeugt werden können: Energie in Form von Wärme.

Derzeit erzeugen wir die für uns lebensnotwendige Wärme hauptsächlich durch die Verbrennung von fossilen Energieträgern. Die fossilen Energieträger sind, zumindest in Deutschland, meist Erdgas oder Heizöl. Die Wärmeerzeugung kann dabei dezentral, also z. B. in jedem Haushalt oder zentral, in größeren Kraft- oder Heizwerken erfolgen. In letzterem Fall wird die Wärme dann in Form von Fernwärme an die Haushalte verteilt.

In jüngerer Vergangenheit werden auch nachhaltigere dezentrale Wärmeerzeugungslösungen wie Wärmepumpen genutzt.

Größere zentrale Kraftwerke können, zusätzlich zur Nutzung von Brennstoffen wie Heizöl oder Erdgas, auch mit z. B. Kohle betrieben werden. Nachhaltigere zentrale Lösungen sind z. B. die Nutzung von Abfällen oder nachwachsender Rohstoffe zur Wärmeerzeugung.

J. Tiedemann (✉) · P. Niemann
Tiede- & Niemann Ingenieurgesellschaft mbH, Hamburg, Deutschland
E-Mail: j.tiedemann@tiede-niemann.de

© Der/die Autor(en), exklusiv lizenziert an Springer-Verlag GmbH, DE, ein Teil von Springer Nature 2026
J. Dohmann (Hrsg.), *Umweltimpulse – 19 Wege in eine lebenswerte Zukunft*, SDG - Forschung, Konzepte, Lösungsansätze zur Nachhaltigkeit, https://doi.org/10.1007/978-3-662-72198-8_19

Ein großer Vorteil der zentralen Wärmeversorgung ist die Möglichkeit, große Wärmemengen im urbanen Umfeld zur Verfügung zu stellen. Im großstädtischen Bereich steht dieser großen Wärmemenge eine große Anzahl von Nutzern gegenüber. Auch ist die Anpassung größerer zentraler Anlagen an sich ändernde Randbedingungen oder an technische Weiterentwicklungen einfacher, als alle dezentralen Wärmeerzeuger vieler Haushalte anpassen zu müssen.

Nachteil der zentralen Wärmeversorgung ist die Notwendigkeit, weitreichender Wärmeverteilnetze, also Fernwärmenetze, zur Verteilung der Wärme zu errichten. Daher sind großtechnische zentrale Lösungen eher in großstädtischen Bereich zu finden, wo Erzeugung und Nutzung örtlich näher beieinander liegen.

Die großtechnische Wärmeerzeugung im städtischen Bereich ist nichts Neues. Dies wird seit vielen Jahrzehnten gemacht. Auch haben immer wieder wesentliche Innovationen, wie z. B. die Kraft-Wärme-Kopplung, Einzug erhalten.

Im Folgenden soll über eine weitere Innovation berichtet werden, die beginnt, in die großstädtische Wärmeversorgung Einzug zu erhalten. Hierbei wird Wärme genutzt, die bisher nicht erschlossen und auf den ersten Blick auch für die Erzeugung von Heizwärme ungeeignet erscheint – die Abwärme.

19.2 Die Idee

Die Energieeffizienz von Heiz- (Kraft-) Werken wird, aus wirtschaftlichen und ökologischen Gründen, immer weiter gesteigert. Man versucht, alle möglichen Energien zu nutzen, die technisch genutzt werden können. Der derzeit erreichte Stand der Technik ist bereits recht hoch, sodass wesentliche weitere Steigerungen unwahrscheinlicher werden.

Aus diesem Grund wird versucht, Energie zu nutzen, die bislang nicht genutzt wird.

In einer modernisierten Anlage, einer Abfallverbrennungsanlage in Hamburg, wurde folgender Weg gewählt. Das bei der Verbrennung entstehende Abgas wird in Kesselanlagen zur Erzeugung von Dampf genutzt. Mit diesem Dampf wird effizient Strom und Wärme erzeugt. Nachdem diese Energienutzung abgeschlossen ist, weil keine Wärme mehr sinnvoll entnommen werden kann, werden die nun entstandenen Abgase gereinigt, mit dem Ziel, sie möglichst schadstoffarm in die Umwelt abzugeben. Dieses Abgas enthält noch große Wärmemengen in Form von z. B. Wasserdampf. Nur ist diese Wärme „zu kalt", um sie sinnvoll als Heizwärme einsetzen zu können.

Jedoch kann auch diesem Abgas Wärme entnommen werden. So erhält man z. B. einen Warmwasserstrom mit einer Temperatur von z. B. 35 °C bis 50 °C. Die Energiemenge, die in diesem Wasser steckt, ist sehr hoch. Jedoch kann sie nicht genutzt werden, da für die Verteilung der Fernwärme, gerade wenn das Fernwämenetz älter ist, höhere Temperaturen benötigt werden.

Die Lösung ist der Einsatz von Wärmepumpen im großtechnischen Bereich. Sie sind als Heilsbringer der thermischen Energiewende in aller Munde. Im privaten Bereich wird die Wärmepumpe genutzt. Als Wärmequelle dient z. B. die Umgebungsluft, um Heizwärme zu gewinnen. Die Umgebungsluft kann dabei recht kalt sein. Die Effizienz einer Wärmepumpe ist dabei grundsätzlich abhängig vom erforderlichen Temperaturhub zwischen der Quellentemperatur und der zu erreichenden Vorlauftemperatur der Heizanwendung. Aufgrund dieser Abhängigkeit funktionieren Wärmepumpen in der Regel besser, wenn die Energiequelle wärmer ist, wie in vorliegendem Beispiel.

19.3 Die Technik

19.3.1 Die Wärmequelle

Die Entnahme der Quellwärme aus dem Abgasstrom erfolgt durch Wärmetauscher. Kaltes Wasser wird durch den Wärmeaustauscher gepumpt und kühlt das Abgas ab. Im Gegenzug wird das Wasser erwärmt. Hauptbestandteil dieser gewonnenen Wärmemenge ist dabei nicht primär die Abkühlung des Abgases. Vielmehr wird der im Abgasstrom enthaltene Wasserdampf kondensiert, ähnlich wie beim Brennwertkessel zuhause. Diese Kondensationswärme ist dabei sehr viel größer als die durch die reine Abkühlung des Abgases gewonnene Wärme.

Das erwärmte Wasser liegt, wie erwähnt, bei geringen Temperaturen vor. Dieses Temperaturniveau ist zu großstädtischen Heizzwecken nicht nutzbar. Die Temperatur muss angehoben werden.

19.3.2 Die Wärmepumpe

Wärmepumpen sind in der Lage, Energie in Form von Wärme von einer Seite der Wärmepumpe auf die andere Seite zu transferieren, was im allgemeinen Sprachgebrauch als „pumpen" bezeichnet wird und letztendlich namensgebend für diese Systeme ist. Bei diesem Vorgang wird das Temperaturniveau erhöht.

Ein anschauliches Beispiel ist der der Kühlschrank in der Küche. Die Wärmepumpe nutzt einen ähnlichen Prozess. Die Kältemaschine im Kühlschrank entzieht dem Kühlschrankinneren Wärme und „pumpt" diese zu dem Wärmeaustauscher auf der Kühlschrankrückseite. Dort wird die Wärme abgegeben. Das Innere des Kühlschranks ist kälter als die Umgebung. Der Wärmeaustauscher auf der Rückseite des Kühlschranks ist wärmer als die Umgebung.

Nun stelle man sich vor, man baue den Kühlschrank um. Der Wärmetauscher auf der Kühlschrankrückseite kommt in den Kühlschrank. Und der Wärmetauscher im Kühlschrank nach außen. Betriebe man den „Kühlschrank" nun, wird die Umgebung kälter, und das Kühlschrankinnere wärmer. Genau so funktioniert der Wärmepumpenprozess.

In unserem Beispiel kühlt die Wärmepumpe das Wasser aus dem Abgaswärmetauscher weiter ab und „pumpt" die Wärmeenergie in die Fernwärme.

Es gibt unterschiedliche Funktionsprinzipien von Wärmepumpen. Wärmepumpen können, wie in der Gebäudetechnik üblich, mit elektrischem Strom betrieben werden. Diese Wärmepumpen werden mit einem Kompressor betrieben. Daher werden sie auch als Kompressionswärmepumpen bezeichnet. Alternativ ist auch die Nutzung komplexer physikalischer Effekte, wie Absorption und Desorption, möglich. Diese Wärmepumpen können z. B. mit Dampf betrieben werden. Sie werden als Absorptionswärmepumpen bezeichnet.

Unabhängig vom Funktionsprinzip selbst ist jedoch die Aufgabe, Wärme von einem geringen Temperaturniveau auf ein höheres Temperaturniveau zu „pumpen".

19.3.3 Die Wärmesenke, das Wärmeziel

Größere Gemeinden, Quartiere oder Städte betreiben Fernwärmenetze. Hier wird, ausgehende von zentralen Punkten im Netz, den Erzeugern, die Wärme spinnennetzartig in der Stadt verteilt. Abnehmer sind zum einen Haushalte und zum anderen größere Abnehmer, wie Industriebetriebe, Universitäten oder Krankenhäuser.

Die Fernwärmenetze nutzen Wasser als Transportmedium für die Wärme. Das Wasser wird in recht großen Rohrleitungen von den Erzeugern zu den Verbrauchern gepumpt. Maßgebliche Eigenschaft eines Fernwärmenetzes ist die benötigte Warmwassertemperatur. Vereinfacht kann gesagt werden, dass je älter die angeschlossenen Wärmeverbraucher sind, die sogenannte Warmwasser-Vorlauftemperatur höher sein muss. Der Vorteil einer hohen Vorlauftemperatur ist, dass die „Heizkörper" in den Gebäuden recht klein sein können. Nachteil der hohen Vorlauftemperatur ist, dass es schwieriger für die Erzeuger ist, diese Temperatur nachhaltig bereitzustellen. Wärmepumpen haben hier eine obere Grenze von ca. 90 °C bis 120 °C. Je nach Temperatur der genutzten Abwärme.

Der Wunsch von Netzbetreibern ist es, die Fernwärme-Vorlauftemperatur abzusenken. Dies steht jedoch meist im Widerspruch zu den Wünschen der Verbraucher, die ggf. ihre Heizungsanlagen entsprechend erneuern, d. h. Heizkörper vergrößern müssten.

Der einzelne Wärmeverbraucher mit den höchsten Temperaturanforderungen im Netz bestimmt in der Regel die Vorlauftemperatur. Auch bei diesem Verbraucher soll es warm im Haus werden. Die Kette ist so schwach, wie ihr schwächstes Glied.

19.4 Die Ausführung

Interessant ist nun die technische Kombination von Wärmequelle, Wärmepumpe und Wärmesenke. Dies wird nachfolgend anhand eines ausgeführten Beispiels einer Müllverbrennungsanlage beschrieben.

Durch die thermische Verwertung bzw. Verbrennung von Abfällen entstehen Abgase, die am Austritt des Schornsteins noch eine Temperatur von 68 °C aufweisen. Durch Kühlung und Kondensation dieser Abgase können bis zu 32 MW Wärme genutzt werden. Hierzu wurden sogenannte Abgas-Kondensatoren vor dem Schornstein der Anlage eingebaut, sodass die Wärmeenergie der noch 65 °C-„heißen" Abgase genutzt werden kann, bevor sie an die Umgebung abgegeben wird. Solche Wärmetauscher sind in der Lage, einen Teil der in den Abgasen enthaltene Wärme an einen geschlossenen Wasserkreislauf zu übertragen, ohne dass die Abgase mit dem Wasser in Kontakt kommen. Dies zeigt Abb. 19.1.

Infolge der Wärmeübertragung von den Abgasen an den Wasserkreislauf wird die Temperatur des Abgases weiter unterhalb des Taupunktes abgesenkt, sodass hier Abgas-

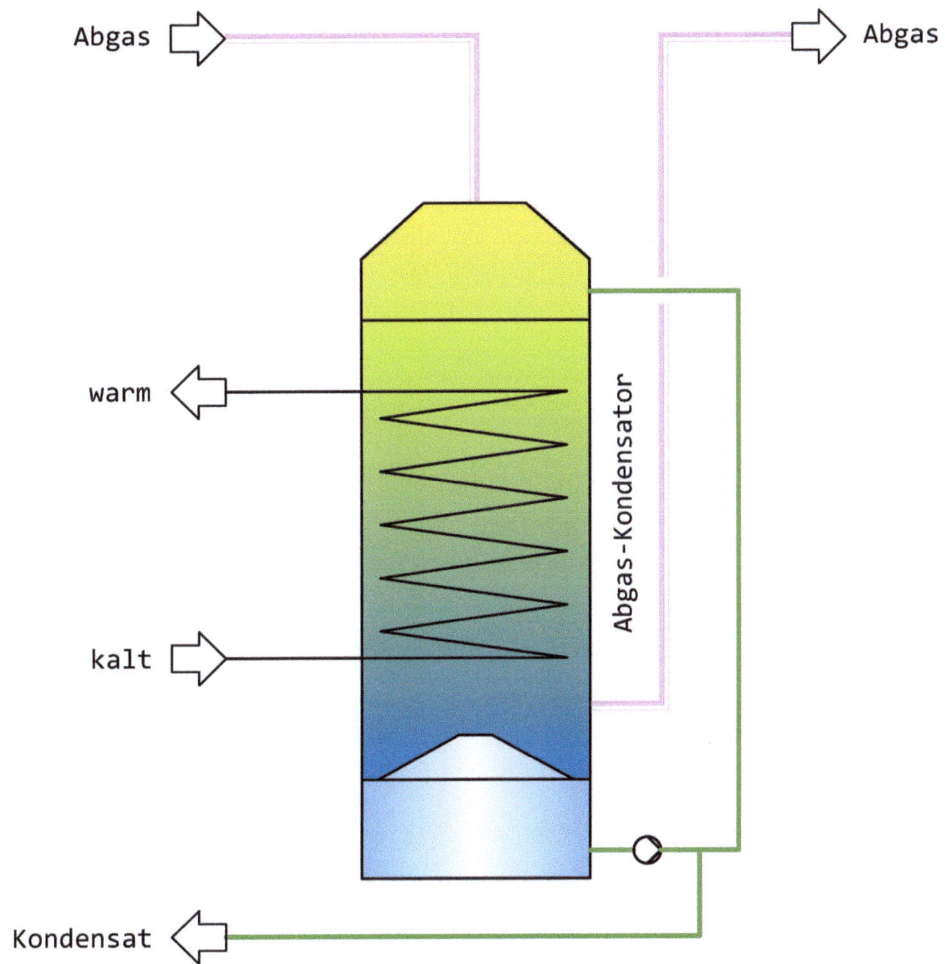

Abb. 19.1 Auskopplung der Wärme aus dem Abgas. (© Jörg Tiedemann Copyright 2025. All rights reserved)

kondensat in Tropfenform anfällt und an den Wandungen der Abgas-Kondensatoren nach unten in einen Auffangbehälter, den sogenannten Sumpf, abfließt. Das dann vorliegende Rohkondensat wird in einer Aufbereitungsanlage aufbereitet. Hierbei geht es im Wesentlichen um die Entsalzung des Kondensates mithilfe einer Umkehrosmose, sodass das Kondensat nach der Aufbereitung als Kesselspeisewasser wieder in den Dampfkesseln der Abfallverbrennungsanlage eingesetzt werden kann. Auf diese Weise wird der Fremdbezug von Nachspeisewasser für die Anlage reduziert.

Der Wärmeübergang von Abgas an das Wasser ist nicht sehr gut, entsprechend groß bauen die kolonnenartigen Abgas-Kondensatoren. Die Höhe beträgt einschließlich der erforderlichen Ein- und Auslaufstrecken ca. 12 m bei einem durchströmten Querschnitt von

1,6 m × 3,8 m. Sie bestehen überwiegend aus korrosionsfestem Stahl und Glasfaser verstärktem Kunststoff und weisen ein Betriebsgewicht von jeweils etwa 100 t auf.

Die Abgas-Kondensatoren sind über einen geschlossenen Kreislauf mit Wärmepumpen verbunden. Hier wird Wasser zwischen den Abgas-Kondensatoren und den quellenseitigen Wärmetauschern, auch als Verdampfer bezeichnet, mehrerer Absorptionswärmepumpen zirkuliert.

Bei den eingesetzten Absorptionswärmepumpen handelt es sich um in sich geschlossene Systeme mit verschiedenen hydraulischen Anschlüssen für die Wärmequelle, die Wärmesenke und die Antriebsenergie (Treibdampf). Zur Verdeutlichung der Größenordnung eines solchen Aggregates sei auf das nachfolgende Foto (Abb. 19.2) eines thermischen Verdichters verwiesen. Die gezeigte Absorptionswärmepumpe hat eine maximale Leistung von 16 MW.

Im quellenseitigen Kreislauf beträgt die Temperatur des durch die Abgase erwärmten Wassers etwa 40 °C.

An den Wärmepumpen wird Wärme aus diesem Kreislauf abgegeben, sodass das Wasser die Verdampfer mit ca. 10 °C niedrigerer Temperatur wieder verlässt.

Das relativ niedrige Temperaturniveau von 30…40 °C reicht aus, um bei Vakuum im Wärmepumpenkreislauf den Arbeitsstoff zu verdampfen.

Abb. 19.2 Foto des thermischen Verdichters. (© Jörg Tiedemann Copyright 2025. All rights reserved)

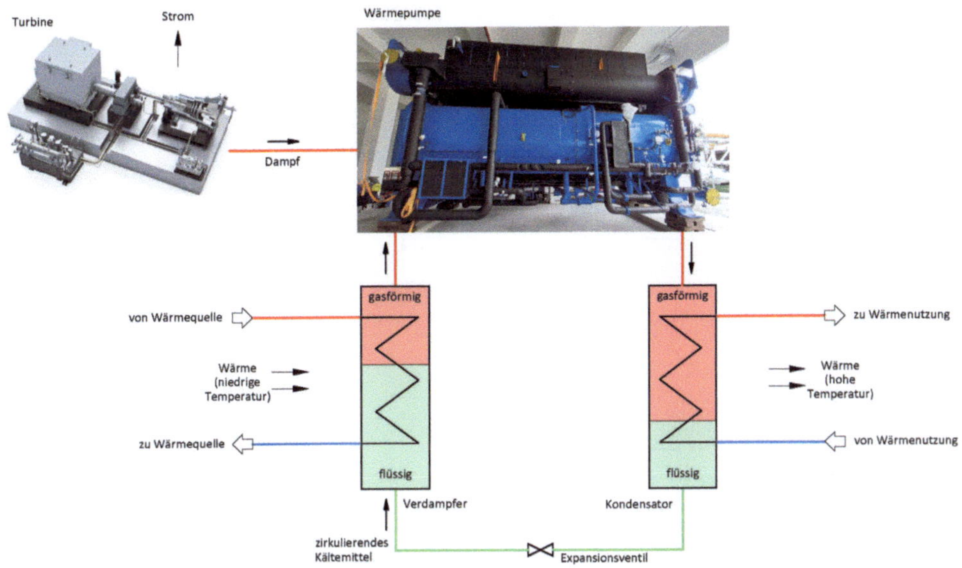

Abb. 19.3 Grundsätzlicher Aufbau des Wärmepumpenprozesses. (© Jörg Tiedemann Copyright 2025. All rights reserved)

Das Fernwärmewasser durchströmt die senkenseitigen Wärmetauscher, auch als Kondensator bezeichnet, der Absorptionswärmepumpen. Hier beträgt die Temperatur des Arbeitsstoffes in den Wärmepumpen etwa 140 °C, gezeigt in Abb. 19.3.

Wie kommt dieser große Temperaturunterschied gegenüber der Verdampferseite zustande? Nun, die Vorgänge bei Absorptionswärmepumpen sind recht komplex und werden nachfolgend nur kurz beschrieben, um den Rahmen dieses Kapitels nicht zu sprengen. Der im Verdampfer bei niedrigem Druck und niedriger Temperatur durch Wärmezufuhr aus den Abgasen verdampfte Arbeitsstoff des Wärmepumpenprozesses wird vor dem Eintritt in den Kondensator über einen sogenannten „thermischen Kompressor" geführt, sodass der Arbeitsmittelkreislauf der Wärmepumpe kontinuierlich aufrechterhalten werden kann. Bei diesem „Kompressor" handelt es sich um einen internen Kreislauf innerhalb der Wärmepumpe. Hier wird wiederum Wärme als „Antriebsenergie" benötigt. Die Wärmezufuhr erfolgt mit Treibdampf aus einer Anzapfung der Turbine der Abfallverbrennungsanlage. Typischerweise wird Dampf bei einem Druck von ca. 8…9 bar(a) und einer Temperatur von 170…180 °C benötigt. Die Wärme aus dem Treibdampf wird an den Wärmepumpenprozess im sogenannten Austreiber an den Arbeitsstoff übertragen.

Die Temperatur von ca. 140 °C am Eintritt in den Kondensator der Wärmepumpe reicht für die Fernwärmerzeugung aus. Im Kondensator erfolgt die Wärmeübertragung an das Fernwärmewasser, sodass dieses auf ein Temperaturniveau von etwa 80…90 °C gebracht wird. Dieser Prozess ist schematisch in Abb. 19.4 gezeigt.

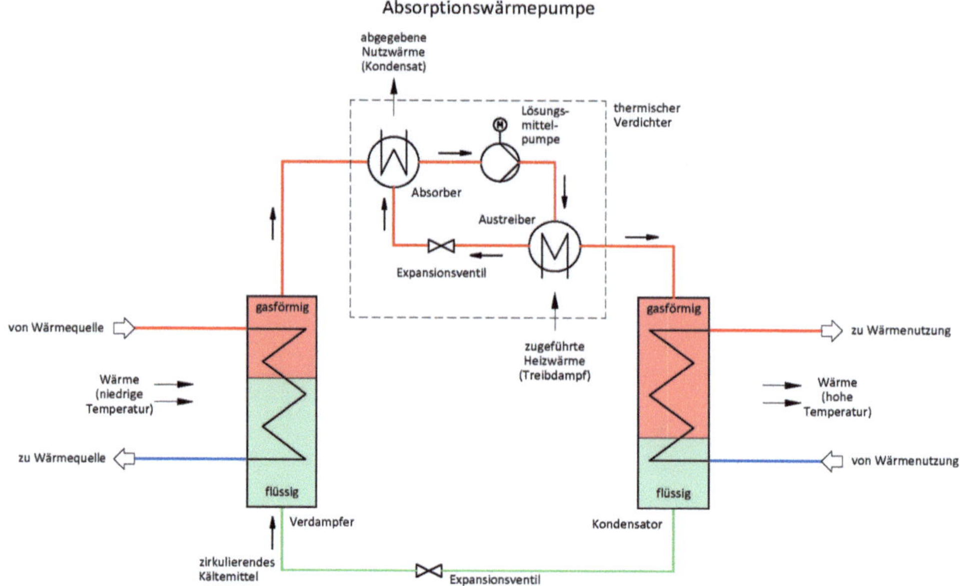

Abb. 19.4 Schaltung des des Wärmepumpenprozesses. (© Jörg Tiedemann Copyright 2025. All rights reserved)

Wie eingangs beschrieben, ist dieses Temperaturniveau in vielen bestehenden Fernwärmenetzen zu niedrig, um die Verbraucher zu versorgen, vor allem im Winter bei niedrigen Außentemperaturen, wenn der Heizwärmebedarf maximal ist. Die erreichbare Temperaturniveau am Kondensator einer Absorptionswärmepumpe ist jedoch prozessbedingt auf etwa 90 °C begrenzt. Kompressionswärmepumpen schaffen hier höhere Temperaturniveaus, die je nach Größe und Technologie bis 150 °C und höher reichen. Aus diesem Grund werden den Wärmepumpen weitere Systeme zur Wärme-Einspeisung in das Fernwärmenetz nachgeschaltet, um das erforderliche Temperaturniveau im Vorlauf des Fernwärmenetzes von bis zu 130 °C zu erreichen. Hierbei handelt es sich um dampfbetriebene Wärmeübertrager, bei denen Dampf aus dem bestehenden Wasser-Dampf-Kreislauf der Abfallverbrennungsanlage für diese Heizzwecke zur Verfügung gestellt wird. Dabei findet die Wärmeübertragung von Dampf auf Fernwärmewasser statt. Im Zusammenspiel aus Abgas-Kondensation, Absorptionswärmepumpen und dampfbetriebenen Wärmeübertragern werden bis zu 160 MW Wärme aus dem Prozess der Abfallverbrennungsanlage ausgekoppelt.

Während der Sommerperiode ist der Bedarf an Fernwärme gering. Dann wird die Abgas-Kondensation nicht betrieben. Um die Druckverluste der Abgas-Wärmetauscher möglichst gering zu halten, werden im Sommer durch Klappen die Abgase so umgeleitet, dass sie an dem Abgas-Warmetauscher vorbei, in einem Bypass, direkt in den Schornstein geleitet werden.

Ohne eine Erhöhung des Brennstoffeinsatzes in der Abfallverbrennungsanlage können so etwa 40.000 Haushalte mit Fernwärme versorgt werden.

19.5 Das Fazit

Die Nutzung bislang unerschlossener Abwärmequellen stellt eine vielversprechende Innovation für die großstädtische Wärmeversorgung dar. Besonders in urbanen Gebieten, in denen eine hohe Wärmenachfrage besteht, können durch den Einsatz großtechnischer Wärmepumpensysteme – wie am Beispiel einer Hamburger Abfallverbrennungsanlage gezeigt – erhebliche ungenutzte Wärmepotenziale erschlossen werden. Hierbei wird selbst „niedertemperierte" Abwärme, etwa aus Abgasen, mittels Wärmetauschern und Absorptionswärmepumpen in verwertbare Heizenergie umgewandelt und in bestehende Fernwärmenetze eingespeist.

Die Kombination aus Abgaskondensation, Wärmepumpentechnologie und ergänzender Dampfnutzung ermöglicht eine effektive Temperaturanhebung auf bis zu 130 °C, was eine Integration in konventionelle Fernwärmenetze erlaubt – selbst solche mit hohen Vorlauftemperaturen. Dies steigert nicht nur die Energieeffizienz der Anlagen, sondern reduziert auch den Bedarf an fossilen Brennstoffen und Frischwasser, da das kondensierte Abgaswasser aufbereitet und wiederverwendet wird.

Insgesamt zeigt das Projekt beispielhaft, wie technische Innovationen zur Rückgewinnung und Nutzung von Abwärme in städtischen Infrastrukturen einen entscheidenden Beitrag zur Wärmewende und damit zur übergeordneten Energiewende leisten können.

Hrsg.: Bei allem Wirtschaften in Kreisläufen bleibt trotz aller Bemühungen immer etwas übrig. Das ist der Müll, der trotz aller Müllsortierung übrig bleibt. Beispiele sind die Störstoffe, die bei der Kompostherstellung anfallen (Kap. 5) oder Klärschlamm aus der Abwasserbehandlung (Kap. 12). All dies wandert heute in die Müllverbrennung. Das Rauchgas einer Müllverbrennungsanlage wird sorgfältig gereinigt. Diese Abgase haben eine Temperatur, die höher als die Umgebungstemperatur ist. Vor allem aber ist es der Gehalt an Wasserdampf, aus dem Wärme zurückgewonnen werden kann. Bei Anwendung des in diesem Kap. 19 geschilderten Verfahrens dient diese Wärme im Winter der Beheizung von Gebäuden und Quartieren. Solche Anlagen werden von Ingenieurinnen und Ingenieuren gebaut, z. B. aus der Fachrichtung Umweltingenieurwesen. Es handelt sich bei der in Kap. 19 beschriebenen Anlage um ein erfolgreich ausgeführtes großtechnisches Vorhaben, das bereits über eine erste Heizsaison Erfahrung verfügt. Die Anlage übernimmt damit eine Vorbildfunktion. Es ist immer gut, wenn zur Lösung von Umweltproblemen jemand als gutes Vorbild vorangeht und eine Referenzanlage baut!

Erratum zu: Agri-PV: Nahrung, Strom und Zukunft ernten

Jochen Hauff und Stephan Schindele

Erratum zu:
Kapitel 16: J. Dohmann (Hrsg.), *Umweltimpulse – 19 Wege in eine lebenswerte Zukunft,* **SDG - Forschung, Konzepte, Lösungsansätze zur Nachhaltigkeit,**
https://doi.org/10.1007/978-3-662-72198-8_16

In der ursprünglich veröffentlichten Version von Kapitel 16 gab es in der Affiliation von Kapitelautor Jochen Hauff einen Schreibfehler. Die Affiliation wurde nachträglich von „Jochen Hauff" zu Jochen Hauff, Think Resiliency, Teltow, Deutschland „jochen@thinkresiliency.net" korrigiert.

Die aktualisierten Versionen von Kapitel ist verfügbar unter
https://doi.org/10.1007/978-3-662-72198-8_16

J. Dohmann (Hrsg.), *Umweltimpulse – 19 Wege in eine lebenswerte Zukunft,*
SDG - Forschung, Konzepte, Lösungsansätze zur Nachhaltigkeit,
https://doi.org/10.1007/978-3-662-72198-8_20